塔里木东风低空急流与南疆暴雨的相关性研究

主　编：杨　霞　张俊兰　许婷婷
张林梅　周雅蔓

气象出版社
China Meteorological Press

内 容 简 介

本书利用多种高时空分辨率的新资料，采用统计分析、天气学分析、诊断分析等方法，深入研究了塔里木东风低空急流与南疆降水的关系。给出了塔里木东风低空急流的时空分布特征、不同类型的塔里木东风低空急流与南疆暴雨的关系，揭示了南疆东风低空急流暴雨和非东风低空急流暴雨的差异，深入分析了塔里木东风低空急流对南疆暴雨的影响机制。本书共5章。第1章介绍了塔里木东风低空急流的特征。第2章阐述了南疆暴雨的新观测特征，给出了南疆东风低空急流暴雨和非东风低空急流暴雨的观测特征及环流配置差异。第3章论述了塔里木东风低空急流与南疆降水的关系。第4章从多角度研究了塔里木东风低空急流对南疆暴雨的影响机制。第5章分析了塔里木东风低空急流影响下的南疆典型暴雨天气过程。

本书可供从事干旱地区强降水预报、分析及相关研究的人员参考，也可供气象院校相关专业的教师、学生参考。

图书在版编目（CIP）数据

塔里木东风低空急流与南疆暴雨的相关性研究 / 杨霞等主编. -- 北京 : 气象出版社, 2024. 6. -- ISBN 978-7-5029-8217-1

Ⅰ. P442; P458.1

中国国家版本馆 CIP 数据核字第 20246YM865 号

塔里木东风低空急流与南疆暴雨的相关性研究

Talimu Dongfeng Dikong Jiliu yu Nanjiang Baoyu de Xiangguanxing Yanjiu

出版发行：气象出版社
地　　址：北京市海淀区中关村南大街46号　　**邮政编码**：100081
电　　话：010-68407112(总编室)　010-68408042(发行部)
网　　址：http://www.qxcbs.com　　**E-mail**：qxcbs@cma.gov.cn
责任编辑：陈　红　　**终　　审**：张　斌
责任校对：张硕杰　　**责任技编**：赵相宁
封面设计：艺点设计
印　　刷：北京建宏印刷有限公司
开　　本：787 mm×1092 mm　1/16　　**印　　张**：8.5
字　　数：214千字
版　　次：2024年6月第1版　　**印　　次**：2024年6月第1次印刷
定　　价：80.00元

《塔里木东风低空急流与南疆暴雨的相关性研究》编委会

前言

低空急流通常指位于边界层或对流层低层的一股强而窄的气流带，其对大气边界层的结构和湍流具有重要影响，不仅可以改变动量、热量、水汽和污染物等的垂直输送，而且与航空安全、风能利用等密切相关。低空急流还是引起极端强降水事件和触发深对流的关键因子，对全球天气和气候都具有重要影响。南疆位于新疆天山山脉以南，昆仑山以北，拥有中国面积最大的内陆盆地——塔里木盆地。在南疆暴雨过程中，塔里木盆地东部经常存在一支低空偏东风急流，称为“塔里木东风低空急流”，该急流是南疆暴雨的一个重要预报指标。

南疆属典型干旱区，由于远离海洋，不受季风系统的直接影响，其大部分地区的平均年降水量不足 100 mm，且暴雨雨量与中国东部地区相比明显偏小。南疆的暴雨雨量虽小，但其暴雨的相对强度却很大，一次暴雨过程的累计降水量可接近或超过该地区的平均年降水量。由于南疆地表植被少、贮水能力差，暴雨极易诱发山洪、泥石流、山体滑坡等次生灾害，给人们的生命和财产造成巨大损失。20 世纪 80 年代后期以来，青藏高原北侧的西北干旱区由暖干向暖湿转型，新疆是显著转型区，在整个西北区域转型的特征最为突出。进入 21 世纪后，南疆暴雨频发，暴雨灾害呈明显增多趋势，近 10 年南疆暴雨造成的灾害占当地气象灾害的 36%，各级政府、部门及公众对南疆暴雨预报的准确性、精确性和及时性提出了更高的要求。

塔里木东风低空急流位于内陆干旱区，其精细结构及其对暴雨的影响机制与中国东部季风区有较大差异。本书利用多种高时空分辨率的新资料，采用统计分析、天气学分析、诊断分析等方法，深入研究了塔里木东风低空急流与南疆降水的关系；系统分析了塔里木东风低空急流的时空分布特征，不同类型的塔里木东风低空急流与南疆暴雨的关系，揭示了南疆东风低空急流暴雨和非东风低空急流暴雨的差异；深入分析了塔里木东风低空急流对南疆暴雨的影响机制。

本书共 5 章。第 1 章介绍了塔里木东风低空急流的特征。第 2 章阐述了南疆暴雨的新观测特征，给出了南疆东风低空急流暴雨和非东风低空急流暴雨的观测特征及环流配置差异。第 3 章论述了塔里木东风低空急流与南疆降水的关系。第 4 章从多角度研究了塔里木东风低空急流对南疆暴雨的影响机制。第 5 章分析了塔里木东风低空急流影响下的南疆典型暴雨天气过程。

本书由新疆维吾尔自治区气象台负责编写，得到国家自然科学基金项目“塔里木东风低空急流精细结构及其对南疆暴雨的影响机制研究”（42065001）和新疆维吾尔自治区“天山英才”青年拔尖人才项目“中昆仑山北坡暴雨的形成机制及预报指标研究”（2023TSYCCX0077）的资助。本书在撰写过程中得到了新疆维吾尔自治区气象局何清、江远安、秦贺、陈春艳、张云惠、李如琦、黄艳等同事的指导和帮助，在此深表感谢。

由于编者水平有限，虽几易其稿，但不足之处在所难免，敬请读者批评和指正。

编者

2024 年 1 月 15 日

目录

第 1 章

塔里木东风低空急流特征

1.1 资料和方法

1.1.1 资料

本章使用新疆维吾尔自治区气象信息中心提供的 1981 年 1 月 1 日至 2021 年 12 月 31 日塔里木盆地喀什、阿克苏、库车、库尔勒、和田、民丰和若羌气象站(图 1.1)每日 2 次(08 时和 20 时,北京时,下同)的探空资料,对探空资料进行质量控制,剔除异常值和缺测数据。

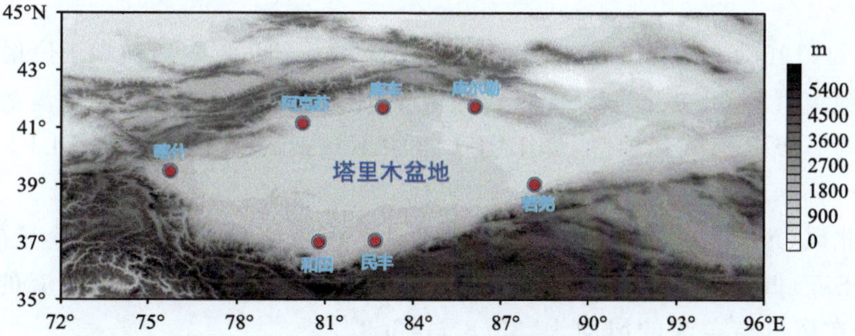

图 1.1　塔里木盆地探空站分布

1.1.2 方法

本章中低空急流指某日 08 时和 20 时两个时次中,任一时次在 600 hPa 以下的标准层上出现风速≥12 m/s 的现象。若探空资料的第一层风速≥12 m/s,且该层上方最近一层的风速小于该层的风速,则定义第一层出现低空急流;若除第一层以外的其他层风速≥12 m/s,且该层临近的上、下两层的风速均小于该层的风速,则定义该层出现低空急流。

低空急流日指某日 08 时和 20 时两个时次中,任一时次出现低空急流,则该日记为一个低空急流日。低空急流日数指达到低空急流标准的天数。

低空急流主要有两种类型,即天气尺度低空急流(Synoptic-system-related Low-Level Jet,SLLJ)和边界层急流(Boundary Layer Jet,BLJ),其中,SLLJ 出现在 1～4 km 的低空,是一种与天气系统(或次天气系统)相关的低空急流;BLJ 出现在距地面 1 km 高度以下,此类急流受边界层过程和大尺度天气系统的共同影响。低空急流最大风速所在高度即为急流高度，将最大风速出现的高度距离地面在 1 km 以内的低空急流定义为边界层急流(BLJ)，距离地面 1 km 以上的定义为天气尺度系统相关的低空急流(SLLJ)。当某站某日 08 时和 20 时两个时次中，任意一个时次满足 BLJ(SLLJ)的标准则记为一次 BLJ(SLLJ)事件。某日当 BLJ 和 SLLJ 同时出现时，称为混合型急流日，剔除混合型急流日后，若某日仅出现了 BLJ(SLLJ)事件，则称为 BLJ(SLLJ)日。

低空急流的高度指低空急流出现的海拔高度，也是低空急流核("鼻状"廓线的顶点)所在的高度。

低空急流的垂直风切变指低空急流的风矢量在垂直距离上的变化。

$$M_1 = \frac{\sqrt{(V_1 \cdot \sin\theta_1 - V_c \cdot \sin\theta_c)^2 + (V_1 \cdot \cos\theta_1 - V_c \cdot \cos\theta_c)^2}}{z_1 - z_c} \tag{1.1}$$

$$M_2 = \frac{\sqrt{(V_2 \cdot \sin\theta_2 - V_c \cdot \sin\theta_c)^2 + (V_2 \cdot \cos\theta_2 - V_c \cdot \cos\theta_c)^2}}{z_2 - z_c} \tag{1.2}$$

式中，M_1为低空急流上部的垂直风切变，单位为 s^{-1}；M_2为低空急流下部的垂直风切变，单位为 s^{-1}。V_1为与低空急流核所在层相邻的上层的风速矢量，单位为 m/s；V_c为低空急流核的风速矢量，单位为 m/s；V_2为与低空急流核所在层相邻的下层的风速矢量，单位为 m/s；θ 为风向，单位为°，正北为 0°或 360°；θ_1为与低空急流核所在层相邻的上层的风向；θ_c为低空急流核的风向；θ_2为与低空急流核所在层相邻的下层的风向；z_1为与低空急流核所在层相邻的上层的高度，单位为 m；z_c为低空急流核所在层的高度，单位为 m；z_2为与低空急流核所在层相邻的下层的高度，单位为 m。

基于 Bonner(1968)和 Whiteman 等(1997)提出的标准，低空急流(LLJ)根据风速和切变可划分为四个等级(LLJ-1 级至 LLJ-4 级)，随着 V_{max}和 ΔV 的增大，低空急流的强度也随之增大。本书使用的等级之间相互独立，即 LLJ-1 级中不包括属于 LLJ-2 级、LLJ-3 级和 LLJ-4 级的急流。

本书中东北风(NE)低空急流的风向为[0°,90°)，东南风(SE)低空急流的风向为[90°,180°)，西南风(SW)低空急流的风向为[180°,270°)，西北风(NW)低空急流的风向为[270°,360°)。塔里木东风低空急流的风向为[33.8°,146.3°]。

1.2 塔里木盆地低空急流概况

1.2.1 频次

由图 1.2 可以看出，2010—2021 年塔里木盆地各站共出现 9787 次低空急流，平均每年出现 815.6 次，塔里木盆地低空急流的年际变化较大。2012 年最多，为 901 次；2017 年最少，为 719 次，二者相差 182 次。塔里木盆地的低空急流主要出现在 4—8 月，该时段塔里木盆地低空急流的平均出现次数为 1052.6 次，其他各月的平均次数为 646.3 次。塔里木盆地的低空急流在 5 月最多，6 月次之，8 月第三，2 月最少。从季节变化来看，塔里木盆地的低空急流在夏季的出现次数最多，春季其次，秋季第三，冬季最少。可见，塔里木盆地的低空急流主要出现在暖季。

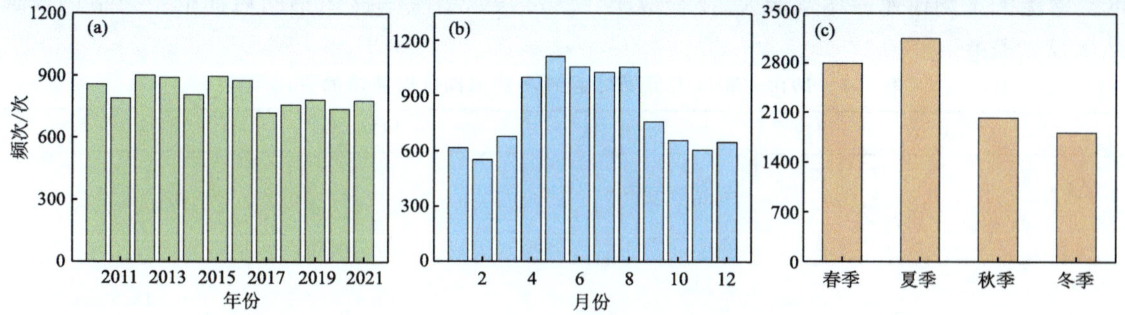

图 1.2 2010—2021 年塔里木盆地低空急流特征
(a. 年际变化;b. 月际变化;c. 季节特征)

从塔里木盆地不同风向低空急流的出现频次来看(图 1.3),东北风(NE)的出现次数最多,为 3929 次,占比为 40.2%;西北风(NW)其次,为 3310 次,占比为 33.8%;西南风(SW)第三,为 1541 次,占比为 15.8%;东南风(SE)最少,为 1007 次,占比为 10.3%。总体来看,塔里木盆地的偏北风低空急流频次多于偏南风低空急流,偏东风低空急流频次多于偏西风低空急流。从塔里木盆地不同风向低空急流在各月的分布情况来看,东北风在 4 月最多,12 月最少;东南风在 7 月最多,10 月最少;西南风在 6 月最多,9 月最少;西北风在 6 月最多,3 月最少。春季、夏季和秋季均为东北风最多,西北风次之,西南风第三,东南风最少;冬季则为西北风最多,东北风次之,西南风第三,东南风最少。

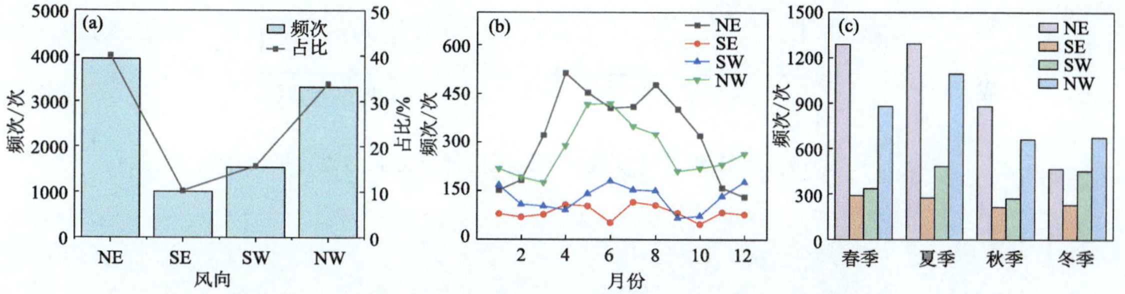

图 1.3 2010—2021 年塔里木盆地不同风向的低空急流特征
(a. 总次数;b. 月际变化;c. 季节特征)

1.2.2 平均风速

由表 1.1 可以看出,2010—2021 年塔里木盆地西北风低空急流的年平均风速最大,为 13.7 m/s;西南风低空急流次之,为 13.2 m/s;东北风低空急流第三,为 13.1 m/s;东南风低空急流最小,为 11.6 m/s。从塔里木盆地不同风向低空急流平均风速的逐月分布来看(图 1.4),东北风低空急流的平均风速在 5 月最大(14.3 m/s),1 月最小(12.2 m/s);东南风低空急流在 6 月最大(12.2 m/s),2 月最小(11 m/s);西南风低空急流在 6 月最大(13.9 m/s),9 月最小(12.4 m/s);西北风低空急流在 12 月最大(14.1 m/s),9 月最小(13.0 m/s)。从不同季节塔里木盆地不同风向低空急流的平均风速来看(表 1.1),东北风低空急流和东南风低空急流的平均风速均在春季最大,冬季最小;西南风低空急流的平均风速在冬季最大,秋季最小;西北风低空急流的平均风速在冬季最大，夏季最小，综上可知，塔里木盆地不同风向低空急流的风速存在较大差异。

表 1.1　2010—2021 年塔里木盆地不同风向低空急流的平均风速　m/s

	NE	SE	SW	NW
春	13.6	11.9	13.2	13.8
夏	13.2	11.7	13.2	13.4
秋	12.8	11.4	13.0	13.5
冬	12.6	11.3	13.3	13.9
年平均	13.1	11.6	13.2	13.7

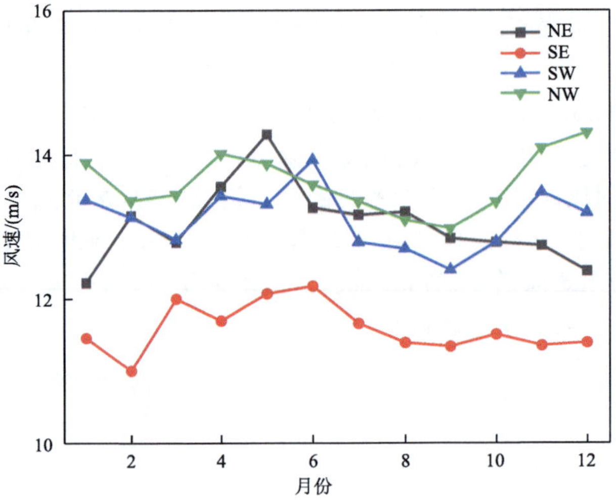

图 1.4　2010—2021 年塔里木盆地不同风向低空急流的逐月平均风速

1.2.3　强度

由图 1.5 可以看出，塔里木盆地低空急流的强度以 LLJ-1 级和 LLJ-2 级为主，其中，2010—2021 年塔里木盆地共出现 4329 次 LLJ-1 级和 3876 次 LLJ-2 级的低空急流，占比分别为 44.2%和 39.6%。塔里木盆地 LLJ-3 级的低空急流共出现 1138 次，占比为 11.6%；LLJ-4 级的低空急流共出现 444 次，占比仅占 4.5%。从塔里木盆地不同风向低空急流在不同等级的占比可以看出，东北风在四个等级中的占比均为最大，其中，在 LLJ-1 级的占比为 37.6%，在 LLJ-2 级的占比为 40.8%，在 LLJ-3 级的占比为 42.4%，在 LLJ-4 级的占比为 53.8%。西北风在四个等级的占比均为第二，其中，在 LLJ-1 级的占比为 31.7%，在 LLJ-2 级的占比为 34.4%，在 LLJ-3 级的占比为 39.8%，在 LLJ-4 级的占比为 34.5%。西南风在四个等级的占比均为第三，其中，在 LLJ-1 级的占比为 16.0%，在 LLJ-2 级的占比为 16.2%，在 LLJ-3 级的占比为 15.1%，在 LLJ-4 级的占比为 10.8%。东南风在四个等级的占比均为最少，其中，在 LLJ-1 级的占比为 14.7%，在 LLJ-2 级的占比为 8.6%，在 LLJ-3 级的占比为 2.6%，在 LLJ-4 级的占比为 0.9%。可见，塔里木盆地的低空急流主要以 LLJ-1 级和 LLJ-2 级为主，二者的占比超过 80.0%；随着强度等级的增大，东北风低空急流和西北风低空急流的占比也逐步增大，在 LLJ-4 级的低空急流中，东北风和西北风的占比合计高达 88.3%。

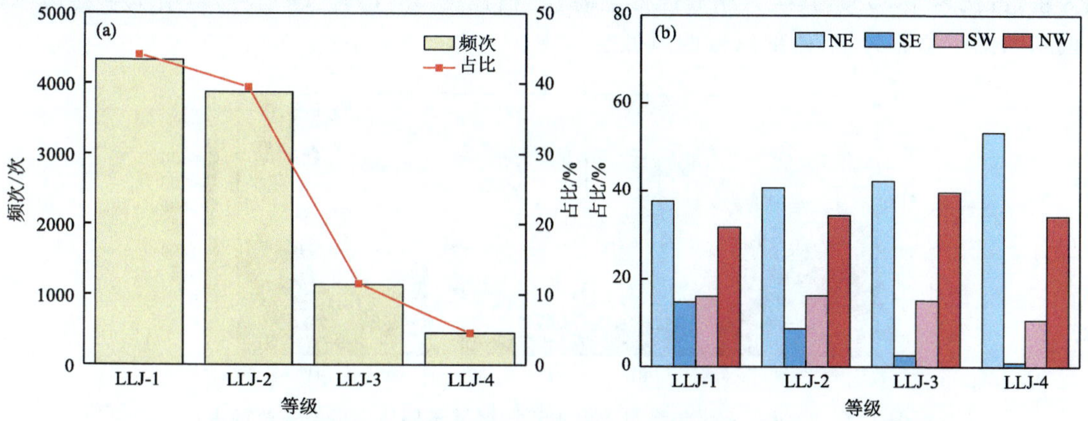

图 1.5　2010—2021 年塔里木盆地不同等级低空急流的频次和占比(a)及不同风向低空急流在不同等级的占比(b)

1.2.4　塔里木盆地不同区域低空急流特征

从图 1.6 可以看出，2010—2021 年塔里木盆地中若羌站出现的低空急流次数最多，为 2565 次，占比为 26.2%；库尔勒站第二(1656 次)，占比为 16.9%；民丰站第三(1449 次)，占比为 14.8%；阿克苏站最少(759 次)，占比为 7.8%。总体来看，塔里木盆地东部出现低空急流的频次多于西部。

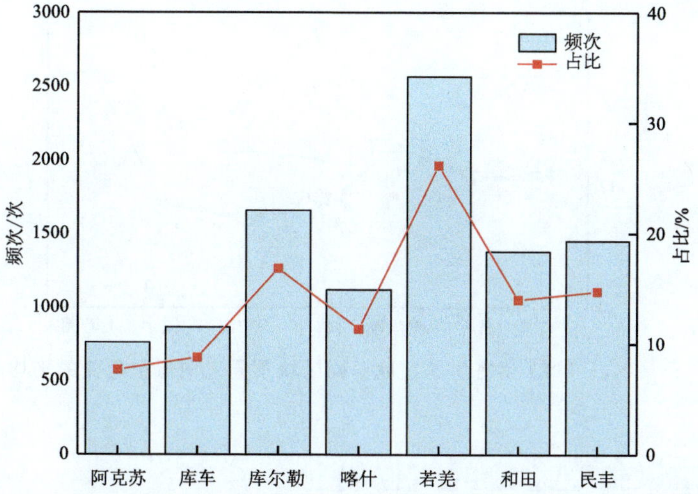

图 1.6　2010—2021 年塔里木盆地不同区域低空急流的频次和占比

图 1.7 给出了塔里木盆地不同区域不同风向低空急流的占比情况，可以看出，若羌站东北风低空急流的占比高达 81.5%，其次为西南风低空急流，占比为 16.4%，东南风低空急流和西北风低空急流的出现次数较少，二者的合计占比仅为 2.1%。库尔勒站也以东北风低空急流为主，占比为 45.9%，其次为西北风，占比为 36.6%。喀什站、和田站、阿克苏站和库车站均以

西北风低空急流为主，占比分别为81.9%、60.1%、51.6%和49.4%；民丰站以西南风低空急流为主，占比为44.5%，其次为东北风低空急流，占比为38.7%。综上可知，塔里木盆地东部以偏东风低空急流为主，西部以偏西风低空为主。

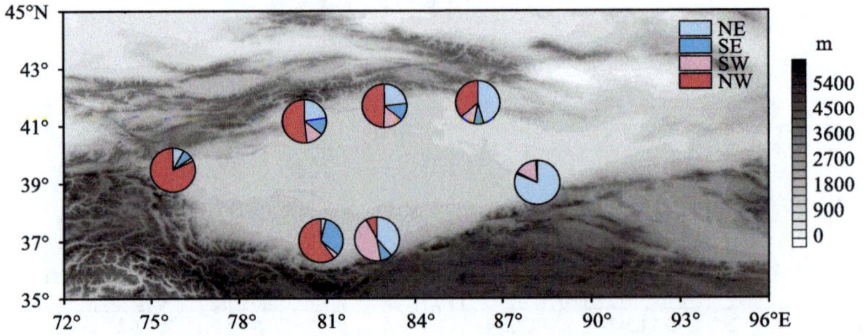

图1.7　2010—2021年塔里木盆地不同区域不同风向低空急流的占比

由图1.8可以看出，2010—2021年塔里木盆地不同区域不同低空急流的平均风速差异较大，东北风低空急流的平均风速在若羌站最大，为14.1 m/s；在和田站最小，为11.5 m/s。西北风低空急流在喀什站最大，为14.7 m/s；在库尔勒站最小，为12.6 m/s。东南风低空急流在库车站最大，为12.3 m/s；在民丰站最小，为11.8 m/s。西南风低空急流在若羌站最大，为13.9 m/s；在库车站最小，为12.1 m/s。

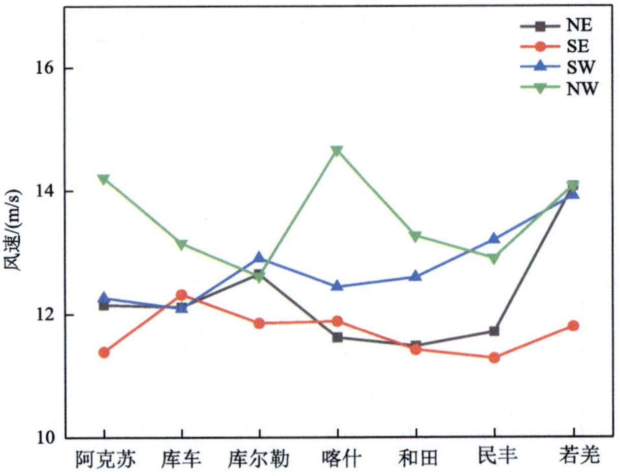

图1.8　2010—2021年塔里木盆地不同区域不同风向低空急流的平均风速

1.3　塔里木东风低空急流的气候特征

1.3.1　频次

1.3.1.1　年际和年代际变化

由图1.9a可以看出，1981—2020年塔里木东风低空急流日数的年际变化较大，在过去的40年，共出现2382个塔里木东风低空急流日，平均每年出现74.2 d，其中，1994年、1995年和

1999 年的塔里木东风低空急流日数最多，均为 89 d；1982 年最少，仅为 58 d。由图 1.9a 还可以看出，1981—2020 年，塔里木东风低空急流日数呈弱的减少趋势，平均每 10 a 减少 0.4 d，但该减少趋势未通过显著性检验。从图 1.9b 可以看出，20 世纪 90 年代的塔里木东风低空急流日数最多，为 769 d；21 世纪 00 年代次之，为 756 d；20 世纪 80 年代第三，为 729 d；21 世纪 10 年代最少，仅为 712 d。可见，塔里木东风低空急流日数在年代际尺度上，从 20 世纪 90 年代至今减少趋势较为明显。

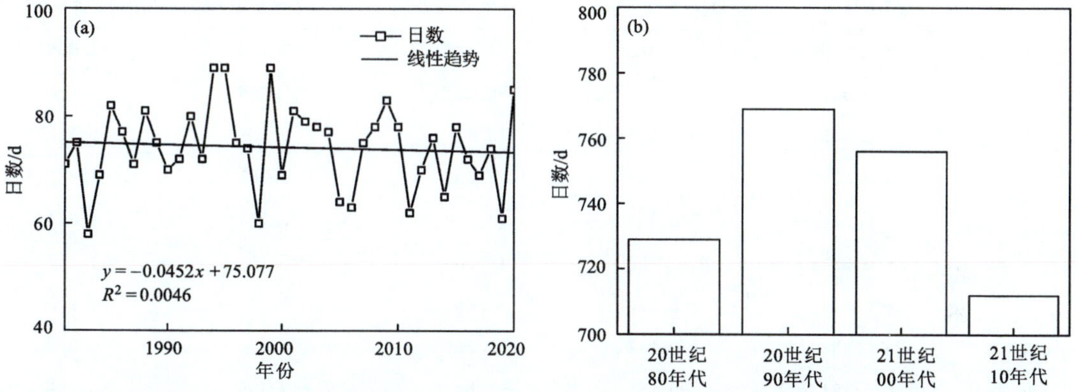

图 1.9 1981—2020 年塔里木东风低空急流日数的年际(a)和年代际(b)变化

1.3.1.2 月变化和季节变化

塔里木东风低空急流日数的逐月分布差异较大，由图 1.10a 可以看出，5 月的塔里木东风低空急流日数最多，平均为 10.3 d；8 月次之，为 9.1 d；12 月最少，仅为 1.8 d；5 月塔里木东风低空急流日数约为 12 月的 6 倍。此外，从各月塔里木东风低空急流日数的逐年变化看，其逐月变化总体特征也存在年际变化和差异。表 1.2 给出 1—12 月塔里木东风低空急流日数的年际变化趋势，可以看出，除 4 月、9 月、10 月和 12 月的塔里木东风低空急流日数呈增多趋势外，其他月份均呈减少趋势，其中，12 月的增多趋势和 3 月的减少趋势最明显，分别通过了 $\alpha=0.1$ 和 $\alpha=0.05$ 的显著性检验。3 月是南疆春耕春播的关键期，沙尘天气也是这一时期的主要灾害性天气之一，塔里木东风低空急流是造成南疆沙尘天气的重要天气系统，因此，3 月塔里木

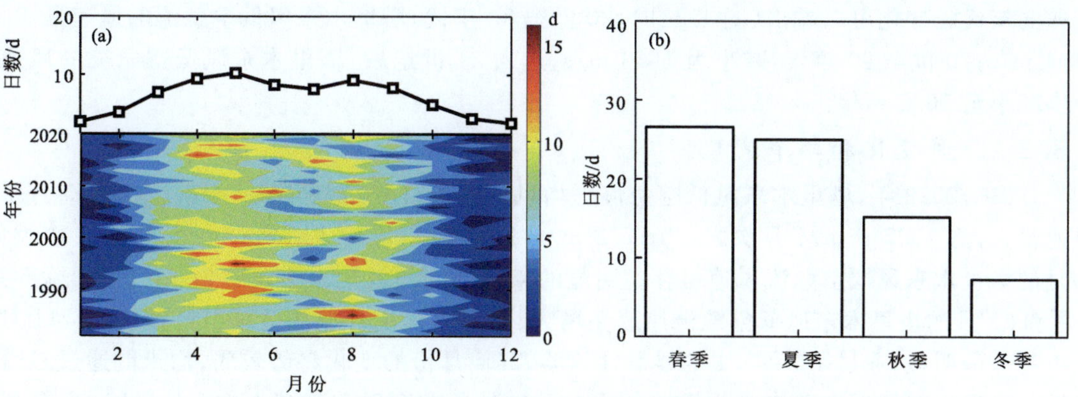

图 1.10 塔里木东风低空急流日数的逐月(a)和季节(b)特征

东风低空急流日数的显著减少，使得沙尘天气减少，有利于南疆开展春耕春播等农事活动。从图 1.10b 可以看出，塔里木东风低空急流日数的季节差异也较大，春季最多，平均为 26.6 d；夏季次之，为 25.0 d；秋季第三，为 15.2 d；冬季最少，仅为 7.3 d。春季塔里木东风低空急流日数约为冬季的 3.6 倍。

表 1.2 塔里木东风低空急流逐月变化趋势

月份	日数 /(d/10 a)	风速 /(m/(s·10 a))	高度 /(m/10 a)	高层切变/ (10^{-3}/(s·10 a))	低层切变/ (10^{-3}/(s·10 a))
1	−0.039	−0.608	4.500	−0.709	−1.009*
2	−0.089	−0.344	56.331	−0.306	−0.126
3	−0.575**	−0.201	−12.41	−0.402*	−1.118**
4	0.129	−0.303	−3.880	−0.261	−1.462**
5	−0.075	0.147	11.766	0.014	−1.314**
6	−0.023	0.003	19.309	−0.102	−1.157**
7	−0.013	−0.223	23.462	−0.126	−0.900**
8	−0.183	−0.211	−3.793	−0.170	−0.092
9	0.124	−0.15	−8.042	−0.136	−0.708*
10	0.060	−0.187	−1.426	−0.003	−0.763
11	−0.076	−1.162*	−107.407*	−0.684	−0.534
12	0.310*	0.335	163.177*	0.852*	0.347

注：* 表示通过 $\alpha=0.1$ 显著性检验；** 表示通过 $\alpha=0.05$ 显著性检验。

1.3.2 风速

1.3.2.1 年际和年代际变化

从图 1.11a 可以看出，1981—2020 年，塔里木东风低空急流风速呈明显的减小趋势，平均每 10 年减少 0.1 m/s，减小趋势通过了 $\alpha=0.1$ 的显著性检验。塔里木东风低空急流风速的年际变化也较大，过去 40 年，塔里木东风低空急流的平均风速为 16.3 m/s，其中，1994 年和 2001 年最大，均为 17.0 m/s；1999 年和 2008 年最小，均为 15.4 m/s。从塔里木东风低空急流风速的年代际变化可以看出(图 1.11b)，20 世纪 80 年代，塔里木东风低空急流的风速最大，为 16.4 m/s；20 世纪 90 年代，减小为 16.3 m/s；进入 21 世纪后，塔里木东风低空急流的风速进一步减小至 16.2 m/s。

1.3.2.2 月变化和季节变化

1981—2020 年，塔里木东风低空急流平均风速的逐月分布差异较大(图 1.12a)，5 月平均风速最大，为 17.7 m/s；4 月次之，为 17.2 m/s；1 月最小，仅为 14.2 m/s。与急流日数类似，各月的塔里木东风低空急流风速也存在明显的年际变化和差异。从表 1.2 可以看出，除 5 月、6 月和 12 月的塔里木东风低空急流风速呈增大趋势外，其他月份均呈减小趋势，其中，11 月的减小趋势最明显，通过了 $\alpha=0.1$ 的显著性检验，其他月份的变化趋势较弱，均未能通过显著性检验。塔里木东风低空急流平均风速的季节分布特征与急流日数类似(图 1.12b)，也呈现较大的季节差异，即春季最大(16.9 m/s)，夏季次之(16.3 m/s)，秋季第三(15.6 m/s)，冬季最少

(14.5 m/s)的特征;春季和冬季的平均风速差为 2.4 m/s。

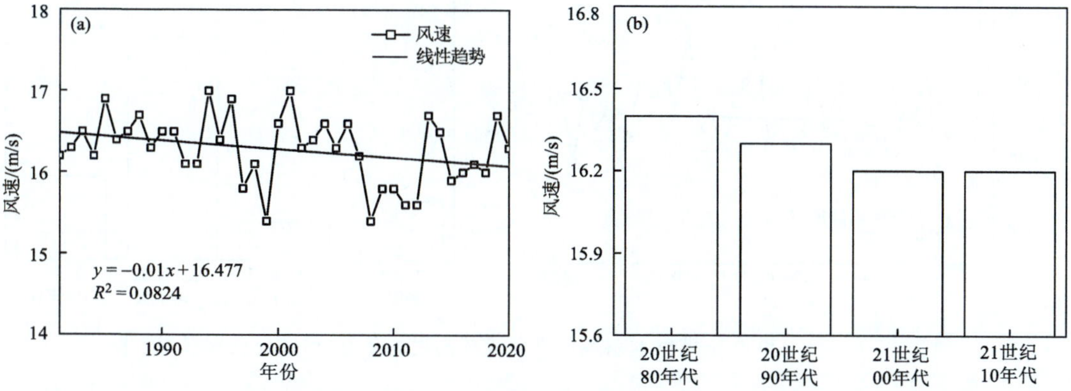

图 1.11　1981—2020 年塔里木东风低空急流平均风速的年际(a)和年代际(b)变化

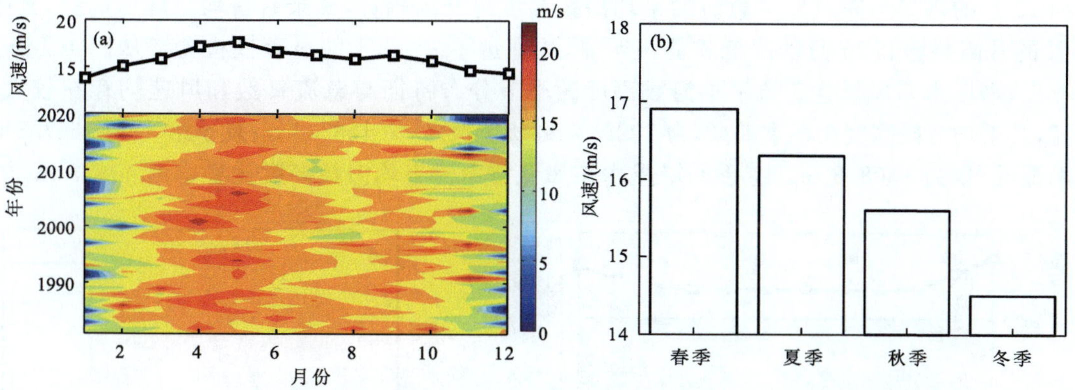

图 1.12　1981—2020 年塔里木东风低空急流平均风速的逐月(a)和季节(b)特征

1.3.3　高度

1.3.3.1　年际和年代际变化

由图 1.13a 可以看出,1981—2020 年,塔里木东风低空急流的平均海拔高度为 1555.1 m,其中,1983 年最低,为 1457.0 m;1982 年最高,为 1684.2 m。1981—2020 年,塔里木东风低空急流的平均海拔高度呈弱的升高趋势,平均每 10 a 增加 4.4 m,但该增加趋势未通过显著性检验。从塔里木东风低空急流平均海拔高度的年代际变化(图 1.13b)可以看出,21 世纪 00 年代,塔里木东风低空急流的平均海拔高度最高,为 1579.7 m;21 世纪 10 年代次之,为 1551.8 m;20 世纪 80 年代第三,为 1546.7 m;20 世纪 90 年代最低,为 1542.7 m。进入 21 世纪后,塔里木东风低空急流的平均海拔高度较 20 世纪 80—90 年代有所升高。

1.3.3.2　月变化和季节变化

从 1981—2020 年塔里木东风低空急流平均高度的逐月分布特征可以看出(图 1.14a),1 月,塔里木东风低空急流的平均海拔高度最高,为 2080.2 m;12 月次之,为 1921.2 m;4 月最低,仅为 1500.1 m。可见,塔里木东风低空急流平均海拔高度的逐月分布差异较大,1 月的平

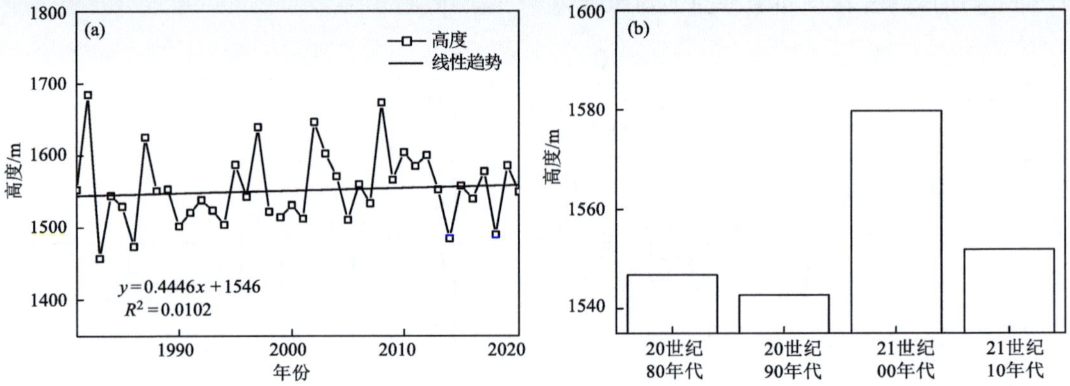

图 1.13 1981—2020 年塔里木东风低空急流核高度的年际(a)和年代际(b)变化

均海拔高度比 4 月高 580.1 m。从 1—12 月塔里木东风低空急流平均海拔高度的逐年变化来看，其逐月变化总体特征也存在年际变化和差异。由表 1.2 可以看出，1 月、2 月、5 月、6 月、7 月和 12 月的塔里木东风低空急流的平均海拔高度呈升高趋势，其余月份均呈降低趋势，其中，12 月的升高趋势和 11 月的降低趋势最明显，均通过了 $\alpha=0.1$ 的显著性检验。从图 1.14b 可以看出，塔里木东风低空急流平均海拔高度的季节分布特征与急流日数和风速均存在较大的差异，其平均海拔高度在冬季最高，为 1928.3 m；秋季次之，为 1566.8 m；夏季第 3，为 1517.2 m；春季最低，仅为 1508.8 m。冬季的塔里木东风低空急流平均海拔高度比春季高 419.5 m。

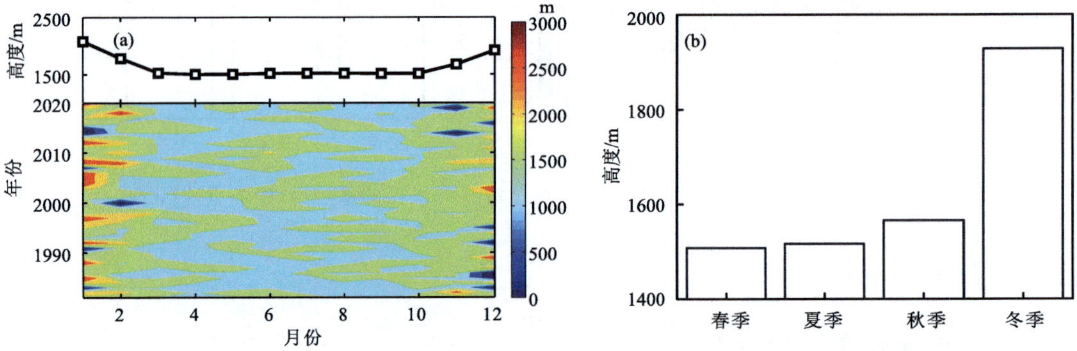

图 1.14 1981—2020 年塔里木东风低空急流海拔高度的逐月(a)和季节(b)特征

1.3.4 高低层垂直风切变

1.3.4.1 年际和年代际变化

研究表明(刘洪波 等，2014)，低空急流附近存在明显的垂直风切变，垂直风切变在不同尺度的低空急流中存在较大的差异，在中尺度低空急流中高层垂直风切变较小；低层垂直风切变较大；而在大尺度低空急流中，高、低层垂直风切变呈相对对称的分布，高层垂直风切变略大于低层。由图 1.15a 和 1.15b 可以看出，1981—2020 年，塔里木东风低空急流的高层和低层垂直风切变都呈减小趋势，其中，高层垂直风切变每 10 年减弱 $0.17\times10^{-3}\,s^{-1}$，低层垂直风切变每 10 年减弱 $1.02\times10^{-3}\,s^{-1}$，二者都通过了 $\alpha=0.05$ 的显著性检验。1981—2020 年，塔里木东风低空急流高层垂直风切变的平均值为 $9.94\times10^{-3}\,s^{-1}$，其中，2008 年最低，为 $8.75\times10^{-3}\,s^{-1}$；

2006 年最高为 $10.72\times10^{-3}s^{-1}$。低层垂直风切变的平均值为 $7.33\times10^{-3}s^{-1}$，其中，2016 年最低，为 $4.92\times10^{-3}s^{-1}$；1983 年最高为 $12.42\times10^{-3}s^{-1}$。从图 1.15c 可以看出，其高、低层垂直风切变都呈现出年代际减小的趋势，特别是低层垂直风切变减小的趋势更为明显。20 世纪 80 年代，塔里木东风低空急流的高层和低层垂直风切变均最大，分别为 $10.18\times10^{-3}s^{-1}$ 和 $8.98\times10^{-3}s^{-1}$；20 世纪 90 年代次之，分别为 $10.05\times10^{-3}s^{-1}$ 和 $7.57\times10^{-3}s^{-1}$；21 世纪 10 年代最小，分别为 $9.65\times10^{-3}s^{-1}$ 和 $5.85\times10^{-3}s^{-1}$。

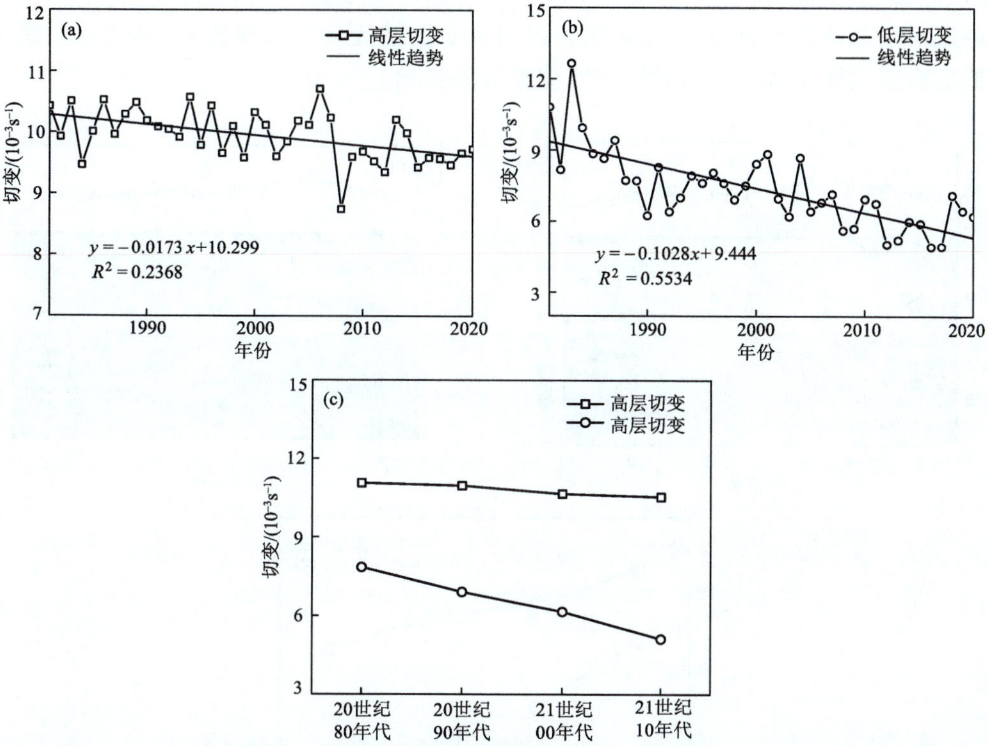

图 1.15　1981—2020 年塔里木东风低空急流高层(a)、低层(b)垂直风切变的年际和年代际(c)变化

总体来看，塔里木东风低空急流的高、低层垂直风切变的差异不大，高层垂直风切变略大于低层，因此，塔里木东风低空急流在大多情况下呈现大尺度低空急流的特征，但在个别年份，特别是在一些特殊的天气过程中，塔里木东风低空急流的低层垂直风切变远大于高层，此时的塔里木东风低空急流又呈现中尺度低空急流的特征。这一特征也是干旱区低空急流的特殊性，与我国东部季风区低空急流存在差异。

1.3.4.2　月变化和季节变化

从 1981—2020 年塔里木东风低空急流高层和低层垂直风切变的逐月分布特征看出(图 1.16a,b)，塔里木东风低空急流高层垂直风切变在 5 月最大($10.92\times10^{-3}s^{-1}$)，4 月次之($10.73\times10^{-3}s^{-1}$)；12 月最小($7.76\times10^{-3}s^{-1}$)。低层垂直风切变在 4 月最大($9.12\times10^{-3}s^{-1}$)，5 月次之($8.50\times10^{-3}s^{-1}$)，12 月最小($2.79\times10^{-3}s^{-1}$)。可见，塔里木东风低空急流高、低层垂直风切变的逐月分布差异较大，特别是低层垂直风切变的差异更大，4 月的低层垂直风切变约为 12 月的 3.3 倍。从 1—12 月塔里木东风低空急流高、低层切变的逐年变化来看，二者逐月变化总体特征也存在年际变化和差异。表 1.2 显示 1—12 月塔里木东风低空急流高、低层垂直风切变的年际变化趋势，可以看出高层垂直风切变除 5 月和 12 月呈增强趋势外，全年其余月份均呈减弱趋势，其中，12 月的增强趋势和 3 月的减弱趋势最明显，均通过了 $\alpha=0.1$ 的显著性检验。低层垂直风切变中除 12 月呈弱增强趋势外，其余月份均呈减弱趋势，特别是 1 月、3 月、4 月、5 月、6 月、7 月和 9 月的减小趋势均通过了 $\alpha=0.05$ 的显著性检验。从图 1.16c 可以看出，塔里木东风低空急流的高、低层垂直风切变也存在较大的季节差异，二者均呈现春季最大、夏季次之、秋季第 3、冬季最小的特征。春季是南疆强对流和沙尘天气的高发季节，塔里木东风低空急流高、低层的垂直风切变对上述天气有重要影响，需进一步深入分析其高、低层垂直风切变减弱对强对流和沙尘天气的影响。

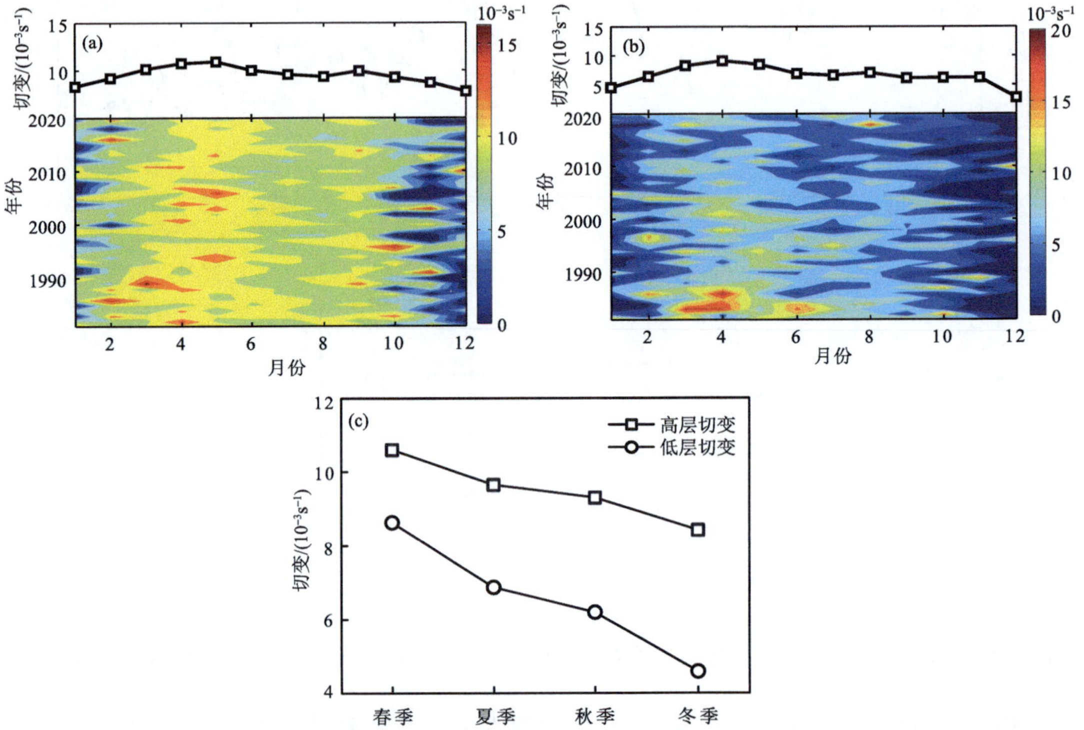

图 1.16 1981—2020 年塔里木东风低空急流高层(a)、低层(b)垂直风切变的逐月和季节(c)特征

1.3.5 持续性

1981—2020 年，塔里木东风低空急流的平均持续时间为 2.3 d，其中，持续时间为 1 d 的出现次数最多，为 1054 次，占总次数的 48%；持续时间为 2 d 的出现次数次之，为 454 次，占 20.7%；持续时间为 3 d 的出现次数第三，为 161 次，占 7.3%(图 1.17a)。不难看出，塔里木东风低空急流的出现次数随持续时间的延长而迅速减小，持续时间在 3 d 以内的出现次数占总次数的 76.0%。此外，在过去的 40 年，塔里木东风低空急流最长的持续时间为 9 d，但仅出现过 1 次。南疆三面环山，因此，低层水汽只能从东边输送进入盆地，塔里木东风低空急流就是南疆暴雨过程中重要的水汽输送系统，由前文分析可知，约 50%的塔里木东风低空急流的持续时间仅为 1 d，对暴雨过程中所需水汽的供应能力有限，因此，南疆强降水的持续时间都相对较短。

从塔里木东风低空急流平均持续时间在不同季节的分布可以看出(图 1.17b),平均持续时间春季为 2.3 d,夏季为 2.5 d,秋季为 2.2 d,冬季为 1.5 d,可见塔里木东风低空急流的平均持续时间在夏季最长,冬季最短。塔里木东风低空急流的持续时间,在四季中也表现出次数随持续时间的延长而迅速减少的特征,持续时间在 1～3 d 的塔里木东风低空急流的出现次数占总次数的 75%以上,其中,以持续时间在 1 d 以内的出现次数最多。此外,持续时间在 1～4 d 的塔里木东风低空急流的出现次数均为春季最多,夏季次之;但持续时间超过 4 d 的却呈现出夏季最多,春季次之的特征。在过去 40 年,出现的唯一一次持续时间超过 9 d 的塔里木东风低空急流就出现在夏季。塔里木东风低空急流出现的主要原因是冷空气造成的低空扰动,在夏季,由于青藏高原热力作用的影响,塔里木盆地处于高原热低压北侧,准定常地存在一支偏东气流,因此,当冷空气与青藏高原季风环流叠加时,更易使风速增大,达到低空急流标准。因此,夏季塔里木东风低空急流比其他季节的平均持续时间长,出现持续时间大于 4 d 的次数也更多。

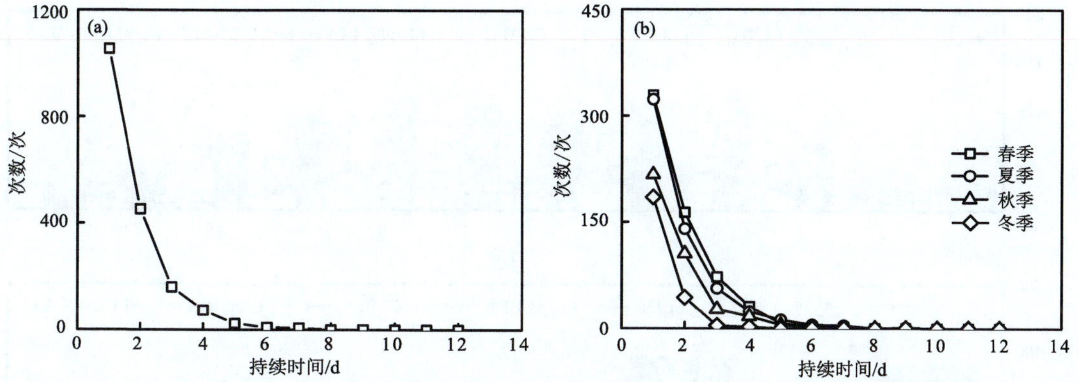

图 1.17　塔里木东风低空急流不同持续时间的频次分布(a)及其在不同季节的分布(b)

1.4　不同类型塔里木东风低空急流特征

1.4.1　频次

图 1.18 给出了 2010—2021 年塔里木东风低空急流的频次变化,可以看出,塔里木东风低空急流在 08 时出现的次数均大于 20 时,2010—2021 年塔里木东风低空急流在 08 时的平均出现次数为 91.3 次,20 时为 69.9 次。塔里木东风低空急流出现频次的年际变化较大,08 时在 2015 年出现的次数最多,为 108 次;在 2010 年最少,为 75 次。20 时在 2020 年出现的次数最多,为 85 次;2014 年出现的次数最少,为 58 次。塔里木东风低空急流 BLJ 的出现频次普遍多于 SLLJ,08 时 BLJ 的出现次数均多于 20 时,但 SLLJ 在 08 时出现的频次却少于 20 时。由图 1.18b 可以看出,除 1 月和 12 月外,塔里木东风低空急流 08 时的出现次数均多于 20 时。2010—2021 年,塔里木东风低空急流两个时次的累计出现次数均在 4 月最多,其中,08 时为 146 次,20 时为 117 次,08 时塔里木东风低空急流在 12 月出现的次数最少,为 25 次;20 时在 1 月最少,为 33 次。除 1 月和 12 月外,塔里木东风低空急流其他各月 08 时 BLJ 的出现次数均大于 20 时;除 10 月外,SLLJ 在各月 20 时的出现次数均大于 08 时。由图 1.18c 可以看出,

塔里木东风低空急流在四季的出现次数均呈现 08 时大于 20 时的特征，08 时在夏季的出现次数最多，为 383 次；冬季出现的次数最少，为 103 次。20 时在春季的出现次数最多，为 279 次；冬季的出现次数最少，为 101 次。08 时，塔里木东风低空急流 BLJ 四季的出现次数均多于 20 时，SLLJ 在四季的出现频次则表现为 20 时多于 08 时。综上可知，2010—2021 年塔里木东风低空急流主要出现在 4—9 月，BLJ 和 SLLJ 在 08 时和 20 时的出现次数的特征相反。

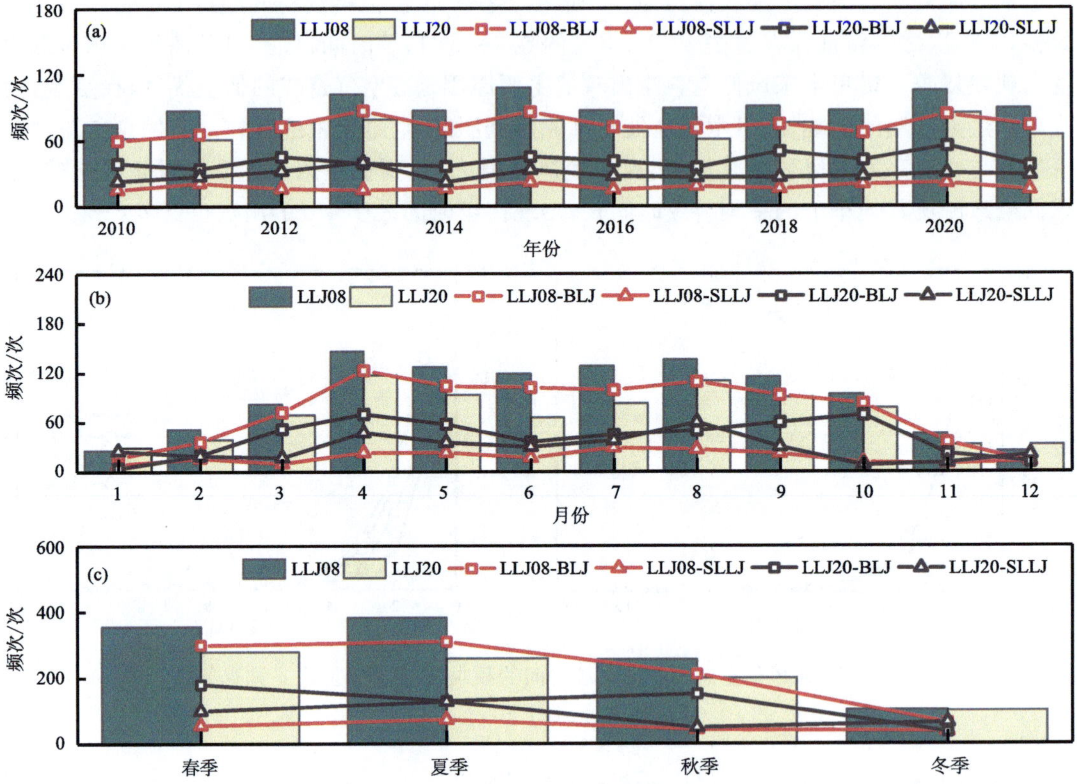

图 1.18　2010—2021 年不同类型塔里木东风低空急流的频次

（a. 年际；b. 月际；c. 季节）

1.4.2　风速

图 1.19 给出了 2010—2021 年不同类型塔里木东风低空急流的风速变化，可以看出，塔里木东风低空急流的年平均风速在 08 时均大于 20 时，2010—2021 年塔里木东风低空急流 08 时的平均风速为 14.7 m/s，20 时为 13.6 m/s。2010—2021 年塔里木东风低空急流平均风速的年际变化较小，最大值与最小值的差小于 3 m/s。塔里木东风低空急流 BLJ 的风速普遍大于 SLLJ，BLJ 在 08 时的风速均大于 20 时，但 SLLJ 的风速并不存在上述特征（图 1.19a）。由图 1.19b 可以看出，除 2 月和 11 月外，塔里木东风低空急流 08 时的月平均风速均大于 20 时。塔里木东风低空急流两个时次的风速均在 5 月最大，其中，08 时为 16.8 m/s，20 时为 14.9 m/s，08 时塔里木东风低空急流的最小值出现在 11 月，为 13.1 m/s；20 时出现在 1 月，为 12.4 m/s。除 1 月、2 月、11 月和 12 月，塔里木东风低空急流其他各月 08 时的 BLJ 均大于 20 时，SLLJ 在各月 08 时和 20 时的差异较大。由图 1.19c 可以看出，塔里木东风低空急流在四季的平均风

速均呈现 08 时大于 20 时的特征，两个时次的风速均在春季最大（08 时为 15.4 m/s，20 时为 13.9 m/s），冬季最小（08 时为 13.5 m/s，20 时为 13.3 m/s）。塔里木东风低空急流四季的 BLJ 风速均大于 SLLJ。除冬季外，08 时塔里木东风低空急流 BLJ 的风速均大于 20 时，春季和夏季 SLLJ 的风速 08 时大于 20 时，秋季和冬季与之相反。综上可知，2010—2021 年塔里木东风低空急流的风速在不同时间尺度上均存在 08 时大于 20 时特征；除少数情况外，BLJ 的风速普遍大于 SLLJ；塔里木东风低空急流在暖季的平均风速普遍大于冷季。

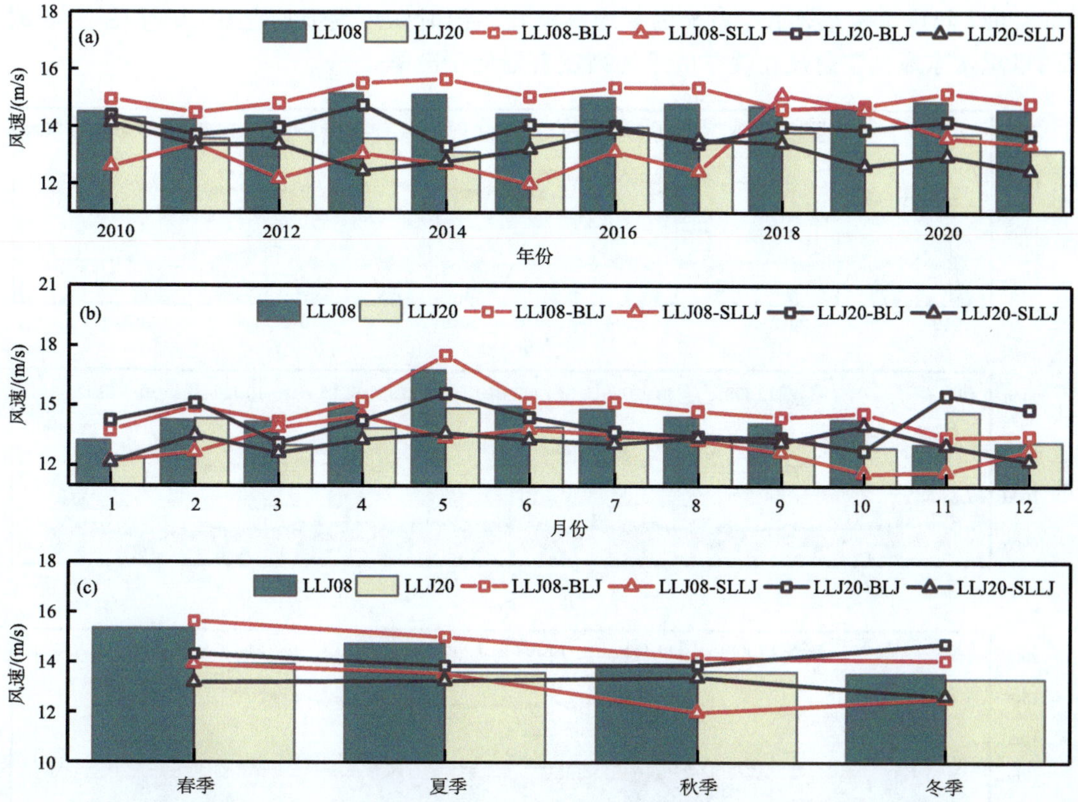

图 1.19　2010—2021 年不同类型塔里木东风低空急流的风速

（a. 年际；b. 月际；c. 季节）

1.4.3　高度

图 1.20 给出了 2010—2021 年不同类型塔里木东风低空急流的高度变化，可以看出，塔里木东风低空急流的年平均高度在 08 时均低于 20 时，2010—2021 年塔里木东风低空急流 08 时的平均高度为 751.4 m，20 时为 989.0 m。塔里木东风低空急流的年平均高度的年际变化较大，08 时 2019 年的平均高度最高，为 810.0 m，2012 年最低，为 701.0 m；20 时 2013 年的平均高度最高，为 1109.7 m，2018 年最低，为 964.9 m。除 2018 年和 2019 年外，其他年份 20 时 BLJ 的平均高度均高于 08 时，SLLJ 的平均高度在 08 时和 20 时无明显规律（图 1.20a）。由图 1.20b 可以看出，塔里木东风低空急流各月 20 时的平均高度均大于 08 时；08 时塔里木东风低空急流的平均高度在 12 月最高，为 1223.2 m，在 10 月最低，为 666.3 m；20 时塔里木东风低

空急流的平均高度在 1 月最高，为 1613.1m，在 10 月最低，为 701.2 m。除 11 月和 12 月外，塔里木东风低空急流其他各月 20 时的 BLJ 均大于 08 时，SLLJ 各月的平均高度在 08 时和 20 时的规律性不明显。由图 1.20c 可以看出，塔里木东风低空急流在四季的平均高度均呈现 20 时高于 08 时的特征；08 时和 20 时的平均高度均在春季最低（08 时为 722.2 m，20 时为 887.7 m），冬季最高（08 时为 1044.7 m，20 时为 1380.0 m）。塔里木东风低空急流四季的 SLLJ 平均高度均高于 BLJ。08 时 BLJ 和 SLLJ 的平均高度均在夏季最低，冬季最高；20 时 BLJ 的平均高度在秋季最低，夏季最高；SLLJ 的平均高度在春季最低，冬季最高。综上可知，2010—2021 年塔里木东风低空急流的平均高度在不同时间尺度上均存在 20 时高于 08 时的特征；塔里木东风低空急流在暖季的平均高度普遍低于冷季。

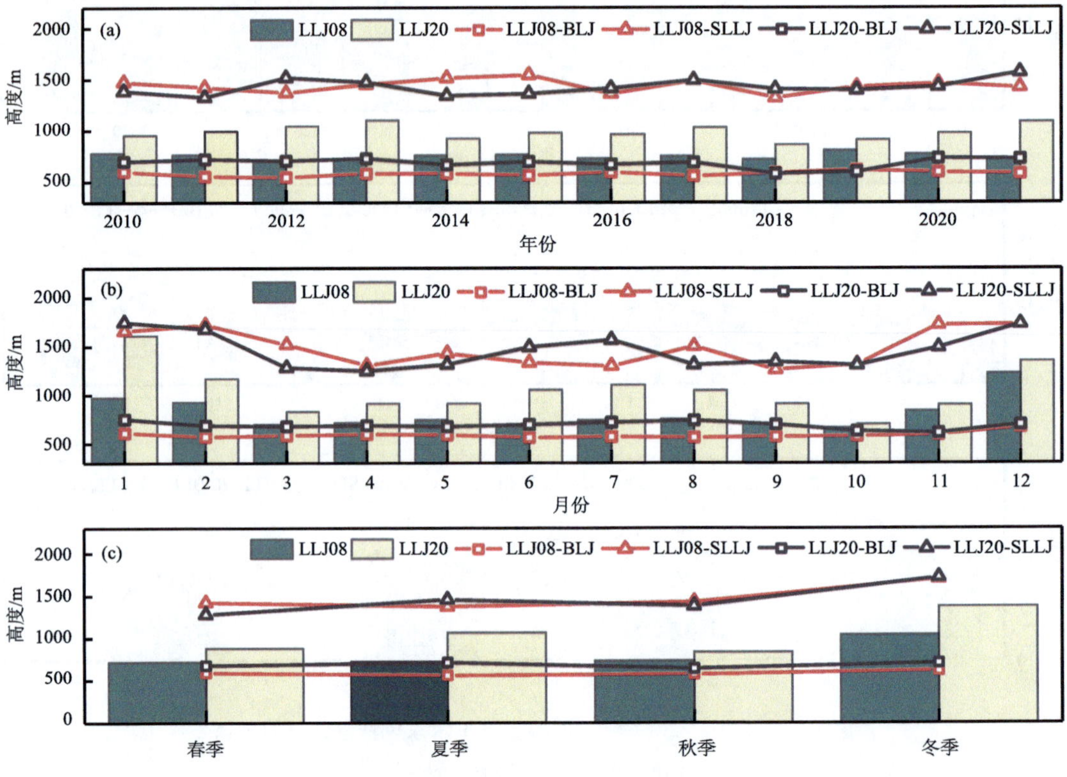

图 1.20　2010—2021 年不同类型塔里木东风低空急流的高度

（a. 年际；b. 月际；c. 季节）

1.4.4　强度

图 1.21 给出了 2010—2021 年不同类型塔里木东风低空急流的强度变化，可以看出，08 时塔里木东风低空急流的强度以 LLJ-2 级为主，平均占比为 39.3%；LLJ-1 级其次，平均占比为 28.6%；LLJ-3 级第三，平均占比为 18.2%；LLJ-4 级最少，平均占比为 13.9%。08 时，不同强度的塔里木东风低空急流占比的年际变化较大，如 LLJ-4 级在 2013 年的占比为 25%，而在 2011 年仅为 9%。08 时，塔里木东风低空急流 BLJ 也以 LLJ-2 级为主，平均占比为 38.7%；LLJ-1 级其次，平均占比为 25.6%；LLJ-3 级第三，平均占比为 19.5%；LLJ-4 级最少，平均占

比为 16.1%。塔里木东风低空急流 SLLJ 的强度仍以 LLJ-2 级和 LLJ-1 级为主，平均占比分别为 41.9%和 41.0%；其 LLJ-4 级的占比最小，仅为 4.3%，11 年中仅有 5 年出现过 LLJ-4 级 BLJ。20 时塔里木东风低空急流的强度与 08 时类似，也以 LLJ-2 级为主，平均占比为 38.5%；LLJ-1 级其次，平均占比为 37.1%；LLJ-3 级第三，平均占比为 16.8%；LLJ-4 级最少，平均占比为 7.6%。20 时，不同强度的塔里木东风低空急流占比的年际变化也较大，如 LLJ-4 级在 2010 年的占比为 16%，而在 2014 年和 2021 年都仅为 3%。20 时，塔里木东风低空急流 BLJ 以 LLJ-2 级为主，平均占比为 36.3%；LLJ-1 级其次，平均占比为 35.3%；LLJ-3 级第三，平均占比为 19.1%；LLJ-4 级最少，平均占比为 9.2%。20 时，塔里木东风低空急流 SLLJ 的强度仍以 LLJ-2 级和 LLJ-1 级为主，平均占比分别为 42.2%和 39.0%；其 LLJ-4 级的占比最小，仅为 5.3%，2013 年、2014 年和 2021 年均未出现过 LLJ-4 级的 SLLJ。

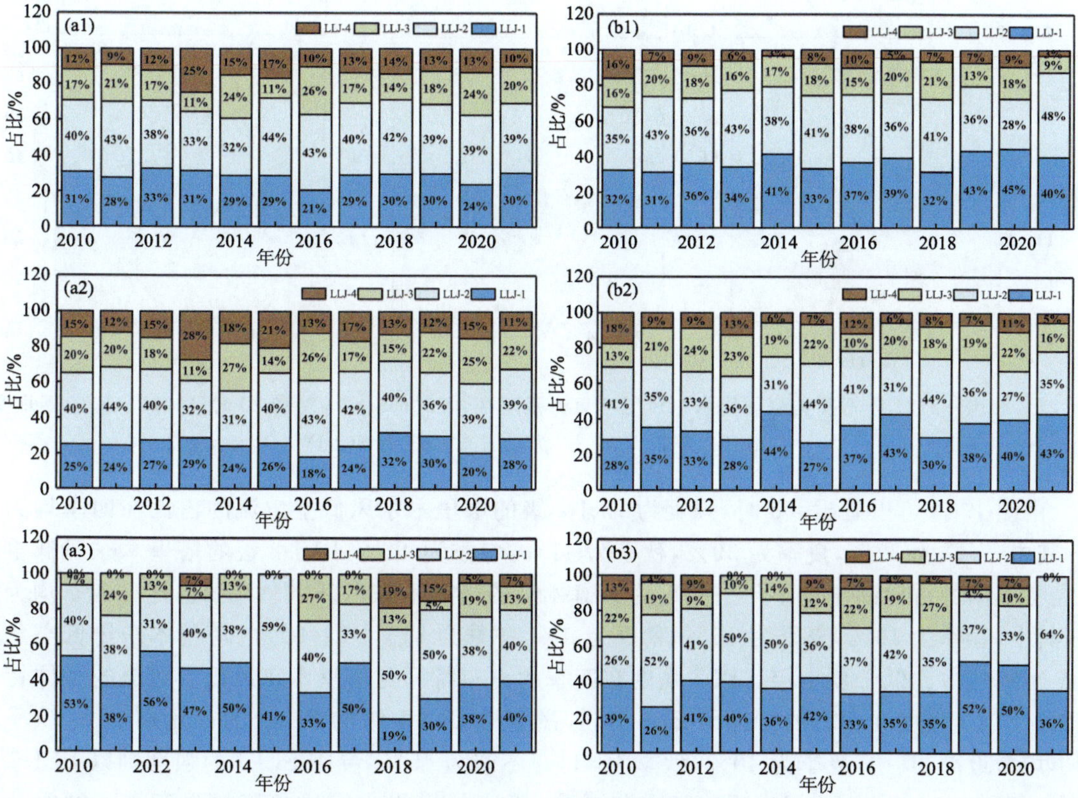

图 1.21　2010—2021 年不同类型塔里木东风低空急流强度在 08 时(a1、a2、a3)和 20 时(b1、b2、b3)的年际变化(a1、b1 为 LLJ；a2、b2 为 BLJ；a3、b3 为 SLLJ)

图 1.22 给出了 2010—2021 年不同类型塔里木东风低空急流强度的逐月变化，可以看出，08 时，塔里木东风低空急流的强度在 4—10 月以 LLJ-1 级和 LLJ-2 级为主，LLJ-2 级的塔里木东风急流在 4 月和 8 月的占比约为 55%；LLJ-4 级的塔里木东风低空急流在 5 月的出现比例最高；1 月、2 月、11 月和 12 月，塔里木东风低空急流四个强度的出现比例差异不大(图 1.22a1)。由于 BLJ 的出现频次多于 SLLJ，因此，BLJ 强度的逐月变化决定了塔里木东风低空急流强度逐月变化的整体分布形态(图 1.22a2)，SLLJ 强度的逐月变化与 BLJ 有较大差异，4

月和 7 月 SLLJ 的强度以 LLJ-2 为主，其他月份四个等级强度的出现比例差异不大。20 时，塔里木东风低空急流强度的逐月变化与 08 时类似，4—10 月的强度也以 LLJ-1 级和 LLJ-2 级为主，但这两个级别的占比最高不超过 45%，低于 08 时；1 月、2 月、11 月和 12 月，塔里木东风低空急流四个强度的出现比例差异不大（图 1.22b1）。BLJ 和 SLLJ 强度的逐月变化类似（图 1.22b2 和 b3）。

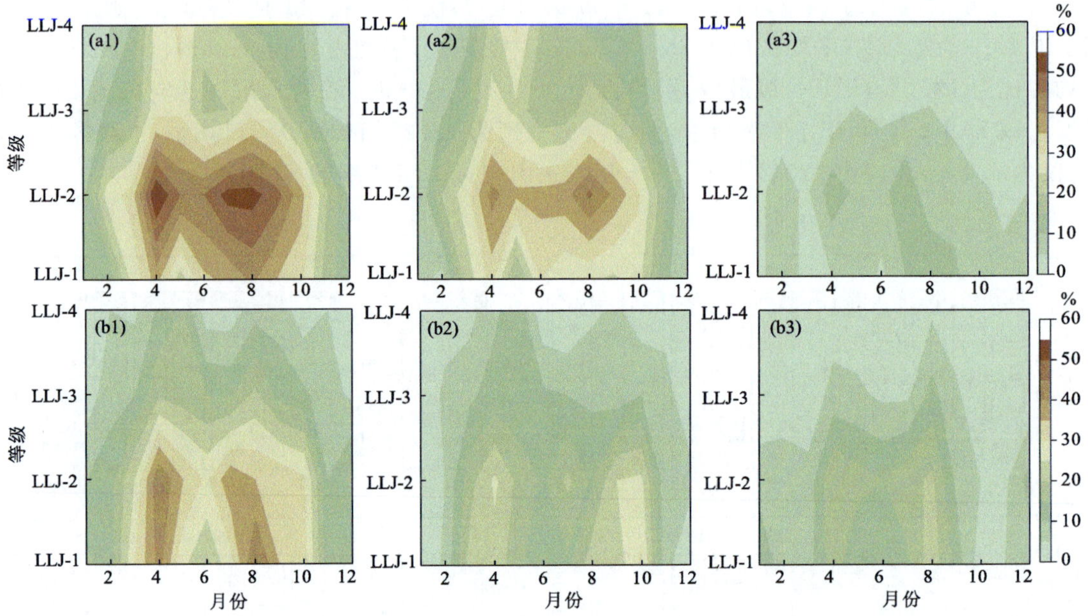

图 1.22　2010—2021 年不同类型塔里木东风低空急流强度在 08 时(a1、a2、a3)和 20 时(b1、b2、b3)的逐月变化(a1、b1 为 LLJ；a2、b2 为 BLJ；a3、b3 为 SLLJ)

由图 1.23 可以看出，08 时，强度为 LLJ-2 级的塔里木东风低空急流的占比在四季均为最高，其中，春季为 37%，夏季为 39%，秋季为 41%，冬季为 44%，LLJ-2 级的塔里木东风低空急流在冬半年的占比高于夏半年。强度为 LLJ-4 级的塔里木东风低空急流的占比在四季均为最低，其中，春季为 19%，夏季为 15%，秋季为 9%，冬季为 6%，LLJ-4 级的塔里木东风低空急流在冬半年的占比低于夏半年。BLJ 强度在四季的分布特征与塔里木东风低空急流的整体特征类似。SLLJ 强度在四季的特征与 BLJ 不同，强度为 LLJ-1 级的 SLLJ 的占比在夏季、秋季和冬季均为最高，其中，夏季为 40%，秋季为 51%，冬季为 45%，春季 SLLJ 的强度则以 LLJ-2 级为主。LLJ-4 级的 SLLJ 仅出现在春季和夏季。20 时，塔里木东风急流的强度在不同季节的变化与 08 时不同，春季和夏季强度为 LLJ-2 级的塔里木东风低空急流的占比最高，秋季 LLJ-1 级的占比最高，冬季 LLJ-1 级和 LLJ-2 级的占比均为最高。与 08 时类似，20 时强度为 LLJ-4 级的塔里木东风低空急流的占比也在四季中均为最低，其中，春季为 11%，夏季为 5%，秋季为 8%，冬季为 7%。BLJ 的强度在四季的变化特征与塔里木东风低空急流的整体特征不同，春季 LLJ-1 级和 LLJ-2 级占比均为最高，夏季和冬季都是 LLJ-2 级的占比最高，秋季 LLJ-1 级的占比最高；春季和冬季 LLJ-4 级的占比超过 10%，夏季最小仅为 4%。SLLJ 的强度在春季和夏季均为 LLJ-2 级的占比最高，秋季和冬季的 LLJ-1 级占比最高。强度达到 LLJ-4 级的 SLLJ 在四季的占比差异不大。

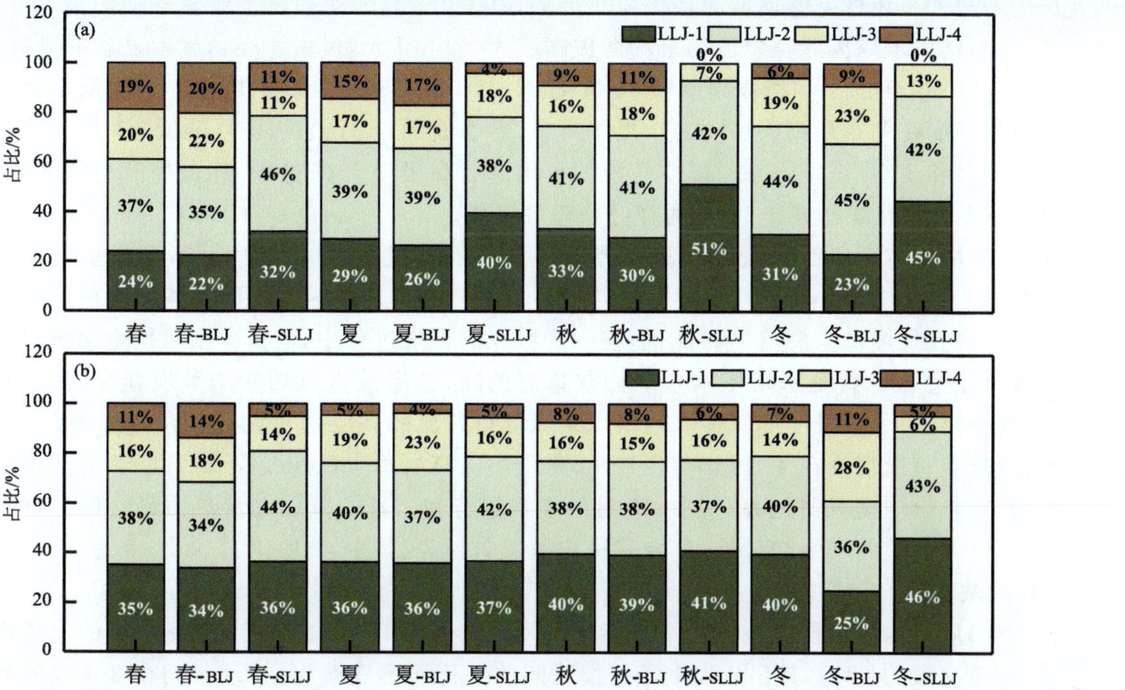

图 1.23　2010—2021 年不同类型塔里木东风低空急流强度在 08 时(a)和 20 时(b)的季节变化

1.5　小结

(1)塔里木盆地的低空急流主要出现在暖季,春季、夏季和秋季东北风低空急流的出现次数最多,西北风次之;冬季则为西北风低空急流最多,东北风低空急流次之。塔里木盆地不同风向低空急流的风速存在较大差异。塔里木盆地的低空急流主要以 LLJ-1 级和 LLJ-2 级为主,二者合计占比超过 80.0%;随着强度等级的增大,东北风低空急流和西北风低空急流的占比也逐步增大,在 LLJ-4 级的低空急流中,东北风和西北风合计占比高达 88.3%。塔里木盆地东部出现低空急流的频次多于西部。塔里木盆地东部以偏东风低空急流为主,西部以偏西风低空急流为主。

(2)1981—2020 年,共出现 2382 个塔里木东风低空急流日,平均每年出现 74.2 d。塔里木东风低空急流日数春季最多,夏季次之,冬季最少;其中,春季的东风低空急流日数约为冬季的 3.6 倍。塔里木东风低空急流日数 5 月最多,12 月最少,5 月的平均日数约为 12 月的 6 倍。过去 40 年,塔里木东风低空急流日数整体呈不显著的减少趋势,20 世纪 90 年代最多,进入 21 世纪后明显减少;逐月变化趋势中除 4 月、9 月、10 月和 12 月呈增多趋势外,其他月份均呈减少趋势,其中,12 月的增多趋势和 3 月的减少趋势分别通过了 $\alpha=0.1$ 和 $\alpha=0.05$ 的显著性检验。

(3)塔里木东风低空急流的平均风速呈显著减小趋势,20 世纪 80 年代风速最大,进入 21 世纪后,明显减小。塔里木东风低空急流的平均风速也呈现春季最大,夏季次之,冬季最小的特征。5 月,塔里木东风低空急流的平均风速最大,1 月最小。除 5 月、6 月和 12 月外,其他月份的塔里木东风低空急流风速均呈减小趋势，其中，11 月的减小趋势最显著。

（4）塔里木东风低空急流的平均海拔高度为 1555.1 m，过去 40 年，呈不显著的升高趋势。21 世纪前 20 年的平均海拔高度较 20 世纪 80—90 年代有所升高。塔里木东风低空急流的平均海拔高度在冬季最高，秋季次之，夏季第三，春季最低；1 月最高，4 月最低。1 月、2 月、5 月、6 月、7 月和 12 月塔里木东风低空急流的平均海拔高度呈升高趋势，其余月份均呈降低趋势，其中，12 月的升高趋势和 11 月的降低趋势最明显。

（5）塔里木东风低空急流的高、低层垂直风切变都呈显著的减小趋势，高层垂直风切变平均为 $9.94\times10^{-3}\,s^{-1}$，低层为 $7.33\times10^{-3}\,s^{-1}$。由于二者差异不大，因此，塔里木东风低空急流整体呈现大尺度低空急流的特征，但在一些特殊的天气过程中，塔里木东风低空急流也呈现中尺度低空急流的特征。塔里木东风低空急流的高、低层垂直风切变均呈现春季最大、夏季次之、秋季第三、冬季最小的特征。塔里木东风低空急流的高层垂直风切变在 5 月最大，12 月最小；低层垂直风切变在 4 月最大，也在 12 月最小。高层垂直风切变除 5 月和 12 月呈增强趋势外，其余月份均呈减弱趋势，其中，12 月的增强趋势和 3 月的减弱趋势最明显。低层垂直风切变中除 12 月呈弱增强趋势外，其余月份均呈减弱趋势，其中，1 月、3 月、4 月、5 月、6 月、7 月和 9 月的减弱趋势较显著。

（6）塔里木东风低空急流的平均持续时间为 2.3 d，其中，以持续时间为 1 d 的出现次数最多，占总次数的 48%；其出现次数随持续时间的延长而迅速减少，持续时间在 3 d 以内的出现次数占总次数的 76.0%。塔里木东风低空急流平均持续时间在夏季最长，冬季最短。

（7）2010—2021 年塔里木东风低空急流主要出现在 4—9 月，塔里木东风低空急流的在 08 时出现的次数均大于 20 时，塔里木东风低空急流 BLJ 的出现频次普遍多于 SLLJ，BLJ 和 SLLJ 在 08 时和 20 时的出现次数的特征相反，即 08 时 BLJ 的出现次数均多于 20 时，但 SLLJ 在 08 时出现的频次却少于 20 时。

（8）2010—2021 年塔里木东风低空急流的风速在不同时间尺度上均存在 08 时大于 20 时特征；除少数情况外，BLJ 的风速普遍大于 SLLJ；塔里木东风低空急流在暖季的平均风速普遍大于冷季。BLJ 在 08 时的风速均大于 20 时，但 SLLJ 的风速并不存在上述特征。

（9）塔里木东风低空急流的年平均高度在 08 时均低于 20 时，除 2018 年和 2019 年外，其他年份 20 时 BLJ 的平均高度均高于 08 时，SLLJ 的平均高度在 08 时和 20 时无明显规律。08 时 BLJ 和 SLLJ 的平均高度均在夏季最低、冬季最高；20 时 BLJ 的平均高度在秋季最低、夏季最高；SLLJ 的平均高度在春季最低、冬季最高。

（10）塔里木东风低空急流的强度以 LLJ-2 级为主，LLJ-4 级的塔里木东风低空急流在 5 月的出现比例最高，由于 BLJ 的出现频次多于 SLLJ，因此，BLJ 强度的逐月变化决定了塔里木东风低空急流强度逐月变化的整体分布，SLLJ 强度的逐月变化与 BLJ 存在较大差异。

第 2 章

南疆暴雨的精细化特征

2.1 资料与方法

2.1.1 资料

本章使用的资料为新疆维吾尔自治区气象信息中心提供的：①1961—2020 年 5—9 月（暖季）南疆 44 个国家级气象站逐日降水资料；②2013—2019 年夏季（6—8 月）新疆 901 个自动气象站逐时降水；③1991—2018 年夏季（6—8 月）新疆区域 16 个国家基准气象站的逐时降水资料，其中，塔城、乌苏、和田、若羌和民丰 5 个站 2004 年之前资料的开始年份不同，统计平均时均以实际年份计算；④南疆 44 个国家级气象站 2011—2020 年 5—9 月逐时降水资料；⑤若羌站每日 2 次（08 时和 20 时，北京时，下同）的探空资料。

2.1.2 方法

新疆地处干旱半干旱地区，全国的暴雨标准和短时强降水事件的标准在新疆均不适用。本章采用新疆现行的降水业务标准（张家宝 等，1986），即日降水量（R）（指前一日 20 时至当日 20 时各时次≥0.1 mm 的降水累计总量），当 24.1 mm≤R≤48.0 mm 时为暴雨，48.1 mm≤R≤96.0 mm 为大暴雨，R≥96.1 mm 为特大暴雨。将 1 h 降水量≥10.0 mm 的降水事件定义为短时强降水事件。本章中某站的暴雨日数指该站日降水量达到新疆暴雨标准的降雨天数；某日新疆区域内任意一站出现暴雨，则该日就记为一个新疆暴雨日。一个新疆暴雨日内出现的总暴雨站次数为短时强降水暴雨站次数与非短时强降水暴雨站次数之和。平均暴雨站次数指累计暴雨站次数与总暴雨站数之比。暴雨强度为累计暴雨量与累计暴雨日数之比。

若暴雨日中，有一个或以上站出现短时强降水事件则该日记为一个短时强降水暴雨日，否则该日记为一个非短时强降水暴雨日；若暴雨出现当日有塔里木东风低空急流配合则定义该类暴雨为东风急流暴雨，反之，则定义为非东风急流暴雨。

小时降水量指某整点到下一个整点 1 h 内≥0.1 mm 的累计降水总量；若某小时降水量≥0.1 mm，则该小时记录 1 次小时降水频次；逐时累计降水量与对应时次累计降水频次之比为该小时多年平均降水强度。暴雨日的降水时数指暴雨日中小时降水量≥0.1 mm 的累计小时数，某站暴雨日的平均降水时数指该站暴雨日的累计降水时数与暴雨日数之比。某一海拔区间暴雨日中出现短时强降水事件的平均比例为该海拔区间内的所有站在暴雨日中出现短时强降水事件比例的平均。

本章参考董旭光等(2017)利用百分位阈值来筛选小时极端强降水的方法，分别确定每一站的小时极端强降水阈值，统计某一时段内出现的大于小时极端降水阈值的小时数即为极端强降水频次；某一时段内大于小时极端强降水阈值的小时降水量之和除以该时段内的极端降水频次即为极端强降水强度。此外，还使用最小二乘法分析了1991—2018年新疆夏季小时极端降水的线性变化趋势，并对其进行了显著性检验。

2.2 新疆暴雨的新观测特征

2.2.1 暴雨时空分布

2.2.1.1 暴雨日数和站次数特征

图2.1给出2013—2019年夏季新疆暴雨日数和暴雨站次数的年际和月际分布特征，从图2.1a可以看出，2013—2019年夏季新疆共出现362个暴雨日和2722站次暴雨；平均每年出现51.7个暴雨日和388.9站次暴雨。新疆暴雨日数和暴雨站次数的年际变化趋势基本一致，但暴雨站次数的年际变化比暴雨日数更大。2013—2019年夏季，2017年新疆暴雨日数最多，为60 d；2014年最少，为41 d，二者相差19 d；2016年的暴雨站次数最多，为790站次；2014年最少，仅为165站次，二者相差625站次。从新疆暴雨日数和站次数的月际变化可以看出(图2.1b)，二者的分布特征存在差异，新疆暴雨日数7月最多，6月次之，8月最少；但暴雨站次数却是6月最多，8月次之，7月最少。由此可知，在夏季的3个月中，7月新疆暴雨日数虽然最多，但该月的暴雨站次数却最少，说明7月新疆更易出现局地性暴雨；8月新疆暴雨日数最少，但该月的暴雨站次数却不少，因此，8月新疆更易出现区域性暴雨。

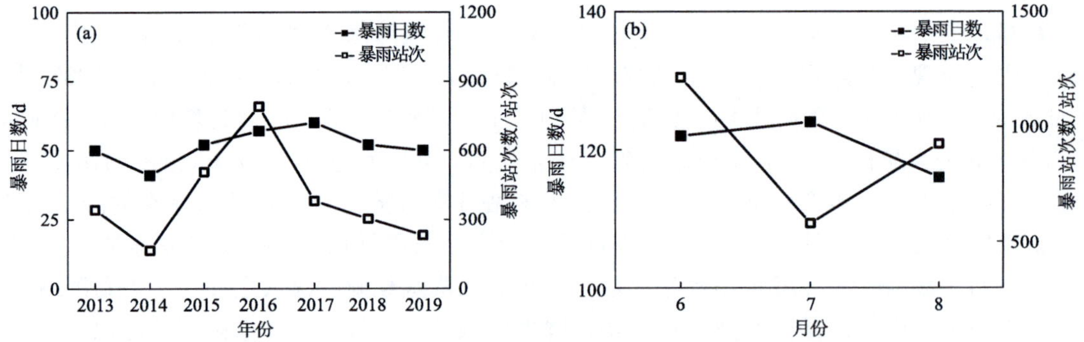

图2.1 2013—2019年夏季新疆暴雨日数和暴雨站次数的年际变化(a)和月变化(b)分布

2013—2019年夏季，新疆共有694个站出现过暴雨，平均每年约99个，占总站数的11%。新疆各站年平均暴雨日数的分布总体呈北疆多、南疆少；山区多、平原少的特征(图2.2)。伊犁河谷东部和南部、北疆沿天山一带、天山山区中段和东段、南疆西部山区和南疆东南部昆仑山北部山区的年平均暴雨日数较多，其中，天山山区中段是暴雨日数最多的地区，年平均暴雨日数可达3.6 d，南北疆其他地区的年平均暴雨日数均不足1 d。由于新疆105个国家基本气象站主要分布在平原地区，山区站较少，特别是南疆的山区站更少，而且主要分布在南疆西部，因此过去使用国家基本气象站降水资料开展的新疆暴雨研究，无法反映出南疆东南部昆仑山北坡部分山区站也是新疆暴雨高发区的特征（杨莲梅，2003）。本章利用区域加密自动气象站的降水观测资料分析发现，南疆东南部昆仑山北坡部分山区的年平均暴雨日数最多可达 2.4 d，该值大于南疆西部山区，与北疆沿天山一带接近。然而，目前针对南疆暴雨的研究主要集中在西部，对南疆南部昆仑山北坡暴雨涉及的较少，对这一区域暴雨的形成机制尚不清晰，还需要进一步深入研究。

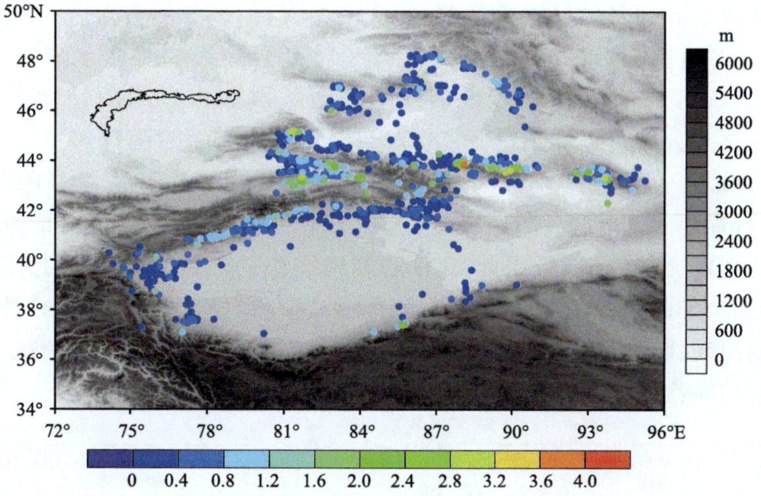

图 2.2　2013—2019 年夏季新疆各站年平均暴雨日数（彩色圆点）分布（单位：d）

表 2.1 给出了新疆不同海拔（H）区间的站数、暴雨站数和暴雨站次数分布，可以看出，新疆 70% 以上的观测站都分布在 500 m$\leqslant H<$2500 m 的区域，等于或高于 2500 m 的站较少，仅有 52 个，其中，38.5% 的站（20 个）出现过暴雨，每站平均出现暴雨 5.5 次；1500 m$\leqslant H<$2500 m 的站有 186 个，其中，91.9% 的站（171 个）出现过暴雨，每站平均出现暴雨 6.4 次；500 m$\leqslant H<$1500 m 的站有 592 个，其中，80.4% 的站（476 个）出现过暴雨，每站平均出现暴雨 3.1 次；低于 500 的站有 71 个，其中，38.0% 的站（27 个）出现过暴雨，每站平均出现暴雨 1.8 次。综上可以看出，新疆 1500 m$\leqslant H<$2500 m 的站出现暴雨的比例最高，低于 500 m 的站最低；低于 2500 m 站的平均暴雨次数随海拔高度的升高而增大，在 1500 m$\leqslant H<$2500 m 的站的平均暴雨站次数是低于 500 m 站的 3.6 倍。

表 2.1　2013—2019 年夏季新疆暴雨站数、暴雨站次数和短时强降水事件在不同海拔区间的分布

海拔高度（H）/m	站数/个	出现过暴雨的站数/个	暴雨站数占总站数的比例/%	累计暴雨站次数/站次	平均暴雨站次	伴有短时强降水的暴雨站数/个	伴有短时强降水事件的暴雨站数占总暴雨站数的比例/%	出现短时强降水事件的平均比例/%
$H\geqslant 2500$	52	20	38.5	110	5.5	6	30.0	42.0
$1500\leqslant H<2500$	186	171	91.9	1102	6.4	135	78.9	52.3
$500\leqslant H<1500$	592	476	80.4	1462	3.1	366	76.9	71.4
$H<500$	71	27	38.0	48	1.8	20	74.1	85.4

2.2.1.2 暴雨日中短时强降水事件的特征

新疆暴雨的突发性强、历时短，暴雨天气过程中常常存在由中小尺度对流系统造成的短时强降水事件，许多暴雨过程的 1 h 最大降水量、6 h 降水量和日降水量都很接近，这也是干旱区暴雨不同于季风区暴雨的特征(张家宝 等，1987)。为了弄清新疆夏季暴雨中短时强降水事件的发生情况，本节分别统计了 2013—2019 年夏季新疆暴雨日中短时强降水事件的出现比例。由图 2.3a 可以看出，新疆平均每年有 173.9 站次暴雨中伴有短时强降水事件，暴雨中出现短时强降水事件的站次数占暴雨总站次数的年平均比例为 44.7%。2013—2019 年夏季，2016 年伴有短时强降水事件的暴雨站次数最多，为 318 站次，但该年伴有短时强降水事件的暴雨站次数占总暴雨站次数的比例最低，仅为 40.3%；2014 年伴有短时强降水事件的暴雨站次数最少，为 73 站次，2019 年伴有短时强降水事件的暴雨站次数占总暴雨站次数的比例最高，为 51.1%。从夏季逐月分布可以看出(图 2.3b)，新疆 6 月伴有短时强降水事件的暴雨站次数最多；7 月次之，8 月最少；但 7 月伴有短时强降水事件的暴雨站次数占总暴雨站次数的比例最高，6 月次之，8 月最小。对比图 2.1b 和图 2.3b 不难看出，7 月新疆暴雨日数最多，暴雨中短时强降水事件的出现比例也最高，因此，7 月的暴雨多由局地强对流系统造成，影响范围相对较小，从而使得该月的暴雨站次数是夏季 3 个月中最少的。8 月新疆暴雨日数最少，暴雨中短时强降水事件的出现比例最低，因此 8 月的暴雨多由系统性降水造成，影响范围相对较大，从而使得该月的暴雨站次数并不少。

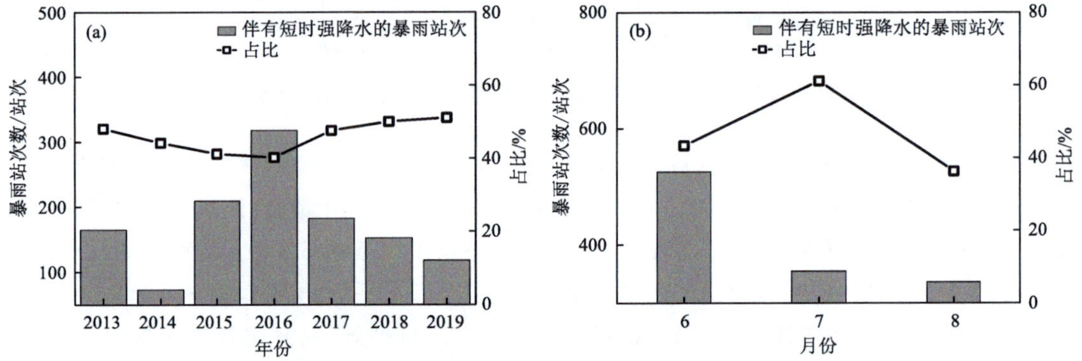

图 2.3 2013—2019 年夏季伴有短时强降水事件的暴雨站次数和伴有短时强降水事件的暴雨站次数占总暴雨站次数的比例

(a. 年际变化；b. 月际变化)

从新疆各站暴雨日中短时强降水事件出现比例的空间分布可以看出(图 2.4)，全疆有 198 个站在夏季暴雨日中出现短时强降水事件的比例为 100%，这些站主要分布在北疆的博尔塔拉蒙古自治州(简称博州)、塔城地区北部、克拉玛依市、阿勒泰地区西部、天山北坡中段和南疆塔里木盆地。北疆伊犁河谷、天山山区中段、阿勒泰地区东部和南疆西北部山区暴雨日中短时强降水事件的出现比例为 50%左右；天山山区西段是新疆暴雨日中短时强降水事件出现比例最低的区域(不足 30%)。对比图 2.4 和图 2.2 不难看出，新疆各站年平均暴雨日数和暴雨日中短时强降水事件出现比例的空间分布存在较大差异：在暴雨日数较多的伊犁河谷和天山山区中段，暴雨日中短时强降水事件的出现比例较低，而在北疆博州、塔城地区北部、克拉玛依市、阿勒泰地区西部和南疆塔里木盆地等年平均暴雨日数不足 1 d 的区域，大部分站暴雨日中短时强降水事件的出现比例都较高，甚至为 100%。可见，新疆短时强降水事件在暴雨日数较少的区域出现比例较高，在暴雨日数较多的区域出现比例反而较小，这一特征与全国东部地区存在差异。

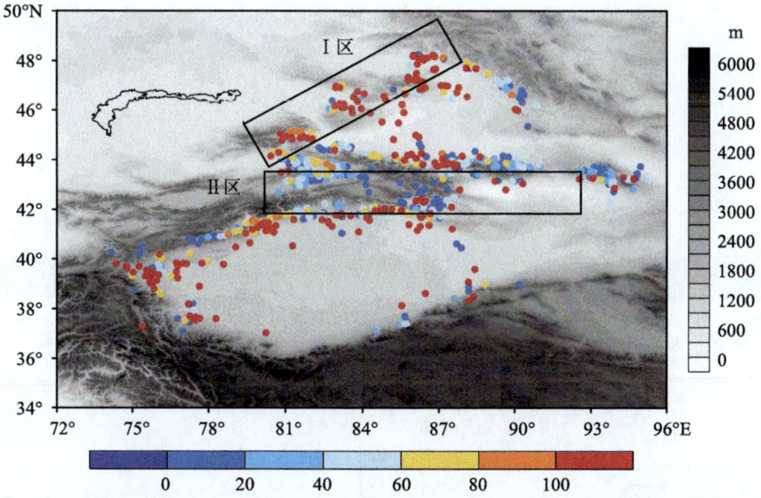

图 2.4 2013—2019 年夏季新疆暴雨中短时强降水事件出现的比例(彩色圆点，单位：%)

进一步分析新疆不同海拔区间的站在暴雨日中出现短时强降水事件的比例可以看出(表 2.1)，2013—2019 年夏季，新疆共有 527 个站在暴雨日中出现过短时强降水，占总暴雨站的 75.9%，其中，等于或高于 2500 m 的暴雨站出现短时强降水事件的比例最低，仅为 30.0%，其他 3 个海拔区间的暴雨站出现短时强降水事件的比例均超过 70.0%。由表 2.1 还可以看出，新疆暴雨日中短时强降水事件的出现比例随海拔高度的降低而增大，低于 500 m 的站在暴雨日中出现短时强降水事件的比例(85.4%)是等于或高于 2500 m(42%)站的 2 倍。由表 2.1 还可以看出，新疆低于 500 m 的地区，出现过暴雨的站比例和每站平均出现的暴雨次数都是最少的，但是这些站在暴雨日中出现短时强降水事件的比例却超过 85%，说明新疆低于 500 m 的站很少出现暴雨，且每次暴雨几乎都是由强对流系统造成的短时强降水。

2.2.1.3 降水时数及昼夜分布特征

由于观测资料的限制，过去无法精确地获得暴雨日的降水时数，本节利用自动气象站逐时降水资料，逐站统计其暴雨日的平均降水时数(h_R)，得到新疆区域暴雨日的平均降水时数为 11.3 h。由图 2.5 可以看出，北疆各站按暴雨日数平均的降水时数的空间差异较大，除阿勒泰地区东部外，博州、塔城地区北部、克拉玛依市和阿勒泰地区西部暴雨日的平均降水时数均小于 12 h；而伊犁河谷至北疆沿天山一带、天山山区大部分地区暴雨日的平均降水时数均大于 12 h；南疆各站暴雨日的平均降水时数的空间差异不显著。为了进一步分析新疆各站暴雨日的平均降水时数的分布特征，按照 $h_R \leqslant 6$ h、$6 < h_R \leqslant 12$ h 和 $h_R > 12$ h 将暴雨日的平均降水时数分为 3 类，可以看出，$h_R \leqslant 6$ h 的站共有 107 个，占总暴雨站数的 15.4%，主要分布在新疆 87°E 以西地区，除哈密市北部的个别站外，南北疆 87°E 以东的区域基本没有(图 2.5b)。$6 < h_R \leqslant 12$ h 的站全疆共有 286 个，占总暴雨站数的 41.2%，主要分布在北疆的博州、塔城地区、克拉玛依市、阿勒泰地区西部、北疆沿天山一带以及南疆的偏西和偏北地区(图 2.5c)；$h_R > 12$ h

的站共有 301 个，占总暴雨站数的 43.4%，主要分布在北疆的伊犁河谷、天山山区、阿勒泰地区东部以及南疆的高海拔山区(图 2.5d)。综上可以看出，新疆 80%以上站 h_R>6 h，h_R>12 h 的站集中分布在伊犁河谷和天山山区，h_R≤6 h 的站主要分布在新疆西部，东部几乎没有。

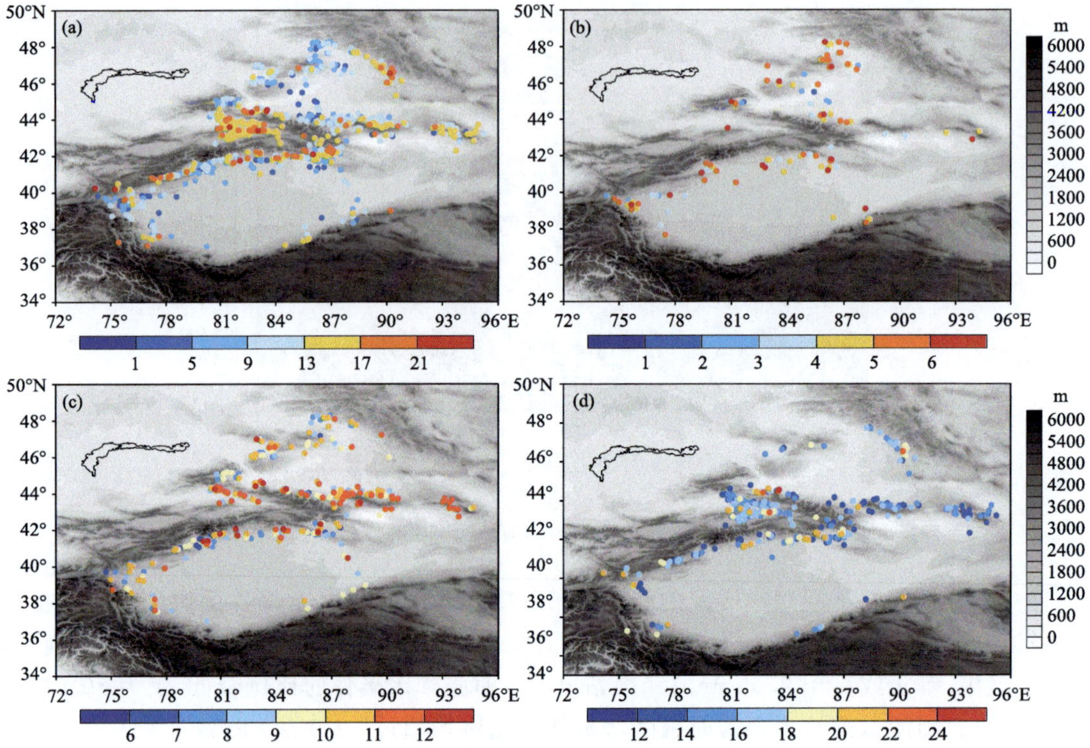

图 2.5　2013—2019 年夏季新疆各站暴雨日的平均降水时数分布(a)，暴雨日的平均降水时数 h_R≤6 h(b)、6<h_R≤12 h(c)和 h_R>12 h(d)的站分布(彩色圆点，单位：h)

研究表明，新疆夏季降水的夜雨特征明显(崔彩霞，2008)，那么新疆夏季暴雨是否也具有明显的夜雨特征呢？为弄清这个问题，本节中按白天(08—20 时)和夜间(20 时至次日 08 时)两个时段，分别统计每个站白天和夜间的降水量及降水时数占总暴雨降水量和降水时数的比例。由图 2.6 可以看出，北疆地区夏季暴雨降水量昼夜比例的空间差异较大，博州、塔城地区北部、克拉玛依市和阿勒泰地区西部以昼雨为主，白天降水量占暴雨总降水量的比例超过 80%(图 2.6a)；伊犁河谷和天山山区中段以夜雨为主，夜间降水量占暴雨总降水量的比例超过 70%(图 2.6b)。北疆地区暴雨日的降水时数昼夜比例的空间分布与暴雨降水量存在差异，博州、塔城地区、克拉玛依市和阿勒泰地区西部暴雨日的降水时数白天多(图 2.6c)，天山山区中段夜间多，伊犁河谷地区昼夜比例接近(图 2.6d)。南疆除西部地区暴雨降水量和降水时数均以夜间居多外，其他区域的昼夜差异不明显。

2.2.1.4　暴雨的日变化特征

日变化是全球天气气候系统变化的最基本模态之一，降水的日变化在诸多气象变量中表现得最为明显(宇如聪 等，2014)。新疆地处干旱半旱区，其夏季暴雨呈现怎样的日变化特征呢？由前文分析可知，北疆地区暴雨的降水性质存在显著的区域差异，博州、克拉玛依市、塔城地区北部、阿勒泰地区西部暴雨日数少，但暴雨日中短时强降水事件的出现比例高；伊犁河谷

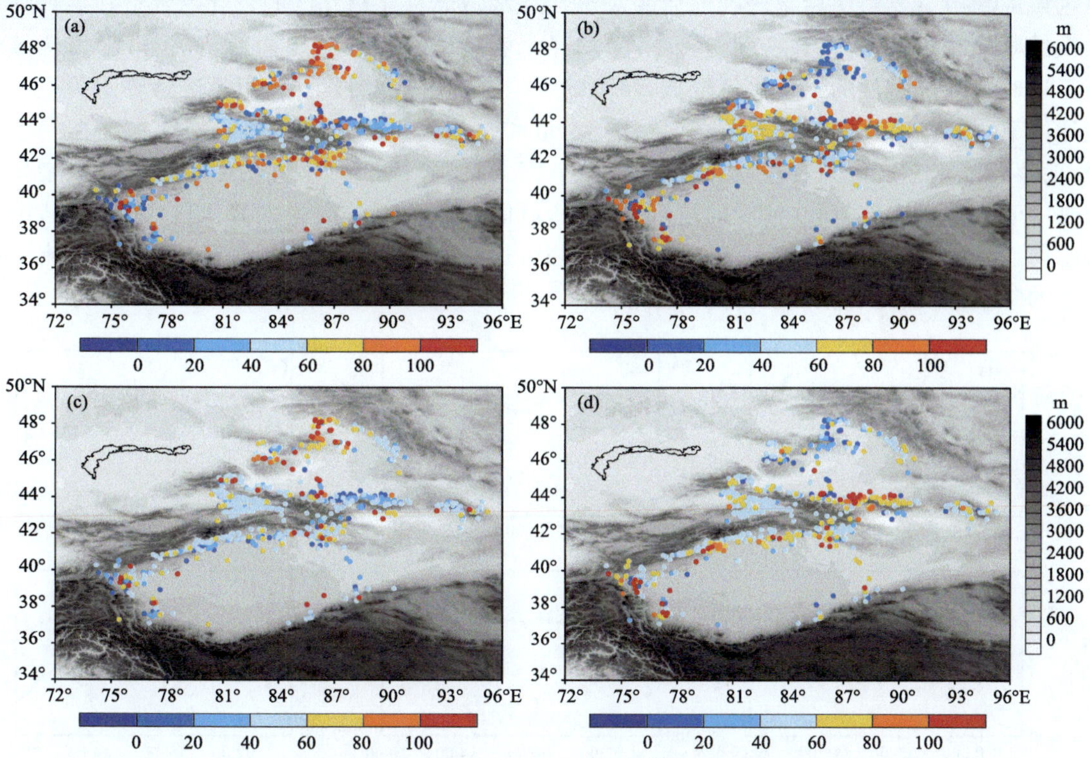

图 2.6　2013—2019 年夏季新疆暴雨白天降水量(a)和夜间降水量(b)占总暴雨降水量的比例，及白天降水时数(c)和夜间降水时数(d)占总降水时数的比例(%)
(a、c 为 08—20 时；b、d 为 20—08 时)

至北疆沿天山一带和天山山区的暴雨日数多，但暴雨日中短时强降水事件的出现比例低。为进一步分析不同区域夏季暴雨的日变化特征，将北疆划分为两个区域，即北疆Ⅰ区和Ⅱ区，其中，北疆Ⅰ区包括博州、塔城地区、克拉玛依市和阿勒泰地区西部，北疆Ⅱ区包括伊犁河谷至北疆沿天山一带和天山山区(图 2.4)。

图 2.7 给出了北疆Ⅰ区、Ⅱ区和南疆暴雨日中各时次累计降水量、累计降水频次和平均降水强度的日变化特征曲线。可以看出，北疆Ⅰ区和Ⅱ区累计降水量日变化曲线的峰值时段和谷值时段几乎呈反位相分布，北疆Ⅰ区降水量的峰值时段为 15—20 时，谷值时段为 02—14 时(图 2.7a1)；北疆Ⅱ区的峰值时段则为 22 时至次日 13 时，谷值时段为 14—21 时(图 2.7a2)。南疆地区累计降水量日变化曲线呈多峰型(图 2.7a3)，04 时、10 时和 18 时为三个相对峰值，21 时是南疆降水量最少的时次，降水量不到峰值时次的 1/2。北疆Ⅰ区、Ⅱ区和南疆地区累计降水频次的日变化曲线均呈单峰型(图 2.7b1、2.7b2、2.7b3)，累计降水频次最大时次分别出现在 16 时、11 时和 04 时。北疆Ⅰ区平均降水强度与累计降水量的日变化曲线分布较为相似，峰值时段也在 15—20 时，谷值时段为 02—14 时(图 2.7c1)。北疆Ⅱ区平均降水强度日变化曲线也呈单峰型，降水强度最大时次出现在 23 时。南疆平均降水强度日变化曲线呈双峰型，峰值时次分别出现在 18 时和 22 时，05—14 时的平均降水强度较小。

综上分析可以看出，北疆Ⅰ区暴雨日的平均降水时数较短，短时强降水事件在暴雨日中高发，累计降水量、累计降水频次和平均降水强度的峰值时段一致，均在下午至傍晚前后；因此，该区域的暴雨主要由午后至傍晚前后的对流性降水造成。北疆Ⅱ区的累计降水量和累计降水频次的峰值时段接近，均在夜间至上午，平均降水强度的峰值在傍晚前后至前半夜，该区域暴雨日短时强降水事件的出现比例较低，暴雨的平均降水时数较长，暴雨以系统性降水为主。南疆地区暴雨的降水性质较为复杂，其累计降水量和平均降水强度在凌晨和傍晚均存在一个峰值，而累计降水频次却只在凌晨存在一个峰值，因此，南疆地区的暴雨在夜间时段降水量多可能是由于降水频次多，而在傍晚时段降水量多，可能是因为这一时段的降水强度大所致，由于傍晚前后是南疆对流系统较为活跃的时段，因此，这一时段虽然降水频次不多，但由对流系统产生的降水强度较大，从而使得降水量较多。

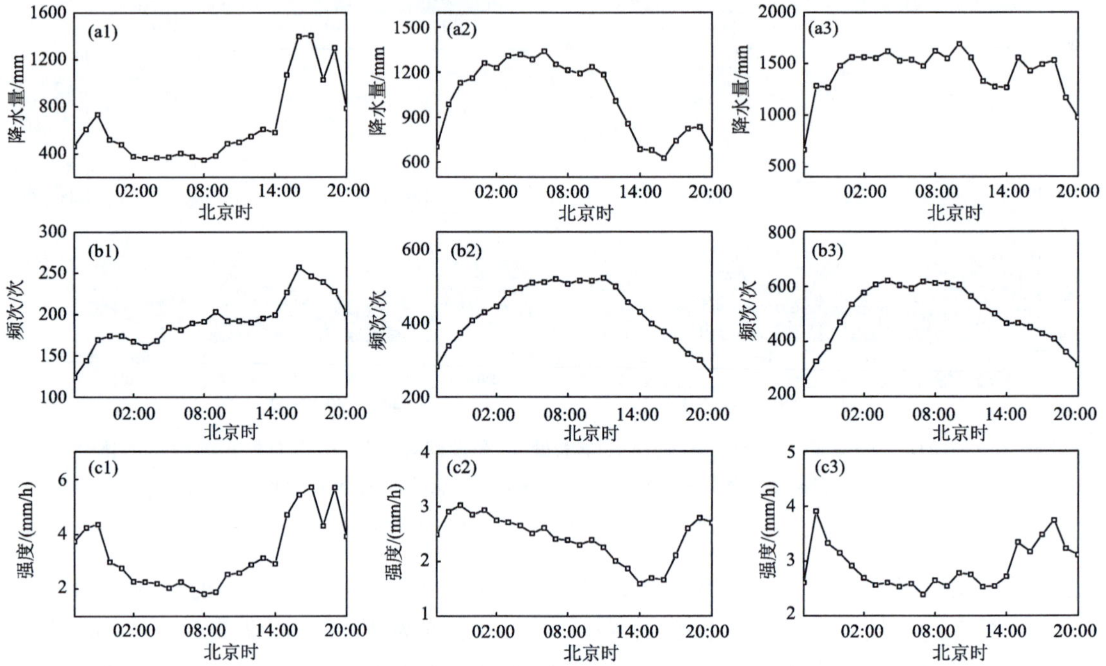

图 2.7　2013—2019 年夏季新疆不同区域暴雨日累计降水量(a)、累计降水频次(b)、平均降水强度(c)的日变化特征

(a1、b1、c1 为北疆Ⅰ区；a2、b2、c2 为北疆Ⅱ区；c1、c2、c3 为南疆)

2.2.2　小时极端强降水特征

本节使用的新疆区域 16 个国家基准气象站如图 2.8 所示，其中，北疆地区指天山及其以北地区，包括 8 个站，即昭苏、伊宁、塔城、阿勒泰、乌苏、乌鲁木齐、奇台和巴里坤；南疆地区指天山以南区域，也包括 8 个站，即喀什、阿克苏、库车、和田、民丰、焉耆、若羌和哈密。

2.2.2.1　不同强度小时降水特征

从新疆各站第 90、95、97、99 和 99.5 百分位小时降水的阈值(表 2.2)可以看出，新疆各站相同百分位的小时降水阈值的最大值和最小值差异较大，如第 99.5 百分位小时降水阈值的最大值为 20.3 mm/h，最小值仅为 5.9 mm/h。目前在实际预报业务中，新疆将 1 h 大于 10 mm 的降水定义为短时强降水，结合表 2.2 可以看出，此标准与第 99.5 百分位的小时降水平均阈值接近，但该百分位降水强度的出现频次仅为 0.01%，降水量占比仅为 6.7%，因此，该百分位

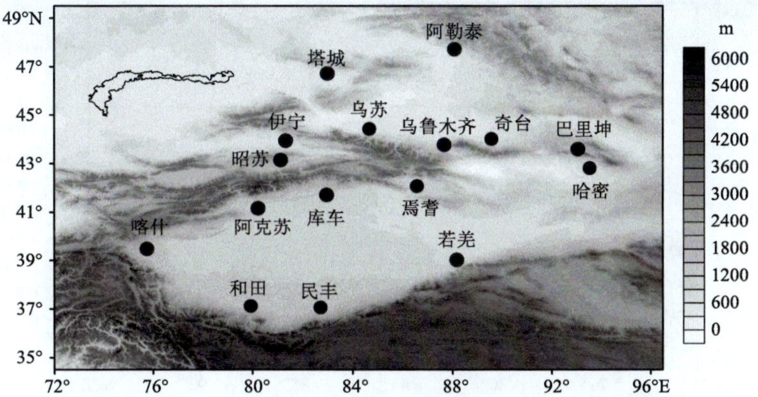

图 2.8 研究区域站分布

的小时强降水阈值过高。第 99 百分位小时降水强度的平均阈值为 7.9 mm/h，其出现频次也仅为 0.03%，相对较低。第 90 和 95 百分位小时降水强度的平均阈值均不足 4.0 mm/h，出现频次分别为 0.15%和 0.31%，降水量占比分别为 32.8%和 48.6%，小时强降水的特点不突出。第 97 百分位小时平均降水阈值为 4.7 mm/h，最大值为 9.9 mm/h，最小值为 3.1 mm/h，出现率为 0.09%，降水量占比为 24.2%，结合新疆干旱区降水特征，本节选定第 97 百分位小时降水阈值为新疆小时极端强降水标准，下文分析均基于该百分位阈值进行。

表 2.2 不同百分位小时极端强降水阈值

百分位	小时强降水阈值/(mm/h)			出现频次	降水量
	最小值	最大值	平均值	百分比/%	百分比/%
99.5	5.9	20.3	10.3	0.01	6.7
99	4.8	16.2	7.9	0.03	11.7
97	3.1	9.9	4.7	0.09	24.2
95	2.5	7.0	3.6	0.15	32.8
90	1.7	3.3	2.3	0.31	48.6

2.2.2.2 小时极端降水基本特征

从新疆第 97 百分位小时降水阈值的空间分布可以看出(图 2.9)，南疆东南部若羌站的阈值最大，为 9.9 mm/h；伊犁河谷的昭苏和伊宁两站次之，阈值分别为 5.7 mm/h 和 5.1 mm/h；北疆西沿天山的乌苏站，南疆北部、东部和南部的焉耆、哈密以及和田站的阈值最小，为 3.1～3.8 mm/h；新疆其他区域的小时强降水阈值为 4.3～4.9 mm/h。综上可知，新疆第 97 百分位小时降水阈值在北疆各站的差异较小，在南疆的差异较大，特别是在南疆南部和东部地区小时降水阈值的差异最为明显，这也反映出南疆干旱区降水的局地性和复杂性。

通过新疆第 97 百分位小时降水量、频次和强度的空间分布(图 2.10)可以看出，新疆小时极端降水量的空间分布呈现南疆小于北疆，平原小于山区的特征，北疆大部分地区的年平均小时极端降水量在 20.0 mm 左右，南疆大部分地区在 10.0 mm 左右(图 2.10a)。新疆小时极端降水量的最大值出现在伊犁河谷南部山区，年平均小时极端降水为 62.0 mm；次大值在东天山北部，年平均小时极端降水为 24.8 mm；最小值出现在南疆南部，年平均小时极端降水量不

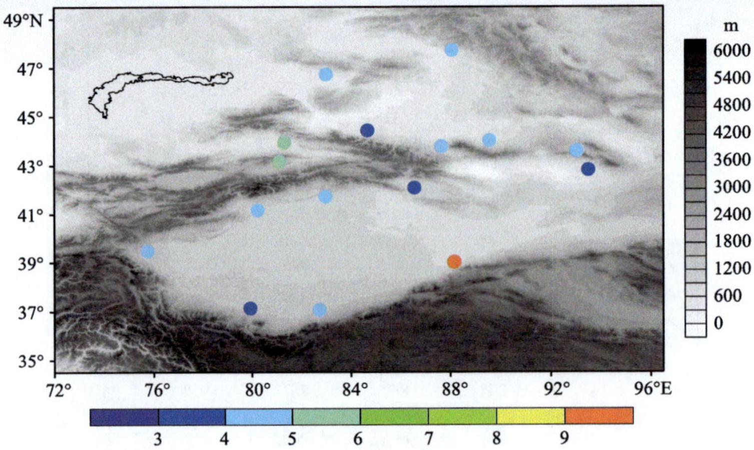

图 2.9　1991—2018 年新疆小时强降水阈值分布(单位:mm/h)

足 5.0 mm。新疆小时极端降水频次的空间分布与降水量相似(图 2.10b),北疆大部分地区多年平均的小时极端降水频次约为 2.0 次,南疆大部分地区约为 1.0 次,新疆小时极端降水频次最多的区域也位于伊犁河谷南部山区(6.9 次),最少的区域位于南疆东南部,仅为 0.8 次。新疆多年平均小时极端降水强度的空间分布特征与降水量和降水频次的差异较大(图 2.10c),北疆和南疆沿天山南麓区域的小时极端降水频次西部大于东部,而南疆沿昆仑山北麓的区域却为东部大于西部。新疆小时极端降水强度最大的区域位于南疆东南部,对比前文分析不难看出,该区域小时极端降水量和降水频次虽少,但降水强度却较大,因此,该地区小时极端强降水更易造成严重的灾害。

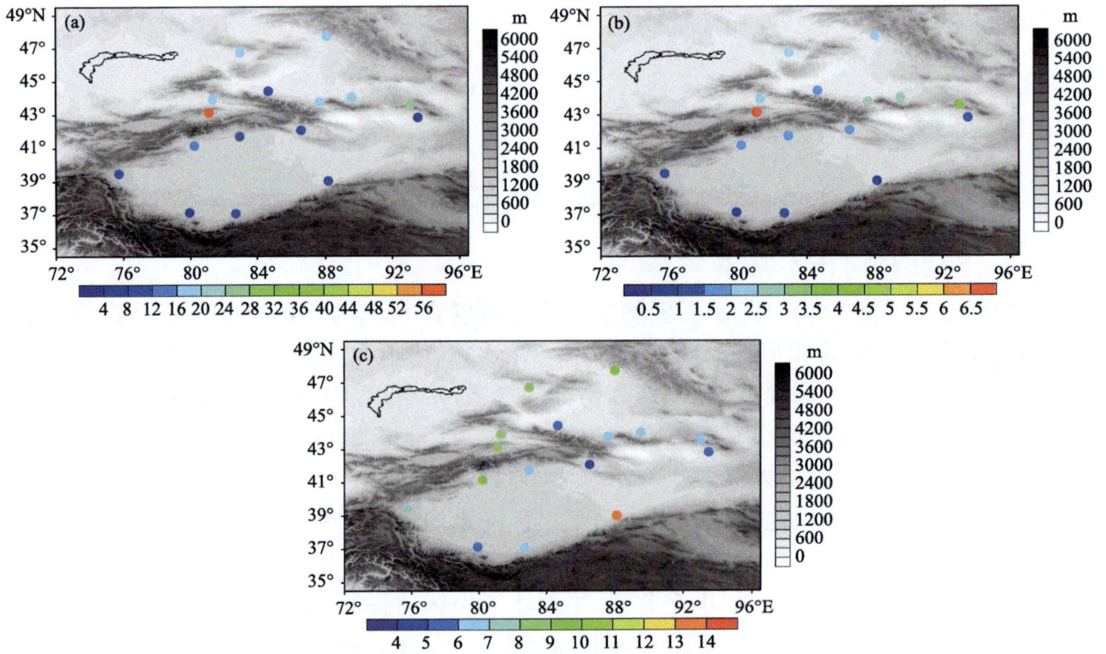

图 2.10　1991—2018 年新疆年平均小时极端降水量(a,单位:mm)、降水频次(b,单位:次)和降水强度(c,单位:mm/h)的空间分布

从新疆夏季逐月第 97 百分位小时降水量、频次和强度的空间分布可以看出(图 2.11),6 月小时极端降水量在北疆是伊犁河谷地区最大(8.8～19.9 mm),西沿天山地区最小(2.2 mm),北疆其他地区在 5.0 mm 左右;在南疆是西北部最大(8.2 mm),其次为南部(6.1 mm),东南部最小(0.9 mm),南疆其他地区在 2.5 mm 左右。7 月,北疆伊犁河谷南部山区小时极端降水量由 6 月的 19.9 mm 增大至 24.8 mm,但其平原地区的降水量较 6 月仅增大了 0.1 mm,天山北坡东部降水量由 6 月的 4.5 mm 增大至 12.1 mm,北疆其他平原地区降水量较 6 月增大了 0.5～4.0 mm。南疆除东南部和西部地区的降水量分别由 6 月的 0.9 mm 和 1.7 mm 增大至 7.0 mm 和 3.7 mm 外,其他区域的小时极端降水量均较 6 月有所减少。8 月,北疆地区除天山北坡中部区域小时极端降水量较 7 月增大外,其余区域均较 7 月显著减少,特别是伊犁河谷平原地区,降水量由 7 月的 8.9 mm 减少至 1.9 mm;南疆地区降水均较 7 月减少,南疆南部地区无小时强极端降水事件发生。

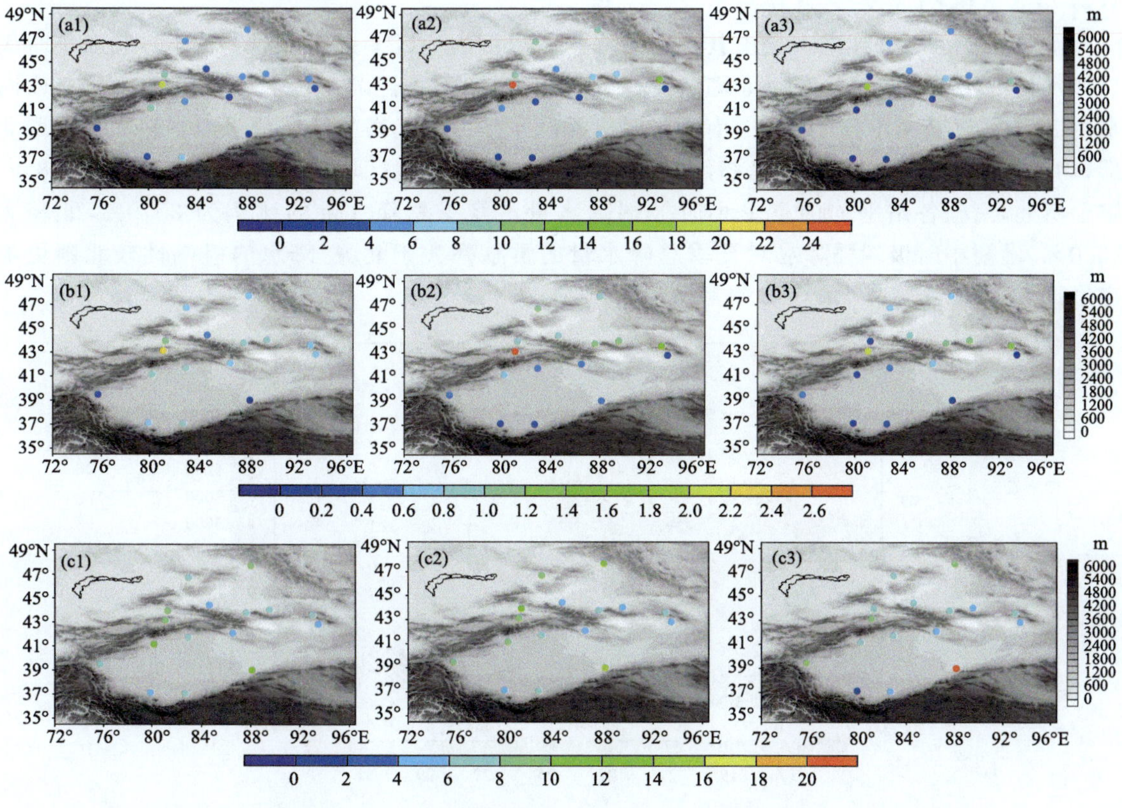

图 2.11　新疆夏季逐月小时极端降水量(a,单位:mm)、降水频次(b,单位:次)和降水强度(c,单位:mm/h)的空间分布
(a1、b1、c1 为 6 月;a2、b2、c2 为 7 月;a3、b3、c3 为 8 月)

小时极端降水频次逐月空间分布特征与降水量相似。小时极端降水频次 6 月北疆为 0.4～2.2 次,南疆为 0.1～0.9 次;7 月,北疆为 0.9～2.7 次,南疆为 0.2～0.6 次;8 月,北疆为 0.3～2.0 次,南疆为 0.0～0.6 次。夏季逐月小时极端降水强度的空间分布特征与降水量和频次也存在较大差异,6 月,北疆小时极端降水强度为 5.1～9.2 mm/h,强度最大值在伊犁河谷南部

山区，最小值在天山北坡西段；南疆小时极端降水强度为 4.8～12.5 mm/h，强度最大值在南疆东南部，最小值在南疆南部。7 月，北疆小时极端降水强度为 5.7～10.7 mm/h，除天山北坡中段区域外，其他区域的小时极端降水强度均较 6 月增强，强度最大值在北疆北部和伊犁河谷平原地区，最小值在天山北坡西段；南疆地区小时极端降水强度为 4.9～14.0 mm/h，强度最大值仍在南疆东南部，最小值在南疆北部，除南疆西北部和北部地区外，其他区域的小时降水强度均较 6 月强。8 月，北疆地区小时极端降水强度为 5.5～8.5 mm/h，除天山北坡西段降水强度较 7 月强外，其余区域的降水强度均较 7 月弱；南疆地区小时极端降水强度为 0.0～21.7 mm/h，强度最大值在南疆东南部，南疆南部无小时极端降水事件出现。

综上所述，小时极端降水量和降水频次在北疆地区、南疆西北和南疆东南部地区 7 月最大，其余地区 6 月最大；小时极端降水强度在北疆西北、北部 7 月最强，沿天山中部 6 月最强；南疆西部、东南部 8 月最强，其他区域 6 月最强。

2.2.2.3 极端降水量贡献率

新疆夏季小时极端降水量占其夏季总降水量比例的地区差别明显（图 2.12），北疆小时极端降水量占比最高的区域位于北疆北部（29.0%），伊犁河谷至北疆沿天山一带的占比自西向东由 26.2%逐渐减小到 18.8%；南疆小时极端降水量占比最高的区域位于南疆东南部和西北部，均为 32.1%，最小为南疆北部，占比为 20.0%，南疆其他区域的占比在 21.2%～26.8%。综上所述，南疆各站平均的夏季小时极端降水量占夏季总降水量的比例为 25.0%，北疆为 23.0%，南疆小时极端强降水对夏季总降水量的贡献率大于北疆，降水的极端性较北疆更加突出。

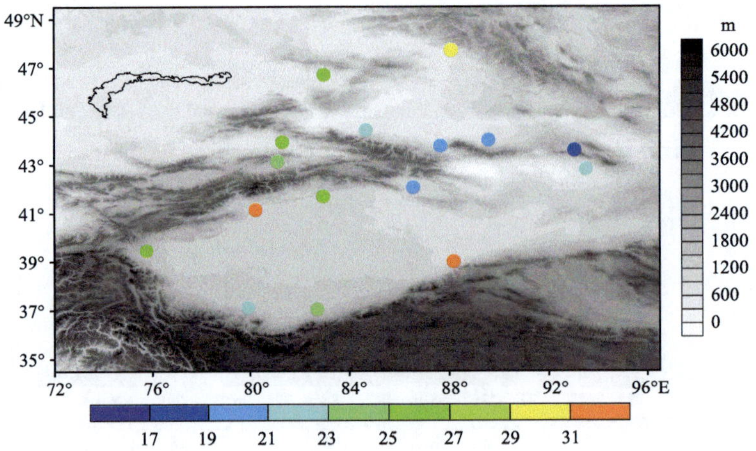

图 2.12 1991—2018 年新疆小时极端强降水对夏季总降水量的贡献（%）

2.2.2.4 小时极端降水的日变化特征

从北疆、南疆和全疆各时次平均的极端降水量、降水频次和降水强度日变化特征曲线可以看出（图 2.13），北疆和南疆的小时极端降水量日变化特征存在差异。北疆小时极端强降水量曲线呈单峰型，峰值主要出现在 16—23 时，其中，19 时最大，小时极端降水量为 2.3 mm；05—14 时为小时极端降水量的低值时段，其中，11 时最小，降水量为 0.3 mm。南疆地区小时极端降水量曲线的峰值特征不明显（图 2.13a），各时次降水量均较北疆偏小，18—21 时为相对高值时段，其中，18 时最大，降水量为 0.9 mm；13—17 时为低值时段，其中，14 时最小，几乎无降水。因为北疆降水量明显多于南疆，因此，全疆平均的小时极端降水量日变化曲线与北疆的单峰特征更加相似。

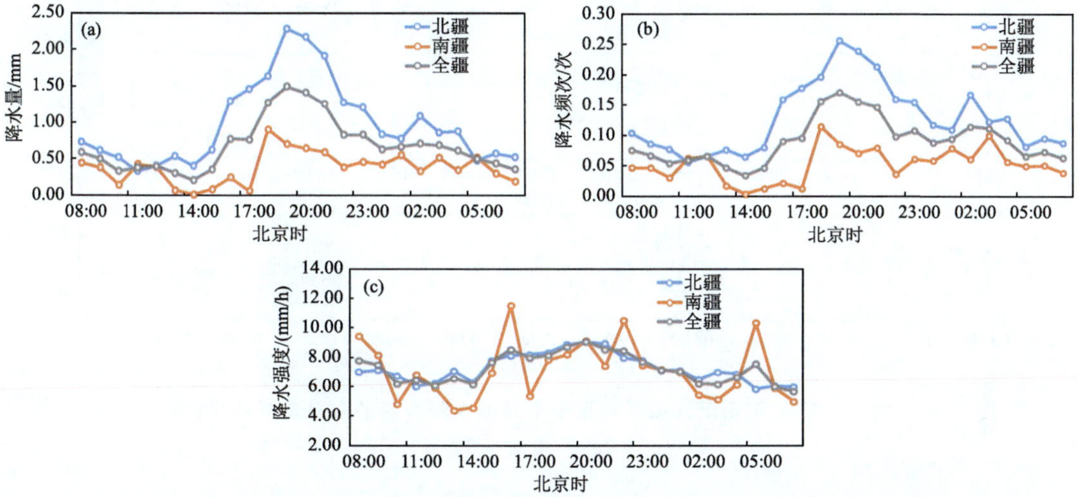

图 2.13　1991—2018 年新疆区域平均夏季小时平均极端降水量(a)、降水频次(b)和降水强度逐时变化(c)

南北疆和全疆小时极端降水频次的日变化曲线与小时极端降水量曲线相似，小时极端降水频次北疆多于南疆，其高、低值时段的分布与小时极端降水量基本一致(图 2.13b)。北疆地区和全疆平均的小时极端降水强度的日变化曲线几乎重合(图 2.13c)，15 时至次日 01 时为强度高值时段，10—14 时为低值时段，其中，20 时最大，为 9.1 mm/h；12 时最小，为 6.1mm/h。南疆地区的小时极端降水强度逐时差异较大，其中，16 时、22 时和 05 时的小时极端降水强度较大，分别为 11.6 mm/h、10.5 mm/h 和 10.4 mm/h，13 时小时极端降水强度最小(4.4 mm/h)。

由此可见，18—21 时是南北疆地区小时极端降水量和降水频次的高值时段，低值时段北疆主要发生在 05—14 时，南疆主要发生在 13—17 时，南疆小时极端降水量和降水频次最大值的出现时间比北疆早 1 h；最小值的出现时间比北疆晚 3 h。南北疆地区 20—22 时小时极端降水强度均较大，12—13 时降水强度相对较小。

新疆不同地区夏季各月小时平均降水量各时次变化差异较大(图 2.14)。北疆地区 6—8 月小时极端降水量的高值时段都集中在 19 时至次日 01 时，该时段降水量高于 0.7 mm，08—18 时为低值时段，降水量低于 0.4 mm(图 2.14a)。在夏季的 3 个月中，7 月的小时极端降水量最大，其中，22 时是一个高值中心，小时极端降水量大于 1.0 mm。南疆夏季各月的小时极端降水量均低于北疆(图 2.14b)，6—8 月在 18—20 时都存在一个相对降水量的高值时段，该时段中 6 月降水量最多，7 月次之，8 月最少。另外，7 月在 08 时和 11 时还存在两个相对高值中心，降水量在 0.3 mm 左右。全疆平均的夏季各月小时极端降水量在 17—21 时存在一个高值时段(图 2.14c)，小时极端降水超过 0.3 mm，7 月降水量在夏季 3 个月中最多，分别在 18—20 时和 07—09 时存在两个高值时段。对比南北疆夏季逐月小时极端降水量的分布可以看出，南疆地区的降水量高值时段比北疆地区偏早约 4 h，因此，若仅从全疆平均的角度进行分析将无法提取该特征。

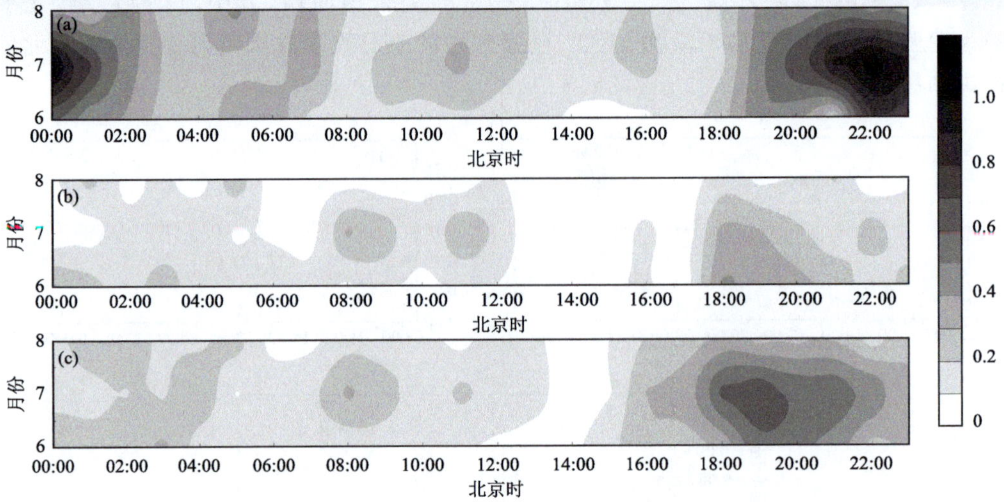

图 2.14　1991—2018 年新疆区域平均夏季小时极端降水量的各月逐时变化(单位:mm)
(a. 北疆;b. 南疆;c. 全疆)

降水频次逐月的日变化特征与降水量略有不同(图 2.15),17—22 时是北疆地区夏季小时极端降水频次的高值时段,其中,以 7 月降水频次最高,且存在 3 个高值中心,分别是 19 时、21 时和 08 时,其中,前两个时次的降水频次均大于 0.1 次,08 时降水频次大于 0.05 次(图 2.15a)。6 月和 8 月 02 时的降水频次比 7 月多,北疆地区夏季 10—15 时为降水频次的低值时段,降水频次不足 0.03 次。南疆的小时极端降水频次低于北疆,各时次降水频次呈现出 6 月最多,7 月次之,8 月最少的特征(图 2.15b)。6 月的两个降水频次高值时段分别是 02—04 时和 18—19 时,各时次降水频次均大于 0.03 次;13—17 时南疆夏季 3 个月几乎均无小时极端降水出现。全疆平均的夏季小时极端降水频次以 7 月最多,17—22 时为降水频次的高值时段,其中 18—19 时和 21 时为两个高值时段,降水频次均大于 0.06 次,此外在 02—04 时,6 月

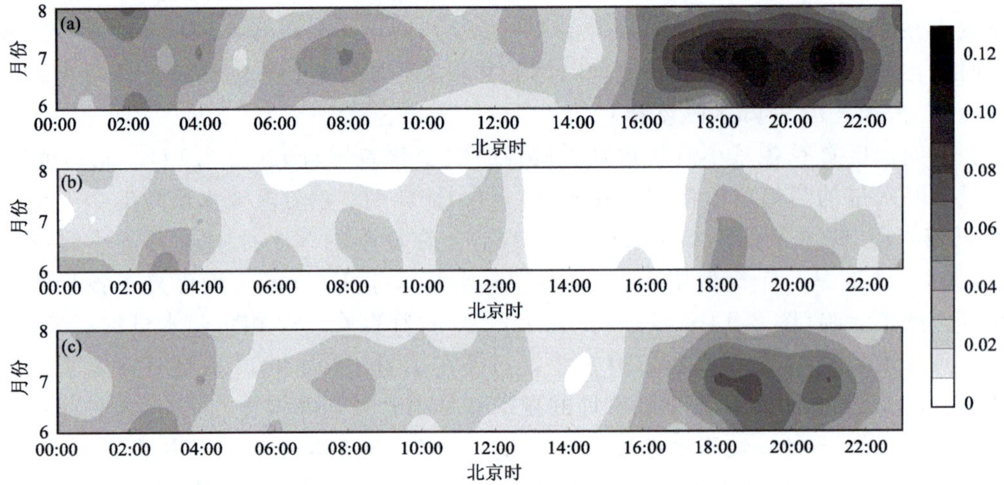

图 2.15　1991—2018 年新疆区域平均夏季小时极端降水频次的各月逐时变化(单位:次)
(a. 北疆;b. 南疆;c. 全疆)

的降水频次较 7 月和 8 月略多(图 2.15c)。综上,由于北疆地区的小时极端降水频次明显多于南疆地区,因此,北疆主导了全疆平均的夏季各月小时极端降水的逐时分布,北疆地区小时极端降水频次的低值时段较南疆早 3 h。

逐月小时极端降水强度的日变化与降水量和降水频次的分布差别较大(图 2.16)。北疆地区 6 月降水强度最大出现在 21 时(图 2.16a),为 11.2 mm/h,其他时次降水强度均不超过 10.0 mm/h。7 月降水强度是夏季 3 个月中最强的,20—22 时为高值时段,降水强度超过 10.0 mm/h,08—12 时为相对低值时段,降水强度在 5.0 mm/h 左右。8 月北疆降水强度相对较弱,在 15—19 时存在一个相对高值时段,最大降水强度为 9.3 mm/h,出现在 17 时。南疆的小时极端降水强度逐月的日变化特征与北疆不同(图 2.16b),6 月 15—23 时的小时极端降水强度相对较大,7 月存在 5 个降水强度的高值时段,分别出现在 08 时、09 时、11 时、16 时和 22 时,各时次降水强度均超过 10 mm/h,其中,16 时降水强度最大,为 16.1 mm/h。8 月在 05 时和 08 时存在两个降水强度高值时段,强度分别为 14.7 mm/h 和 11.9 mm/h,其余时次降水强度相对较低。总体来看,南疆在 13—14 时为降水强度的低值时段。全疆平均的小时极端降水强度逐月的日变化特征与南疆地区的特征更接近(图 2.16c),16—22 时的降水强度相对较大。

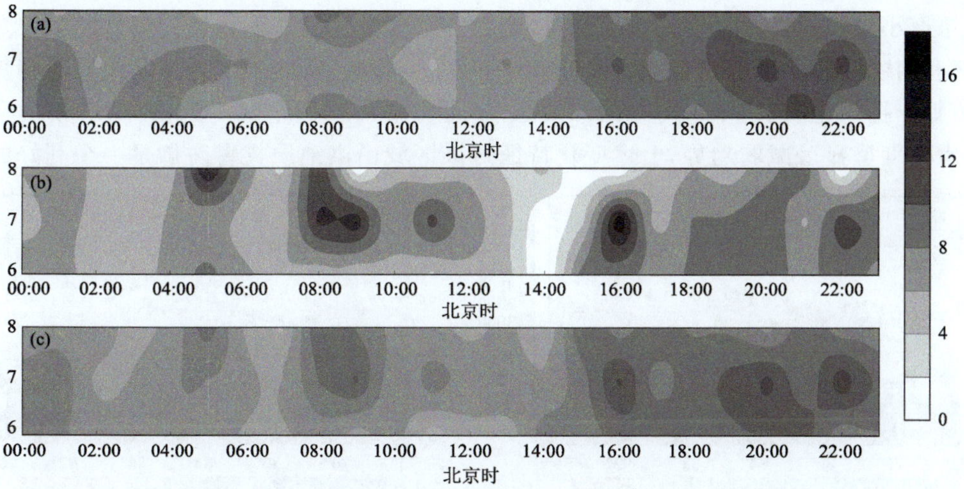

图 2.16　1991—2018 年新疆区域平均夏季小时极端降水强度的各月逐时变化(单位:mm/h)
(a. 北疆;b. 南疆;c. 全疆)

2.2.2.5　变化趋势

从新疆不同区域平均小时极端降水量、降水频次和强度的气候倾向率(表 2.3)可以看出,北疆各站平均的小时极端降水量、降水频次和降水强度均呈减小趋势,气候倾向率分别为 −2.2 mm/10 a、−0.16 次/10 a 和 −0.25 mm/(h · 10 a)。南疆各站平均的小时极端降水量和强度呈增大趋势,气候倾向率分别为 0.05 mm/10 a、0.15 mm/(h · 10 a),频次呈减少趋势,气候倾向率为 −0.05 次/10 a。全疆各站平均的小时极端降水量、降水频次和降水强度均为减小的趋势。上述新疆不同区域平均小时极端强降水量、降水频次和降水强度的气候变化趋势均未通过 $\alpha=0.05$ 的显著性检验。

表 2.3　新疆区域平均小时极端降水气候趋势

降水参数	北疆	南疆	全疆
降水量/(mm/10 a)	−2.20	0.05	−1.62
降水频次/(次/10 a)	−0.16	−0.05	−0.17
降水强度/(mm/(h·10 a))	−0.25	0.15	−0.13

从新疆夏季小时极端降水量、降水频次及降水强度的变化趋势空间分布(图 2.17)可以看出,新疆各站小时极端降水量的变化趋势在−15.7～4.1 mm/10 a(图 2.17a),北疆伊犁河谷平原地区,天山北坡西段、东段和南疆西部、西北部、东部等地降水量呈增大趋势,新疆其他区域均呈减少趋势,其中,南疆东部呈显著增加(变化趋势通过了 0.05 显著性检验),其他地区的增加趋势不显著;新疆各站小时极端降水量的减少趋势均不显著。新疆各站小时极端强降水频次的气候变化趋势在−0.95～0.68 次/10 a(图 2.17b),其空间分布特征与小时极端降水量类似,基本表现为南、北疆偏西和偏东地区增多,其他区域减少,但增多和减少的趋势均不显著。新疆各站小时降水强度的变化趋势在−4.5～1.9 mm/(h·10 a)(图 2.17c),其空间分布与降水量和强度存在差异。北疆伊犁河谷平原地区,天山北坡西段、中东段、东段和南疆西部、北部、东部小时极端降水强度呈增强趋势,新疆其余区域均呈减弱趋势,其中,北疆伊犁河谷南部山区和南疆南部的减弱趋势通过了 0.05 的显著性检验,其余地区增强和减弱的趋势均不显著。值得一提的是,北疆伊犁河谷南部山区,小时极端降水量呈减少趋势,降水频次呈增多趋势,降水强度呈显著减弱趋势,上述变化特征对该区域山洪地质灾害防御是一个利好的信息。

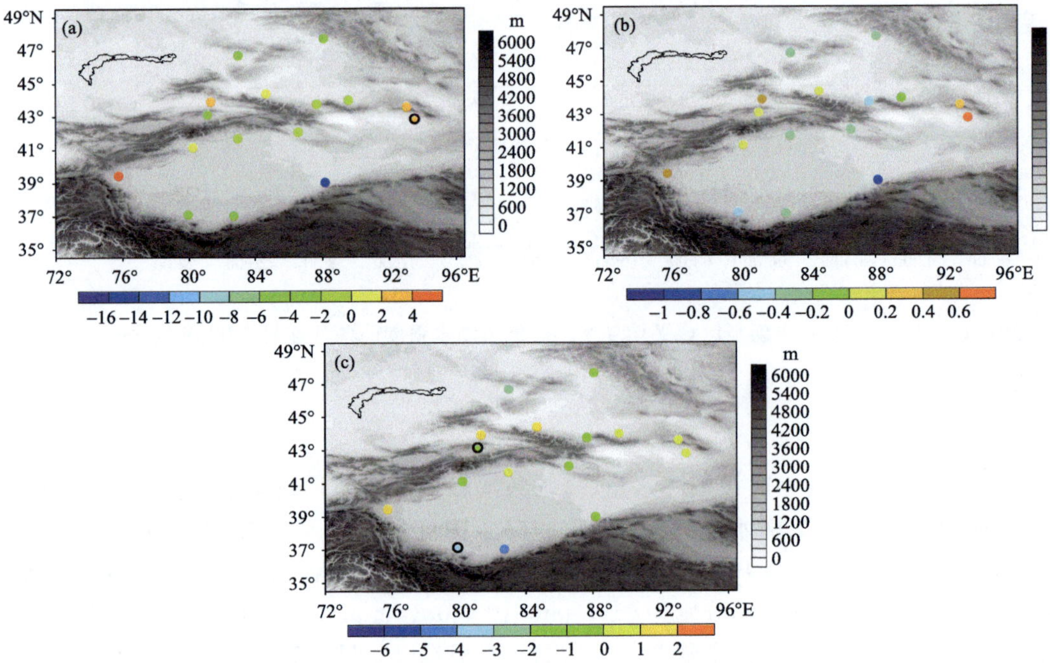

图 2.17　新疆夏季小时极端降水量(a,单位:mm/10 a)、降水频次(b,单位:次/10 a)及降水强度(c,单位:mm/(h·10 a))的变化趋势空间分布

(黑色圆圈为通过 0.05 显著性检验)

新疆不同区域平均的逐时极端降水量、频次和强度的气候变化趋势见图 2.18。可以看出，北疆各站平均的逐时极端降水量变化趋势为－0.9～0.34 mm/10 a，02—08 时和 18—21 时两个时段为减少趋势，其余时段多为增多趋势，但减少和增多的趋势均不显著。南疆各站平均的逐时极端降水量变化趋势为－0.36～0.34 mm/10 a，01 时、05—09 时、18 时和 21 时为不显著的增多趋势，其他时段多为不显著的减少趋势。对比南北疆逐时小时极端降水量变化趋势可以发现，后半夜至清晨，南北疆地区逐时小时降水量的变化趋势相反，傍晚前后二者的变化趋势一致。全疆平均的逐时极端降水量变化趋势为－0.60～0.20 mm/10 a，呈现明显的阶段性特征，中午到傍晚以减少趋势为主，特别是 20 时减少趋势通过了 0.05 的显著性检验；夜间到上午以不显著的增多趋势为主。新疆不同区域平均的逐时降水频次变化趋势与降水量基本一致，北疆各站平均的逐时极端降水频次变化趋势为－0.07～0.04 次/10 a，南疆为－0.05～0.05 次/10 a，其中，北疆 18 时降水频次呈显著减少趋势；南疆 06 时呈显著增多趋势。全疆平均的逐时降水频次变化趋势为－0.04～0.02 次/10 a，各时次变化趋势均不显著。

北疆平均的逐时降水强度变化趋势为－1.68～1.71 mm/(h・10 a)，其各时次变化趋势与降水量和频次基本一致，09 时和 10 时降水强度呈显著增强趋势，其他时次的变化趋势不显著。南疆平均的逐时降水强度变化趋势为－1.07～2.13 mm/(h・10 a)，其各时次变化趋势与降水量和频次存在较大差异。南疆平均的各时次降水强度变化趋势，除 12 时、13 时和 16 时三个时次呈不显著的减弱趋势外，其余时次均呈增强趋势，其中，07 时呈显著增强趋势。全疆平均的逐时降水强度变化趋势为－1.14～1.91 mm/(h・10 a)，多数时次呈增强趋势，其中，09 时和 11 时的降水强度呈显著增强趋势。

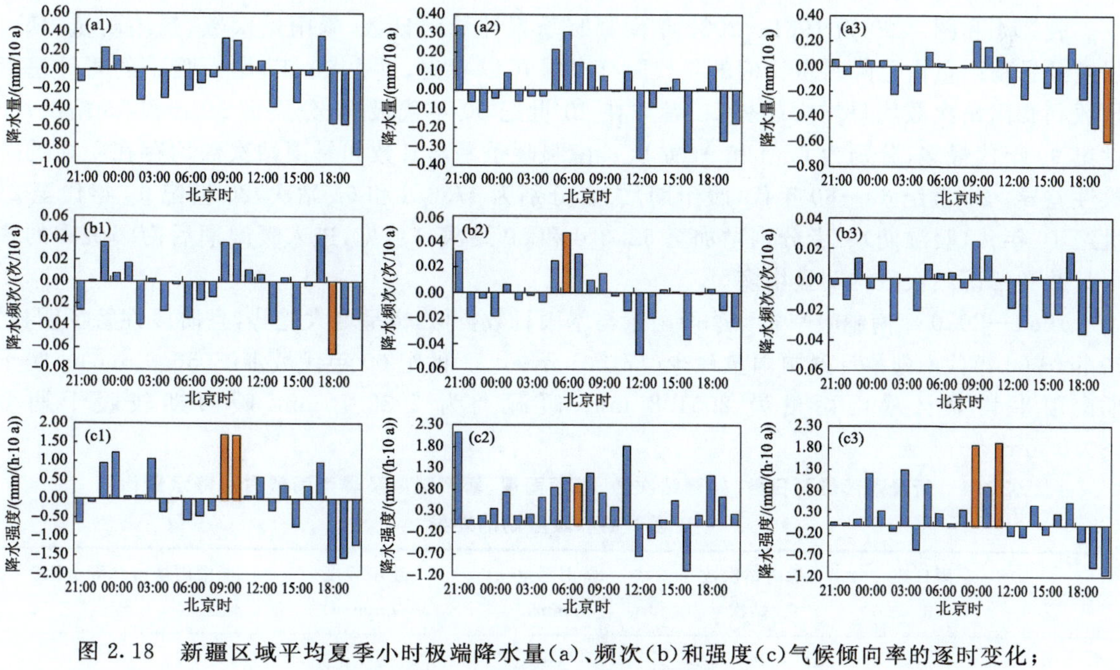

图 2.18　新疆区域平均夏季小时极端降水量(a)、频次(b)和强度(c)气候倾向率的逐时变化；北疆(a1、b1、c1)，南疆(a2、b2、c2)，全疆(a3、b3、c3)
(红色柱为通过 0.05 显著性检验)

2.3 南疆暖季暴雨特征

2.3.1 不同气候背景下南疆暴雨特征

按照新疆天气预报业务规定(张家宝 等,1986),将南疆划分为 5 个区域,即西部、北部、东部、南部和吐哈盆地(图 2.19)。

20 世纪 80 年代后期南疆气候发生了由暖干向暖湿的转型(施雅风 等,2003;韩萍 等,2003),因此,本节将 1961—1990 年称为暖干期,1991—2020 年称为暖湿期。

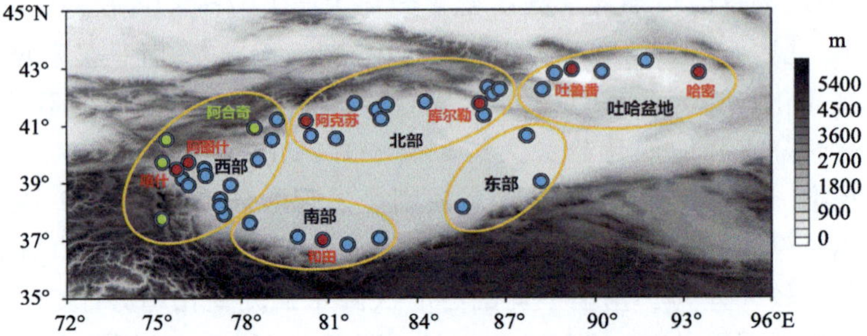

图 2.19 南疆地形(阴影,单位:m)及气象站(红色圆点为地州首府站,绿色圆点为山区站,蓝色为平原站)分布

2.3.1.1 时间变化

表 2.4 和图 2.20 为 1961—2020 年南疆暖季累计暴雨日数、暴雨站次数、暴雨雨量、暴雨强度及暴雨雨量占总降水量比例的年代际变化。可以看出,过去 60 年,南疆暖季的累计暴雨日数和暴雨站次数均呈增大趋势,二者均在 20 世纪 60 年代最少,分别为 39 d 和 55 站次;20 世纪 90 年代最多,分别为 67 d 和 91 站次。南疆暖季暴雨日数和暴雨站次数均存在明显的阶段性差异,20 世纪 60—80 年代(暖干期)二者分别为 47.3 d 和 64 站次,20 世纪 90 年代至 21 世纪 10 年代(暖湿期)二者分别增加至 62.3 d 和 89 站次。可见,进入暖湿期后南疆暖季的暴雨日数和暴雨站次数均明显增多。

1961—2020 年南疆暖季累计暴雨雨量与暴雨日数类似,也呈增大趋势,且阶段性特征明显。20 世纪 60 年代南疆累计暴雨雨量最少(1715.1 mm),21 世纪 00 年代最多(3056.6 mm)。暖干期南疆平均累计暴雨雨量为 2051.8 mm,暖湿期为 2932.7 mm,暖湿期较暖干期多 880.9 mm。

表 2.4 新疆南部暴雨日数、暴雨站次数、暴雨雨量、暴雨强度及暴雨雨量占总降水量比例在暖干期和暖湿期的差异

	暴雨日数 /d	暴雨站次数 /站次	暴雨雨量 /mm	暴雨强度 /(mm/d)	暴雨雨量占总降水比例 /%
暖干期	47.3	64	2051.8	31.1	10.0
暖湿期	62.3	89	2932.7	32.7	10.6
差值	15.0	25	880.9	1.6	0.6

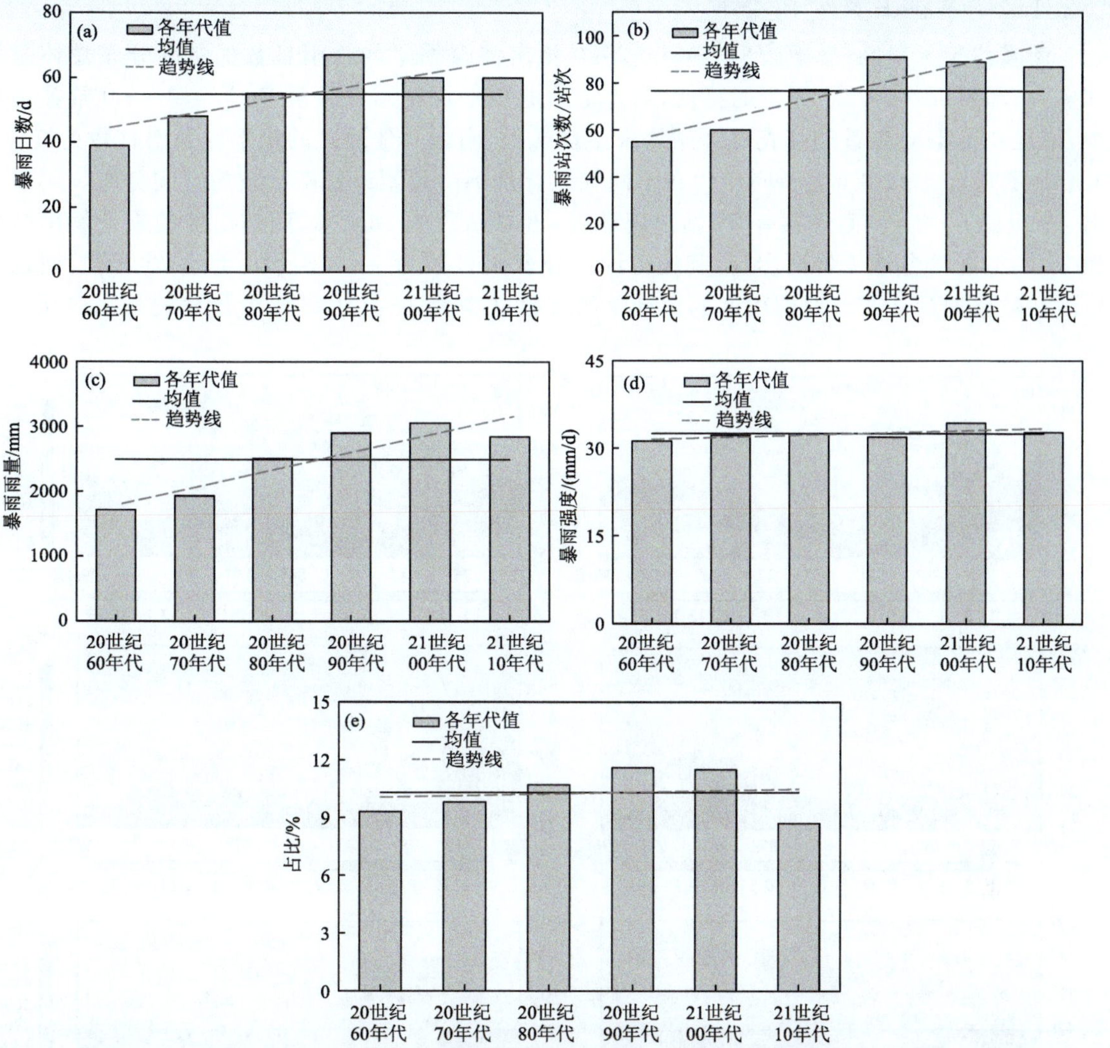

图 2.20 1961—2020 年 5—9 月新疆南部暴雨日数(a)、暴雨站次数(b)、暴雨雨量(c)、暴雨强度(d)及暴雨雨量占总降水量比例(e)的年代际变化

1961 年以来,南疆暴雨强度呈缓慢增强趋势,暖湿期和暖干期的差异不大。20 世纪 60—80 年代南疆的暴雨强度分别为 30.3 mm/d、31.5 mm/d、31.5 mm/d,20 世纪 60—80 年代日暴雨的平均强度为 31.1 mm/d;20 世纪 90 年代、21 世纪 00 年代、10 年代南疆的暴雨强度分别为 30.8 mm/d、34.4 mm/d、33.0 mm/d,20 世纪 90 至 21 世纪 10 年代日暴雨的平均强度为 32.7 mm/d。

20 世纪 60—80 年代(暖干期),南疆暖季暴雨雨量占总降水量的比例分别为 9.3%、9.8%、10.7%;20 世纪 90 年代、21 世纪 00 年代、10 年代(暖湿期)分别为 11.6%、11.5%、8.7%。1961—2020 年南疆暖季暴雨雨量占总降水量比例的变化趋势不明显,其中,20 世纪 80 年代至 21 世纪 00 年代的占比相对较高,暖干期、暖湿期南疆暴雨雨量占总降水量比例分别为 10.0%、10.6%,暖湿期仅比暖干期增加 0.6 个百分点,可见二者差异不明显。

2.3.1.2 暴雨日数空间分布

南疆位于干旱区，暴雨较少，1961—2020 年南疆暖季平均暴雨日数的空间分布总体呈西部多、东部少，山区多、平原少的特征，阿合奇站的年平均暴雨日数最多，为 1.1 d；吐哈盆地最少，不足 0.1 d；吐鲁番和托克逊 2 站均未出现暴雨，南疆其他地区的年平均暴雨日数为 0.1～0.4 d(图略)。图 2.21 为不同年代和不同气候背景下南疆累计暴雨日数的空间分布。可以看出，20 世纪 60 年代，南疆共有 25 站出现暴雨，占总站数的 56.8%，西部山区的累计暴雨日数为 5～9 d；吐哈盆地无暴雨出现，其他区域累计暴雨日数为 1～2 d。20 世纪 70 年代，南疆总暴雨站数增加为 26 个，西部山区的累计暴雨日数减少为 4～8 d，吐哈盆地出现暴雨(1 d)，其

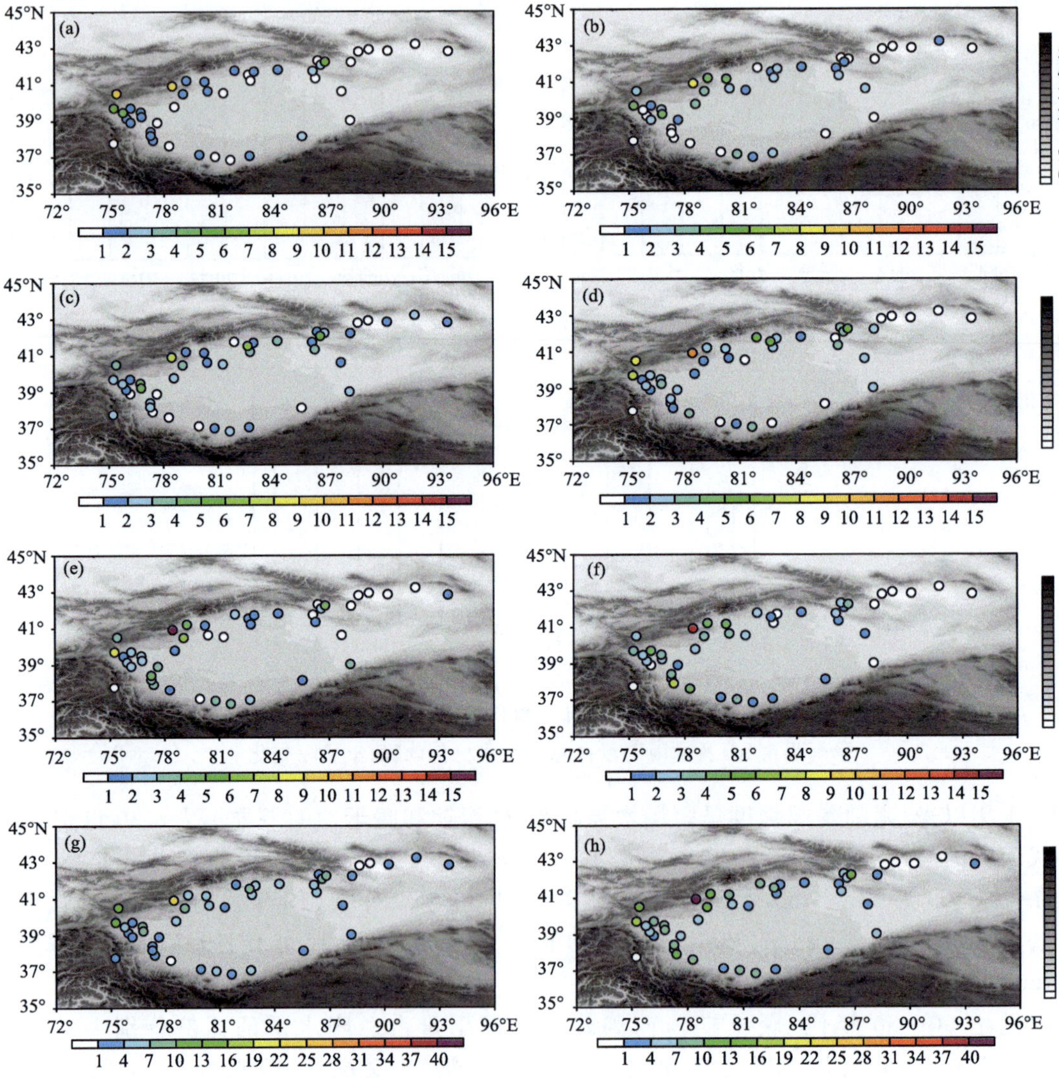

图 2.21 南疆暖季累计暴雨日数(彩色圆点)空间分布(单位:d)

(灰色阴影为地形高度，单位:m，下同)

(a. 20 世纪 60 年代；b. 20 世纪 70 年代；c. 20 世纪 80 年代；d. 20 世纪 90 年代；e. 21 世纪 00 年代；f. 21 世纪 10 年代；g. 暖干期；h. 暖湿期)

他区域累计暴雨日数为2～4 d。20世纪80年代，南疆总暴雨站数突增至35个，最大累计暴雨日数在西部山区(7 d)，吐哈盆地仍为1 d，南疆其他区域累计暴雨日数与20世纪70年代接近。20世纪90年代至21世纪10年代，南疆暴雨的总站数维持在32站左右，西部山区的最大累计暴雨日数增多至15 d，吐哈盆地增多至3 d，其余区域累计暴雨日数为5～7 d。

在暖干期，南疆共有41站出现暴雨，西部山区的累计暴雨日数为11～24 d，其中，阿合奇站最多(24 d)；南部、东部和吐哈盆地为1～2 d，其他区域为3～8 d。进入暖湿期后，南疆暴雨站数减少为39站，西部山区的累计暴雨日数增加至13～40 d，南部和东部增加至4～11 d，其他区域的累计暴雨日数为2～10 d。由南疆暖湿期与暖干期累计暴雨日数差值的空间分布(图略)可以看出，南疆暖湿期有43.2%的站累计暴雨日数多于暖干期，主要分布在南疆西部山区、南部和东部，其中，西部山区的最大累计暴雨日数约为暖干期的1.7倍，西南部个别站甚至为暖干期的10倍之多。南疆暖湿期有31.8%的站累计暴雨日数少于暖干期，主要分布在南疆北部和吐哈盆地。20世纪80年代中后期受西北地区北部蒙古高压反气旋环流增强的影响，除西北地区东部外，西北地区其他大部分区域500 hPa南风分量近年来一致趋于增强，南风增强的地区与水汽增多的地区基本一致，新疆西南部地区就是南风明显增强的区域之一(程善俊 等，2018)。因此，暖湿期南疆西南部暴雨日数异常增多，可能与南风水汽的异常输入有关。

2.3.1.3　暴雨雨量空间分布

图2.22为不同年代和不同气候背景下南疆暖季累计暴雨雨量的空间分布。可以看出，20世纪60年代，南疆西部山区的累计暴雨雨量在150.0～300.0 mm，吐哈盆地无暴雨，其他区域累计暴雨雨量在30.0～80.0 mm。20世纪70年代和80年代，南疆西部山区累计暴雨雨量有所减少(100.0～250.0 mm)，但其他区域累计暴雨雨量略有增多(40.0～150.0 mm)。20世纪90年代，南疆西部山区的累计暴雨雨量增加至250.0～350.0 mm，北部个别站超过200.0 mm，其他地区累计暴雨雨量在50.0～120.0 mm。21世纪00年代和10年代，南疆偏西、偏南地区的累计暴雨雨量继续增大，特别是西部山区增大至500.0 mm左右，南部增大至150.0 mm左右。

进一步对比南疆暖季累计暴雨雨量在不同气候背景下的差异可以看出，暖干期，西部山区累计暴雨雨量为338.0～815.0 mm，其中，阿合奇站最多(815.0 mm)，吐哈盆地不足100.0 mm，南疆其他区域在50.0～250.0 mm。暖湿期，南疆西部山区的累计暴雨雨量增大至395.0～1316.0 mm，南疆西部平原和南部的累计降雨量增大至250.0～350.0 mm。从南疆暖湿期和暖干期累计暴雨雨量差值的空间分布(图略)可以看出，南疆暖湿期有23站的累计暴雨雨量多于暖干期，这些站主要分布在南疆西部和南部；暖湿期有18站累计暴雨雨量少于暖干期，这些站主要分布在南疆北部和吐哈盆地。

全球变暖促进大气循环加速，使得新疆的外来水汽输入量增多，加之新疆本区气温上升明显，从而使得区域内小循环增强，当地空中水汽蒸发量增大，进而引起降水量增多(蓝永超 等，2008)。由前文分析可知，1961—2020年，南疆大部分区域的暴雨日数和暴雨雨量均呈增大趋势，暖干期暴雨日数和暴雨雨量的大值区都集中在南疆西部山区，平原相对较少，主要是由于南疆地处干旱区，水汽条件匮乏，因此，平原地区较难形成暴雨；而山区在迎风坡地形抬升的有利条件下，较平原区更易形成暴雨，所以在暖干期和暖湿期，南疆山区暴雨日数和暴雨雨量均大于平原。但进入暖湿期后，由于外来水汽输送量和本地水汽蒸发量增大，南疆水汽来源增多，区域内暴雨

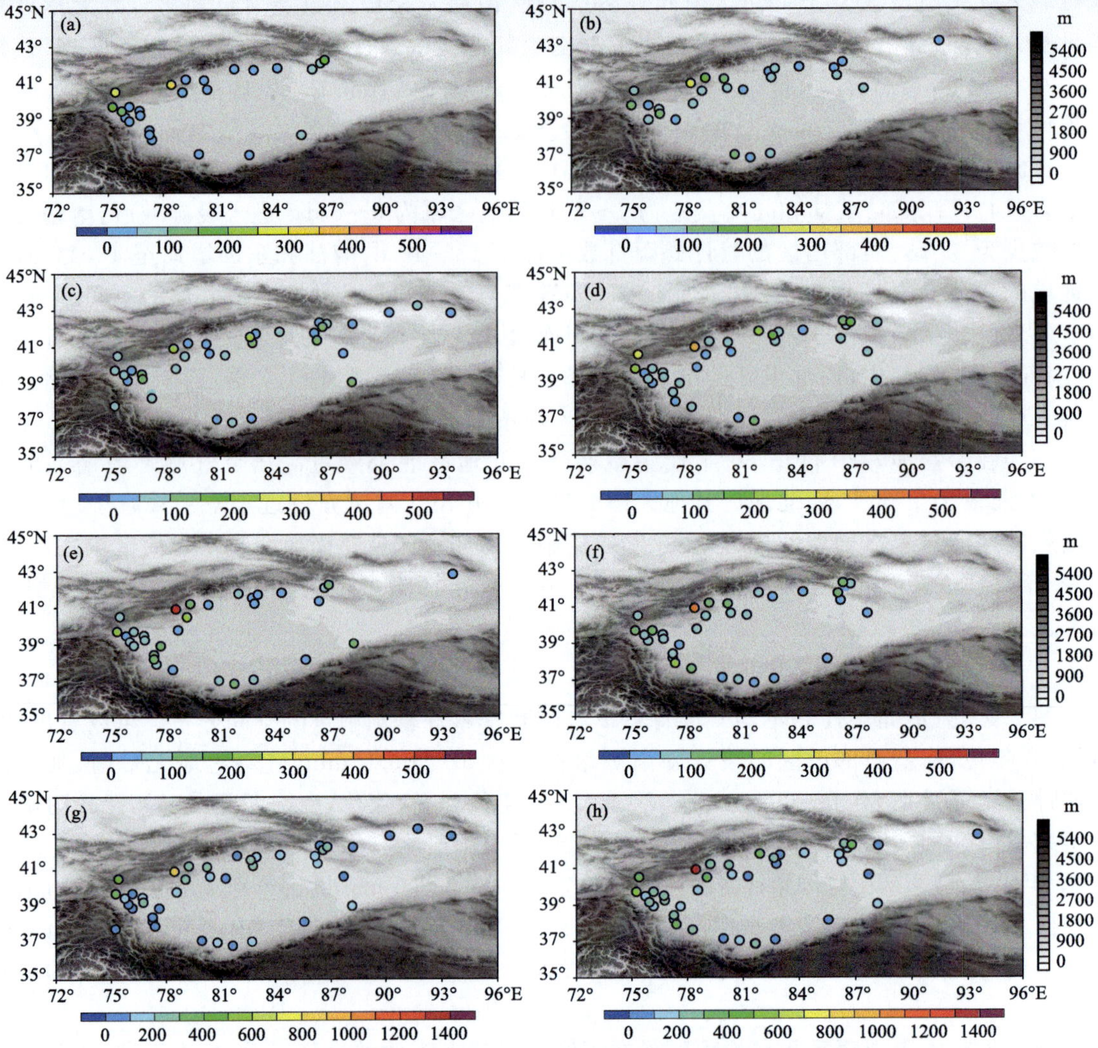

图 2.22 南疆暖季累计暴雨雨量(彩色圆点)的空间分布(单位:mm)

(a. 20 世纪 60 年代;b. 20 世纪 70 年代;c. 20 世纪 80 年代;d. 20 世纪 90 年代;e. 21 世纪 00 年代;f. 21 世纪 10 年代;g. 暖干期;h. 暖湿期)

所需的水汽条件得到改善,因此,山区和平原的暴雨日数及暴雨雨量均有明显增多,其中,南疆西部山区的累计暴雨雨量约为暖干期的 1.5 倍,南疆南部平原区累计暴雨雨量约为暖干期的 6.8 倍。

2.3.1.4 暴雨强度空间分布

图 2.23 为不同年代和不同气候背景下南疆暖季暴雨强度的空间分布。可以看出,20 世纪 60—80 年代,南疆各年代暴雨强度的区域性特征均不明显;20 世纪 90 年代后,南疆北部、西部的暴雨强度增强。对比前文分析不难看出,南疆暖季暴雨日数和暴雨雨量都表现为山区大于平原,过去 60 年,南疆各年代际暴雨日数和暴雨雨量的最大值均出现在位于南疆西部山区的阿合奇站,其海拔高度为 1985.1 m;但南疆暖季暴雨强度与暴雨日数和暴雨雨量不同,其各年代际暴雨强度的最大值都出现在低海拔站(海拔高度为 887.7~1204.7 m)。研究表明

(杨霞 等,2021),南疆山区站的暴雨多以持续性降水为主,而平原地区的暴雨则多由强对流系统引发的短时强降水造成,因此,南疆平原地区的累计暴雨日数和暴雨雨量虽然小于山区,但其暴雨强度却远大于山区,如 2018 年 5 月 21 日和田地区皮山县 1 h 降水量达 53.8 mm,接近其平均年降水量(54.2 mm)。

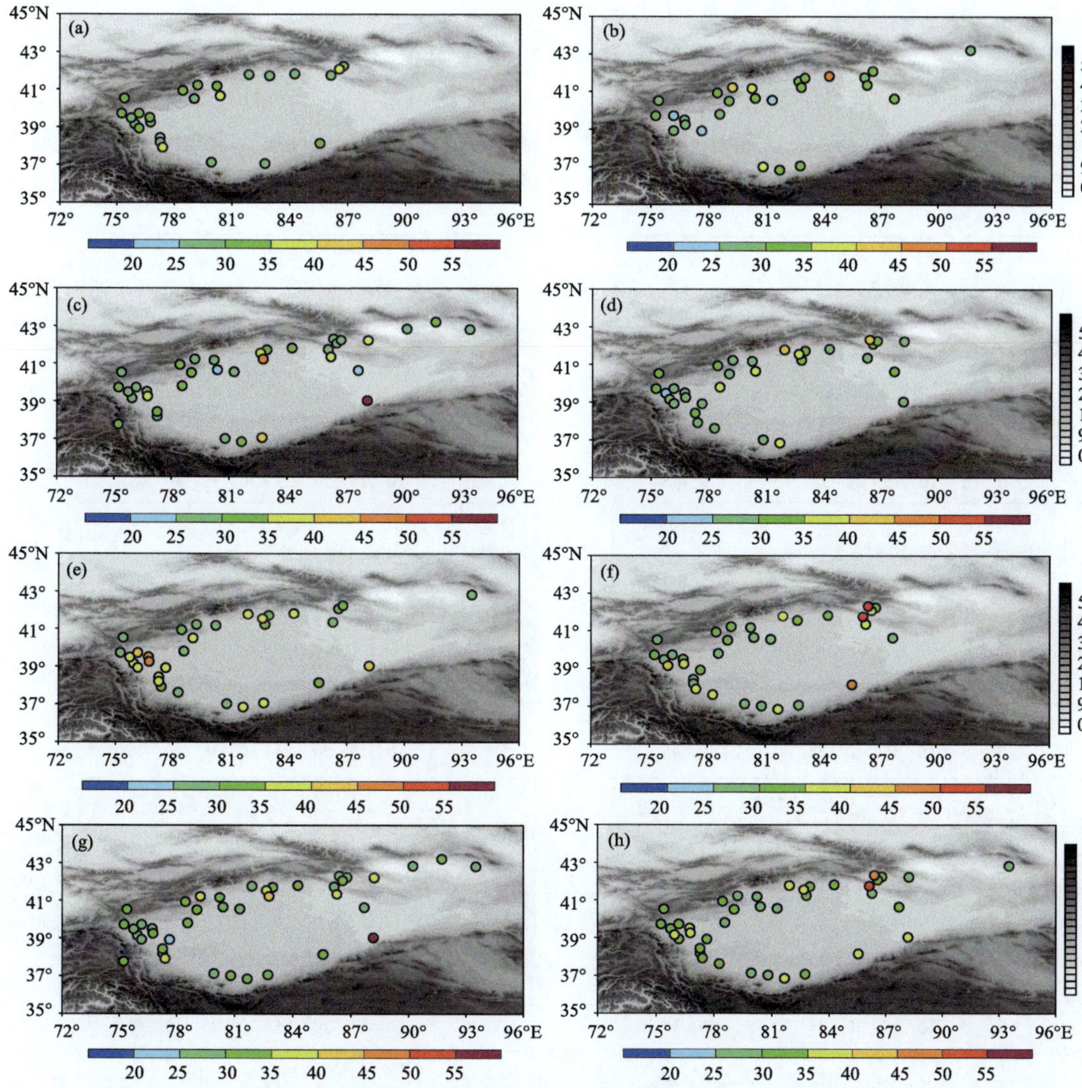

图 2.23　南疆暖季暴雨强度(彩色圆点)的空间分布(单位:mm/d)
(a. 20 世纪 60 年代;b. 20 世纪 70 年代;c. 20 世纪 80 年代;d. 20 世纪 90 年代;e. 21 世纪 00 年代;f. 21 世纪 10 年代;g. 暖干期;h. 暖湿期)

从暖干期新疆南部暖季暴雨强度的空间分布可以看出,有 16 站暴雨强度小于 30.0 mm/d,占 39.0%;有 23 站暴雨强度在 30.0～40.0 mm/d,占 56.1%;有 2 站暴雨强度大于 40.0 mm/d,占 4.9%;暴雨强度相对较大的区域主要集中在南疆北部和东部,其中,南疆东部若羌站的暴雨强度最大,达 56.8 mm/d。暖湿期,有 10 站暴雨强度小于 30.0 mm/d,占 25.7%;有 27 站暴雨强度在 30.0～40.0 mm/d,占 69.2%;有 2 站暴雨强度大于 40.0 mm/d,占 5.1%;暴雨强度相对较大的区域主要集中在南疆北部，最大达 52.3 mm/d。对比南疆暴雨强度在暖湿期和暖干期的差异（图略）可以看出，暖湿期，南疆暴雨强度在 30.0～40.0 mm/d 的站比例明显增大，有 24 站暴雨强度增强，17 站暴雨强度减弱，其中，暴雨强度增强的站主要位于南疆北部、西部和西南部，减弱的站主要位于吐哈盆地。

2.3.1.5 暴雨雨量占总降水量的比例空间分布

图 2.24 为不同年代和不同气候背景下南疆暖季暴雨雨量占总降水量比例的空间分布。可以看出，20 世纪 60 年代，南疆暴雨雨量占总降水量的比例在 4.6%～31.7%，最大值位于南疆东南部（31.7%）；20 世纪 70 年代，南疆暴雨雨量占总降水量的比例在 4.0%～41.5%，最大值位于南疆南部（41.5%）；20 世纪 80 年代，南疆暴雨雨量占总降水量的比例在 4.4%～

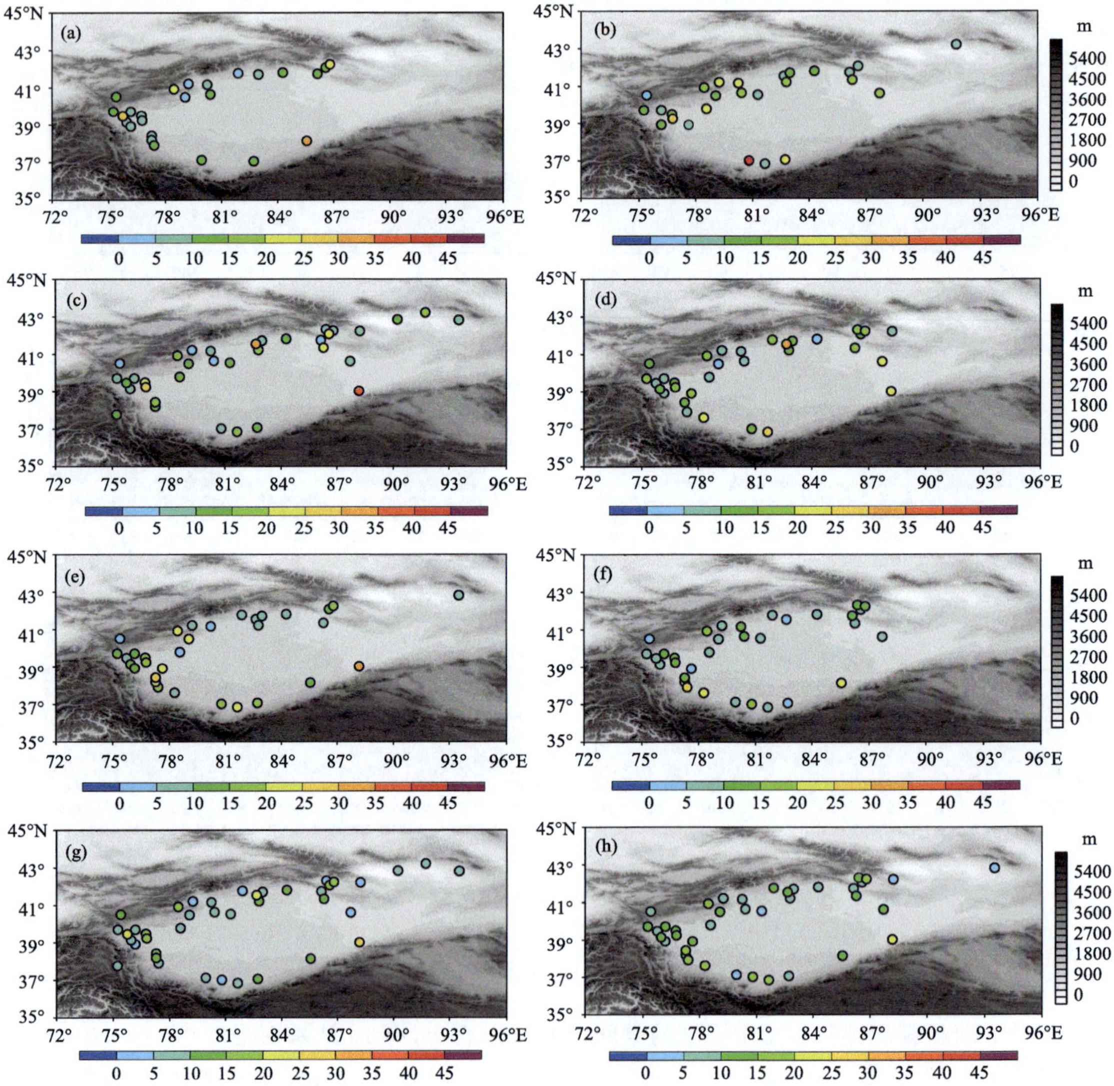

图 2.24 南疆暖季暴雨雨量占总降水量比例（彩色圆点）的空间分布（%）
（a. 20 世纪 60 年代；b. 20 世纪 70 年代；c. 20 世纪 80 年代；d. 20 世纪 90 年代；e. 21 世纪 00 年代；f. 21 世纪 10 年代；g. 暖干期；h. 暖湿期）

36.5%，最大值位于南疆东南部(36.5%)；20 世纪 90 年代至 21 世纪 10 年代，南疆暖季暴雨雨量占总降水量比例的最大值有所降低，在 29.0%～32.4%，但仍位于南疆南部和东南部。1961—2020 年，南疆暖季暴雨雨量占总降水量比例的大值区主要分布在南疆南部和东南部，对比图 2.21 和图 2.22 可以发现，这些区域各年代暴雨日数不超过 3 d，平均年降水量大多在 50.0 mm 左右，这些区域暴雨出现的频次虽少，但一次暴雨过程的降水量能接近甚至超过其平均年降水量(马淑红 等，1997)，因此，暴雨雨量占总降水量的比例明显高于我国东部季风区。

由前文分析可知，1961—2020 年南疆暖季总暴雨雨量占总降水量的比例为 10.3%，其中，暖干期为 10.0%、暖湿期为 10.6%，下文以 10.0% 为标准进一步分析暖干期和暖湿期南疆暖季暴雨雨量占总降水量比例的空间差异，可以看出，在暖干期，南疆暖季暴雨雨量占总降水量比例小于 10.0% 的站有 23 站，占暴雨站数的 56.1%，大于 10.0% 的站有 18 站，占 43.9%；暴雨雨量占总降水量比例的最大值分布在南疆东部，达 25.1%。在暖湿期，南疆暖季暴雨雨量占总降水量比例小于 10.0% 的站有 18 站，占 46.2%，大于 10.0% 的站有 21 站，占 53.8%；暴雨雨量占总降水量比例的最大值也出现在南疆东部，达 20.3%。此外，南疆西部和西南部暴雨雨量占总降水量的比例也相对较大，占比超过 18.0%。对比南疆暖季暴雨雨量占总降水量比例在暖湿期和暖干期的差异(图略)可以看出，在暖湿期，南疆暖季暴雨雨量占总降水量比例超过 10.0% 的站增多，有 19 站暴雨雨量占总降水量的比例增大，平均上升幅度为 5.9 个百分点，其中，南疆西南部暴雨雨量占总降水量比例上升最明显，异常上升幅度超过 10.0 个百分点。南疆暖季有 23 站暴雨雨量占总降水量的比例下降，平均减少幅度为 3.6 个百分点。

2.3.1.6　不同气候背景下南疆暖季暴雨的大尺度环流背景

中亚低槽、中亚低涡和塔里木东风低空急流是造成南疆暖季暴雨的主要影响系统，当伊朗副热带高压东伸北挺，新疆东部高压西伸北抬，两高压之间为中亚低值系统(低槽或低涡)，且在塔里木盆地东部有东风低空急流配合时，南疆易出现暴雨。统计分析 1961—2020 年南疆暖季暴雨过程(一日内暴雨站数≥2 站)的 500 hPa 环流形势(表 2.5)可以看出，暖干(湿)期，南疆暖季共有 29(45)个暴雨过程，其中，低槽型为 12(37)个，占 41.4%(82.2%)，低涡型为 17(8)个，占 58.6%(17.8%)。南疆暖季暴雨在暖干期以低涡型为主，在暖湿期以低槽型为主。

表 2.5　新疆南部不同类型暴雨的环流形势在暖干期和暖湿期差异

	低槽型		低涡型		合计	
	数量/个	占比/%	数量/个	占比/%	数量/个	占比/%
暖干期	12	41.4	17	58.6	29	100.0
暖湿期	37	82.2	8	17.8	45	100.0

从图 2.25 可以看出，在南疆暖季低槽型暴雨中，低槽主体位于 35°—45°N，60°—80°E，南疆位于低槽前部，受西南气流控制，塔里木盆地东部有一支偏东气流，自东向西伸入至 85°E 附近。从南疆暖季低槽型暴雨在暖湿期和暖干期环流差值场中可以看出，中高纬度乌拉尔山地区和贝加尔湖地区为反气旋式环流异常控制，萨彦岭附近为气旋式环流异常控制，南疆上空 500 hPa 存在北风异常，850 hPa 存在东风异常。在南疆暖季低涡型暴雨中，低涡主体位于 40°—45°N，65°—75°E，暖干期的低涡范围较暖湿期略大，南疆位于低涡前部，塔里木盆地东部的偏东气流西伸至 80°E 附近。从南疆暖季低涡型暴雨在暖湿期和暖干期环流差值场中可以看出，中高纬度环流异常与低槽型相反，即中高纬度乌拉尔山地区和贝加尔湖地区为气旋式环

流异常控制，萨彦岭附近为反气旋式环流异常控制，南疆上空 500 hPa 和 850 hPa 均存在南风异常。综上可知，南疆暖季不同类型的暴雨在不同的气候背景下，其环流配置存在差异，造成上述差异的物理机制还需进一步深入研究。

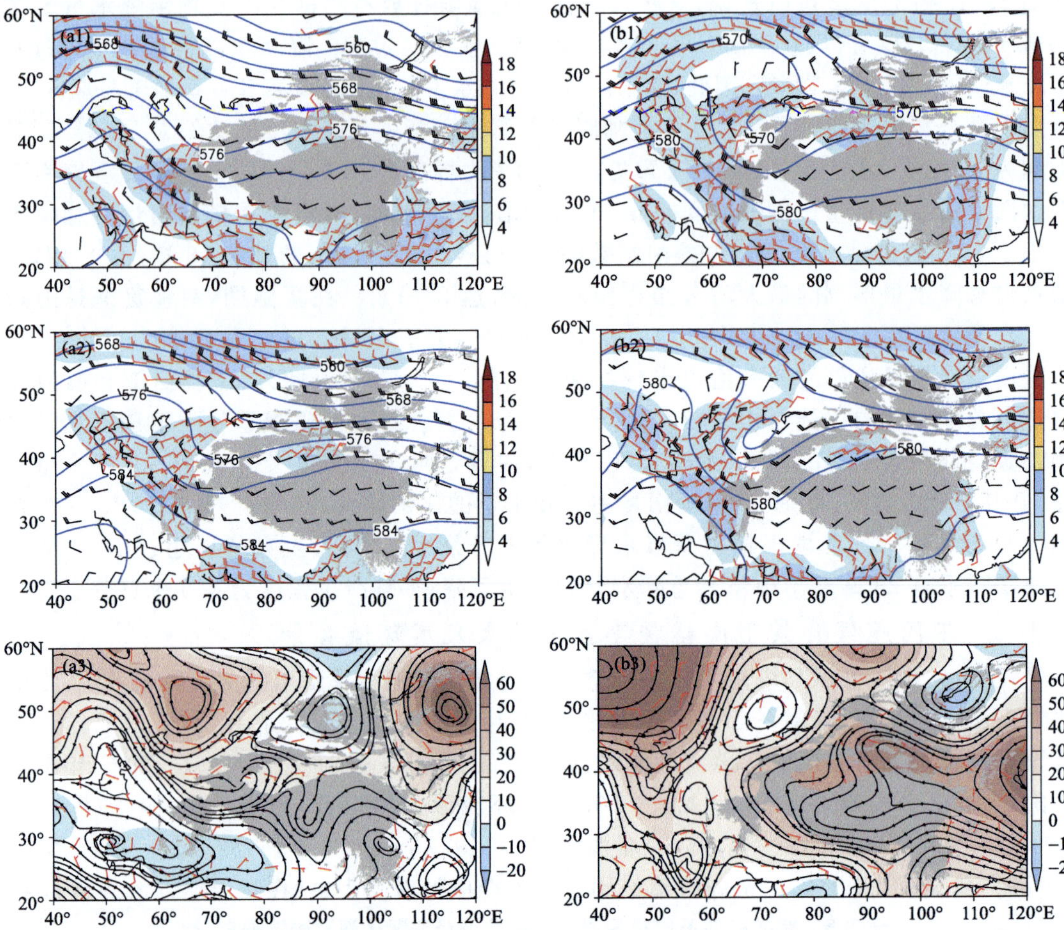

图 2.25　南疆暖季低槽型暴雨(a 列)和低涡型暴雨(b 列)在暖干期(a1、b1)和暖湿期(a2、b2)的环流场及其二者环流场在暖湿期和暖干期的差值场(a3、b3)

(蓝色等值线为 500 hPa 高度场(单位:gpm)，黑色风向杆为 500 hPa 风场，红色风向杆为 850 hPa ≥4 m/s 风场，灰色阴影为≥1500 m 的地形(单位:m)，黑色线条和箭头为 500 hPa 流场，a1、a2、b1、b2 中填色为风速≥4 m/s，a3、b3 中的填色为 500 hPa 高度场差值(单位:gpm))

2.3.2　南疆短时强降水暴雨和非短时强降水暴雨特征

2.3.2.1　暴雨日数

从 2013—2019 年南疆总暴雨日数、短时强降水暴雨日数和非短时强降水暴雨日数的年际及月际分布图可以看出(图 2.26)，2013—2019 年，南疆共出现总暴雨日 242 d，平均每年出现 34.6 d 总暴雨日；短时强降水暴雨日 201 d，平均每年出现 28.7 d；非短时强降水暴雨日 41 d，平均每年出现 5.9 d。南疆总暴雨日数的年际变化较大，短时强降水暴雨日数和非短时强降水暴雨日数的年际变化特征与总暴雨日数类似。短(非短)时强降水暴雨日数占总暴雨日数的平均比例为 83.7%(16.3%)，其中 2014 年最高(低)，为 89.3%(10.7%)，2015 年最低(高)，为 73.1%(26.9%)。南疆的总暴雨日数在 8 月最多，6 月次之，7 月最少；短时强降水暴雨日数在 6 月和 7 月多，8 月少；非短时强降水暴雨日数在 8 月最多，6 月次之，7 月最少(图 2.26 b1～b3)。短时强降水暴雨日数在 7 月的占比最高 94.5%，6 月次之，8 月最低；非短时强降水暴雨日数在 8 月的占比最高(26.7%)，6 月次之，7 月最低。综上分析可以看出，南疆的短时强降水暴雨日数远多于非短时强降水暴雨，前者约为后者的 5 倍。7 月南疆的总暴雨日数最少，该月以短时强降水暴雨为主，接近 95%的暴雨日中都有短时强降水事件出现。

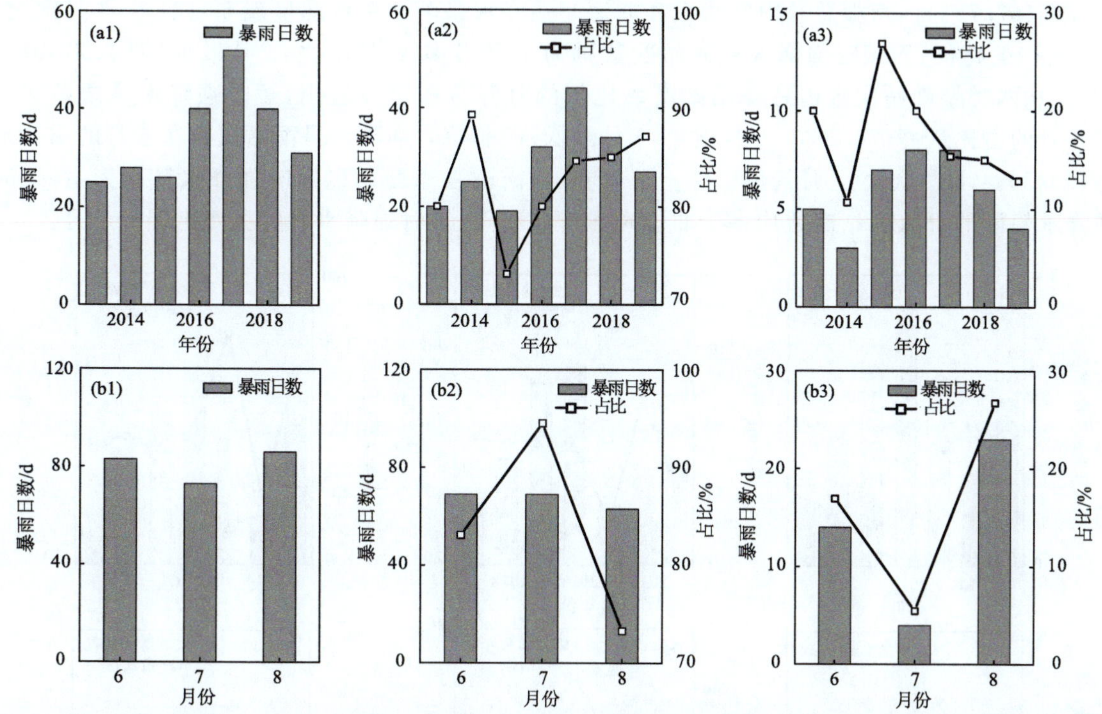

图 2.26　南疆总暴雨(a1、b1)、短时强降水暴雨(a2、b2)和非短时强降水暴雨(a3、b3)日数的年际和月际分布

从 2013—2019 年南疆不同海拔区间不同类型暴雨的平均日数分布可以看出(表 2.6)，总暴雨日数、短时强降水暴雨日数和非短时强降水暴雨日数均随海拔高度的上升而增多。海拔低于 1000 m 站的平均总暴雨日数最少，为 0.21 d，海拔高于 2500 m 的站最高，为 0.90 d，后者约为前者的 4.3 倍。由表 2.6 可以看出，海拔低于 2000 m 的站，平均短时强降水暴雨日数大于非短时强降水暴雨日数，海拔高于 2000 m 的站，则与之相反。可见，南疆短时强降水暴雨主要发生在海拔低于 2000 m 的区域，海拔超过 2000 m 的区域以非短时强降水暴雨为主。

表 2.6　2013—2019 年南疆不同类型暴雨在不同海拔区间的平均日数分布

海拔高度(H)/m	总暴雨日数/d	短时强降水暴雨日数/d	非短时强降水暴雨日数/d
$H\geqslant 2500$	0.90	0.52	0.71
$2000\leqslant H<2500$	0.68	0.37	0.48
$1500\leqslant H<2000$	0.53	0.36	0.32
$1000\leqslant H<1500$	0.26	0.23	0.17
$H<1000$	0.21	0.19	0.15

2.3.2.2 暴雨站次数

2013—2019 年，南疆共出现 1109 站次暴雨，其中，短时强降水暴雨 556 站次，非短时强降水暴雨 553 站次，平均每年出现 158.4 站次暴雨，其中，短时强降水暴雨 79.4 站次，非短时强降水暴雨 79.0 站次(图 2.27)。南疆暴雨站次数和暴雨日数的年际变化趋势基本一致，但暴雨站次的年际变化比暴雨日数更大，2016 年的暴雨站次数最多，为 264 站次，2014 年最少，仅为 96 站次，二者相差 168 站次。南疆短(非短)时强降水暴雨站次数占总暴雨站次数的平均比例为 50.5%(49.5%)，其中，2014 年最高(低)，为 65.6%(34.4%)，2015 年最低(高)，为 32.3%(67.7%)。南疆总暴雨站次数和非短时强降水暴雨站次数都呈现 6 月最多，8 月次之，7 月最少的特征；而短时强降水暴雨站次数则为 7 月最多，8 月次之，6 月最少(图 2.27 b1～b3)。从两类暴雨站次数占总暴雨站次数比例的月际分布可以看出，短时强降水暴雨站次数在 7 月的占比最高(70.1%)，8 月次之，6 月最低；而非短时强降水暴雨站次数在 6 月的占比最高(58.3%)，8 月次之，7 月最低。综上可以看出，南疆夏季暴雨以短时强降水暴雨为主，短时强降水暴雨的日数和站次数均多于非短时强降水暴雨，短时强降水暴雨主要出现在 7 月。

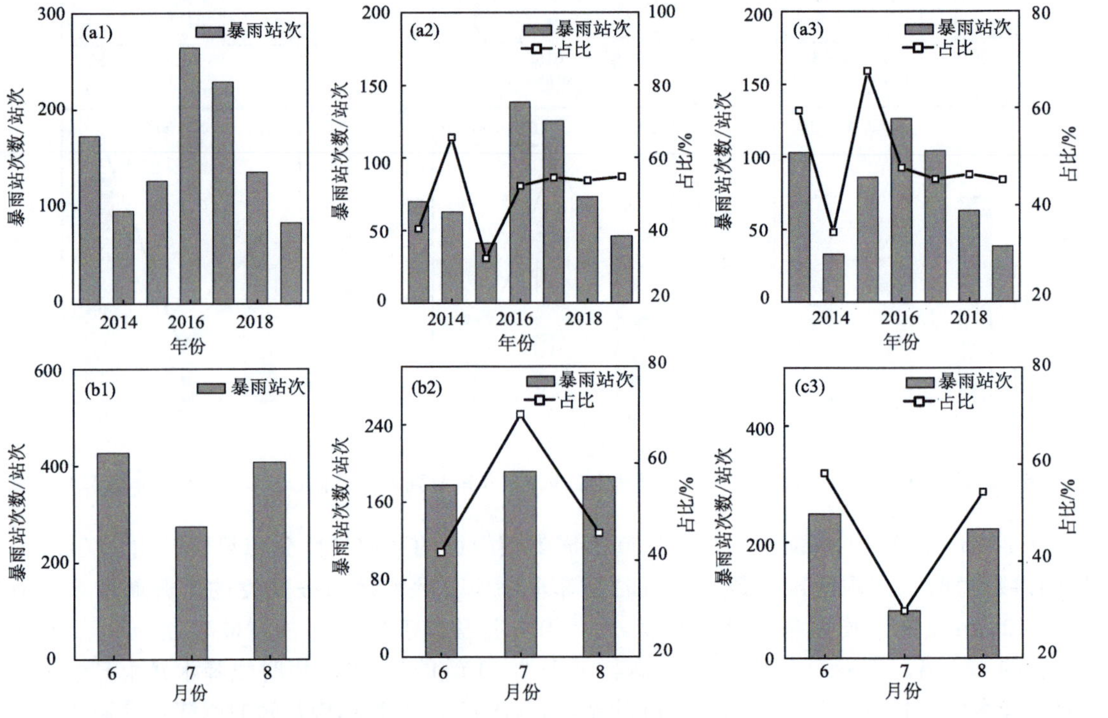

图 2.27　南疆总暴雨(a1、b1)、短时强降水暴雨(a2、b2)和非短时强降水暴雨(a3、b3)站次数的年际和月际分布

从南疆不同类型暴雨在不同海拔区间的站次数分布可以看出(表 2.7)，平均总暴雨站次数、短时强降水暴雨站次数和非短时强降水暴雨站次数均随海拔高度的升高而增多，海拔等于或高于 2500 m 站的平均总暴雨站次数(7.70 站次)约是海拔低于 1000 m 站(1.41 站次)的 5.5 倍。南疆 72.6%的站在暴雨日中出现过短时强降水事件，海拔低于 2000 m 的站以短时强降水暴雨为主，短时强降水暴雨站次数占总暴雨站次数的比例超过 50%，其中，海拔在 1000 m≤ H<1500 m 站的占比最高，为 63.7%；海拔等于或高于 2000 m 的站以非短时强降水暴雨为主，

其中，海拔等于或高于 2500 m 的站，非短时强降水暴雨站次数占总暴雨站次数的比例超过 70%。

表 2.7　2013—2019 年南疆不同类型暴雨在不同海拔区间的平均站次数分布

海拔高度(H)/m	平均总暴雨/站次	短时强降水暴雨站次数/站次	占比/%	非短时强降水暴雨站次数/站次	占比/%
$H \geqslant 2500$	7.70	2.26	29.4	5.43	70.6
$2000 \leqslant H < 2500$	5.35	2.26	42.2	3.09	57.8
$1500 \leqslant H < 2000$	3.85	2.01	52.2	1.84	47.8
$1000 \leqslant H < 1500$	1.85	1.18	63.7	0.67	36.3
$H < 1000$	1.41	0.84	60.0	0.56	40.0

2.3.2.3　暴雨降水时数

南疆区域平均的总暴雨日平均降水时数为 12.0 h(表 2.8)，平均降水时数在 6 h 以内的站占总暴雨站数的 19.5%；7～12 h 的站占 42.1%，大于 12 h 的站占 38.4%。总暴雨日的平均降水时数随海拔高度的上升而增大，海拔等于或高于 2500 m 站总暴雨日的平均降水时数(16.9 h)比海拔低于 1000 m 的站(9.3 h)长 7.6 h。从南疆各站总暴雨日数在不同海拔区间的空间分布可以看出(图略)，海拔低于 1500 m 站总暴雨日数的平均降水时数大值区主要分布在巴音郭楞蒙古自治州北部，海拔在 2000 m$\leqslant H<$2500 m 站总暴雨日数的平均降水时数呈东部大于西部的特征，海拔等于或高于 2500 m 的站则呈现西部大于东部的特征。南疆各站短时强降水暴雨日和非短时强降水暴雨日在不同海拔区间的空间分布不存在明显的区域差异。

南疆区域平均的短时强降水暴雨日平均降水时数为 7.9 h，以 6 h 以内的站数最多，占总暴雨站数的 48.1%；7～12 h 的站占 44%，大于 12 h 的站仅占 7.9%。南疆短时强降水暴雨日的平均降水时数也呈现随海拔高度的上升而增多的特征，海拔等于或高于 2500 m 站的平均降水时数(11.7 h)是海拔低于 1000 m 站(5.8 h)的 2 倍。南疆区域平均非短时强降水暴雨日平均降水时数为 15.6 h，平均降水时数也随海拔高度的上升而增多，海拔等于或高于 2500 m 站的平均降水时数(17.7 h)比海拔低于 1000 m 的站(14.1h)长 3.6 h。南疆非短时强降水暴雨日平均降水时数在 6 h 以内的站有 3 个，仅占总暴雨站数的 1.1%；7～12 h 的站占 20.7%，大于 12 h 的站占 78.2%。

表 2.8　2013—2019 年南疆不同类型暴雨平均降水时数在不同海拔区间的分布

海拔高度(H)/m	总暴雨/h	短时强降水暴雨/h	非短时强降水暴雨/h
$H \geqslant 2500$	16.9	11.7	17.7
$2000 \leqslant H < 2500$	12.1	7.7	15.9
$1500 \leqslant H < 2000$	11.8	8.0	15.5
$1000 \leqslant H < 1500$	9.7	6.3	14.6
$H < 1000$	9.3	5.8	14.1
平均	12.0	7.9	15.6

综上可知，南疆区域平均的总暴雨日、短时强降水暴雨日和非短时强降水暴雨日的平均降水时数均呈现出随海拔高度的上升而增大的特征，特别是短时强降水暴雨日的这一特征更加明显。南疆不同类型暴雨日的平均降水时数差异较大，短时强降水暴雨日中约 50%站的平均降水时数在 6 h 以内，非短时强降水暴雨日中接近 80%站的平均降水时数在 12 h 以上。

2.3.2.4 暴雨降水量的昼夜比例

研究表明(崔彩霞 等,2008),新疆夏季降水的夜雨特征明显,那么南疆夏季暴雨是否也具有明显的夜雨特征呢?为厘清这一问题,本节按白天(08—20 时)和夜间(20—08 时)两个时段,分别统计每个站白天和夜间的降水量占总暴雨降水量的比例。南疆总暴雨降水量昼夜比例的空间差异较大,喀什地区、克孜勒苏柯尔克孜自治州、和田地区西部、阿克苏地区西部的暴雨以夜雨为主,夜间降水量占总暴雨降水量的比例超过 80%;阿克苏地区东部、巴音郭楞蒙古自治州、吐鲁番市、哈密市以昼雨为主,白天降水量占总暴雨降水量的比例超过 70%。南疆短时强降水暴雨和非短时强降水暴雨降水量昼夜比例的空间分布与总暴雨降水量类似(图略)。从南疆不同类型暴雨降水量在不同海拔区间的昼夜分布比例可以看出(表 2.9),南疆总暴雨降水量在海拔 2000 m$\leqslant H<$2500 m 站的夜雨降水量占比最高,达 63.2%,其次为海拔低于 1000 m 的站,占比为 52.3%,在其他海拔区间,总暴雨降水量均以昼雨为主。短时强降水暴雨降水量在不同海拔区域的昼夜比例分布与总暴雨降水量不同,除海拔等于或高于 2500 m 的站外,其余海拔高度的站均以夜雨降水量为主。非短时强降水暴雨降水量除在海拔 1000 m$\leqslant H<$1500 m 站以昼雨降水量为主外,其余海拔高度的站均以夜雨降水量为主,特别是海拔 2000 m$\leqslant H<$2500 m 站的夜雨降水量高达 74%。对比南疆三类暴雨降水量的昼夜分布,短时强降水暴雨和非短时强降水暴雨降水量的夜雨特征比总暴雨明显,其中,以 2000 m$\leqslant H<$2500 m 站的夜雨特征最为显著。

表 2.9 南疆不同类型暴雨降水量在不同海拔区间的昼夜分布比例

海拔高度(H)/m	总暴雨/%		短时强降水暴雨/%		非短时强降水暴雨/%	
	白天	夜间	白天	夜间	白天	夜间
$H\geqslant$2500	52.3	47.7	51.6	48.4	46.8	53.2
2000$\leqslant H<$2500	36.8	63.2	38.5	61.5	26.0	74.0
1500$\leqslant H<$2000	51.0	49.0	48.8	51.2	46.3	53.7
1000$\leqslant H<$1500	53.0	47.0	48.8	51.2	52.0	48.0
$H<$1000	47.7	52.3	48.7	51.3	42.4	57.6

2.3.2.5 日变化特征

日变化是全球天气气候系统变化的最基本模态之一,降水的日变化差异在诸多气象变量中表现得最为显著(宇如聪 等,2014)。从南疆不同类型暴雨降水量日变化及其在不同海拔高度的日变化曲线可以看出(图 2.28),夏季南疆总暴雨日累计降水量的高值时段为 17—19 时,21 时的降水量最小;总暴雨日累计降水量在不同海拔高度的日变化差异较大,在海拔低于 1000 m 的站,累计降水量日变化曲线呈单峰型,高值时段为 09—11 时,15 时的降水量最小;海拔在 1000 m$\leqslant H<$1500 m 的站,累计降水量日变化曲线呈多峰型,10 时为相对高值时次,21 时为降水量最小的时次;海拔在 1500 m$\leqslant H<$2000 m 和等于或高于 2500 m 站的累计降水量日变化曲线均呈单峰型,峰值时次为 18 时,谷值为 21 时;海拔在 2000 m$\leqslant H<$2500 m 的区域,累计降水量日变化曲线呈双峰型,其中,16—18 时和 01—04 时为高值时段,14 时为累计降水量最少时次。短时强降水暴雨日累计降水量的日变化曲线分布与总暴雨日类似。非短时强降水暴雨日累计降水量的日变化曲线也成单峰型,但其分布特征与总暴雨日和短时强降水暴雨日不同。非短时强

降水暴雨日累计降水量的高值时段出现在 08—13 时，低值时段主要出现 16 时至次日 00 时，除海拔在 2000 m≤H<2500 m 的站外（高值时段出现在 01—05 时，低值时段主要出现 12—23 时），其他海拔高度非短时强降水暴雨日累计降水量的日变化曲线基本都呈现上述特征。

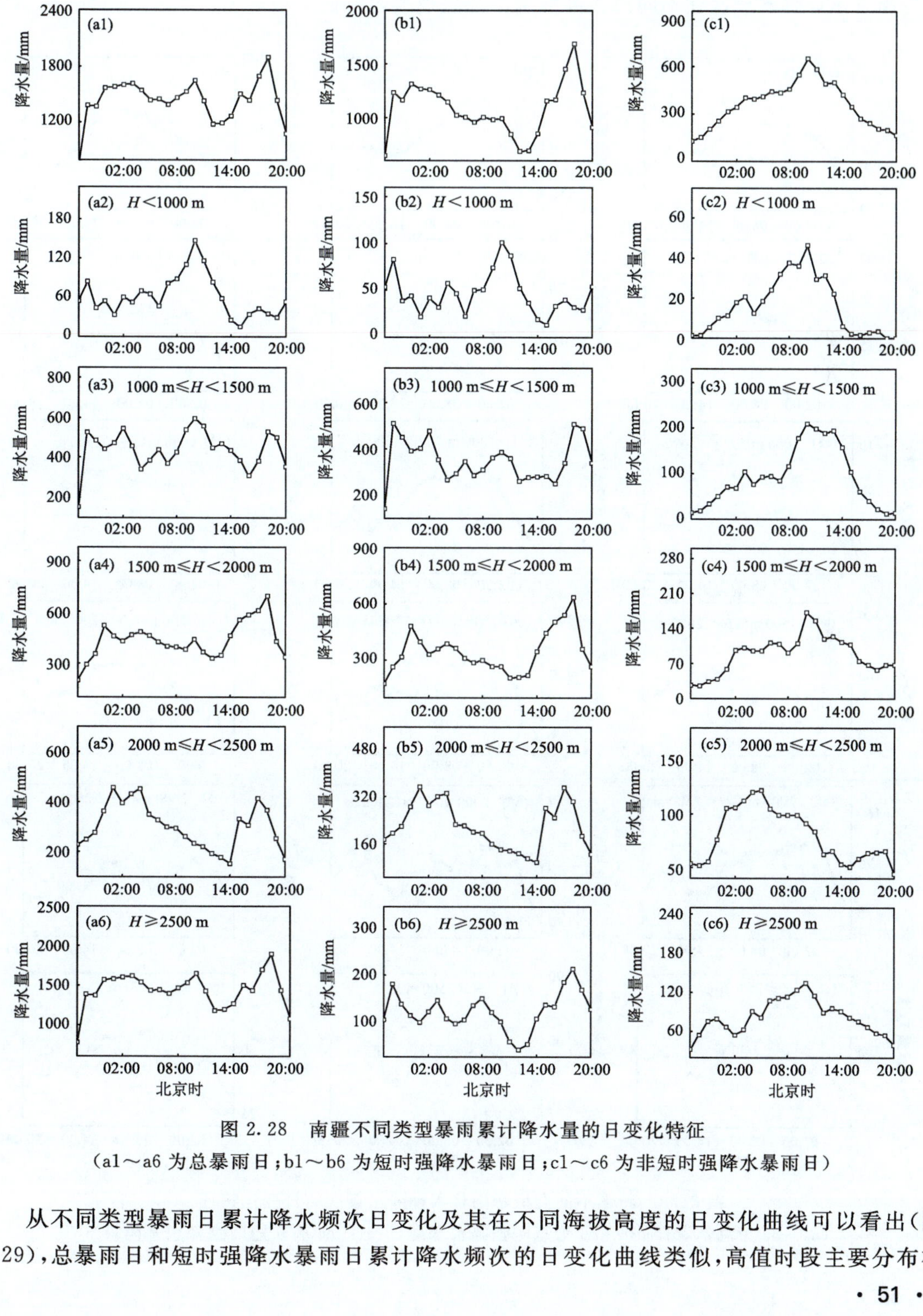

图 2.28　南疆不同类型暴雨累计降水量的日变化特征
（a1～a6 为总暴雨日；b1～b6 为短时强降水暴雨日；c1～c6 为非短时强降水暴雨日）

从不同类型暴雨日累计降水频次日变化及其在不同海拔高度的日变化曲线可以看出（图 2.29），总暴雨日和短时强降水暴雨日累计降水频次的日变化曲线类似，高值时段主要分布在

02—10 时，15—19 时还存在一个次高值时段，21 时是累计降水频次最少的时次。总暴雨日和短时强降水暴雨日累计降水频次在不同海拔高度基本都呈现上述特征。非短时强降水暴雨日累计降水频次呈单峰型，峰值时段主要分布在 07—11 时，18—22 时为谷值时段，非短时强降水暴雨日累计降水频次在不同海拔高度基本都呈现上述特征。

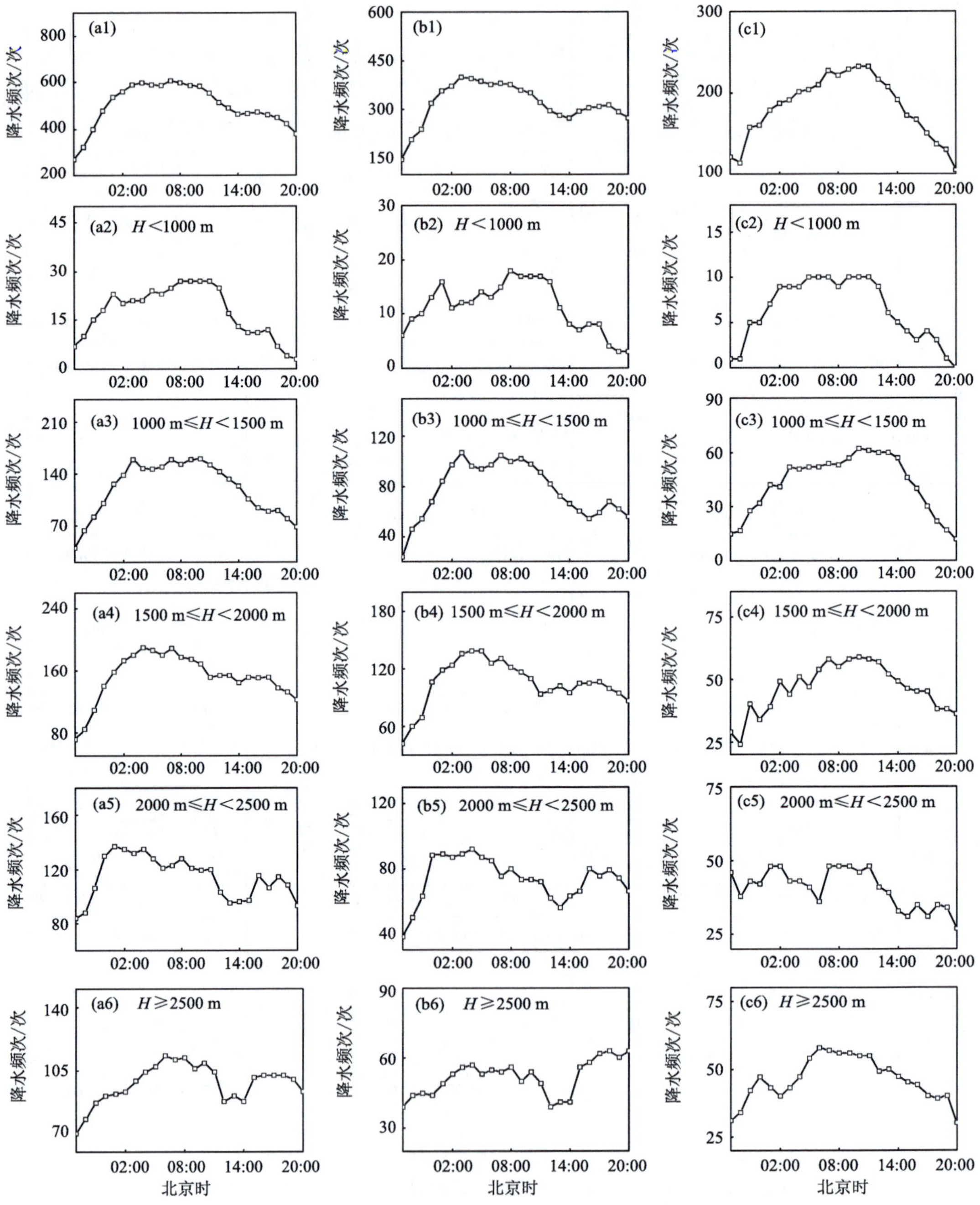

图 2.29　新疆不同类型暴雨日累计降水频次的日变化特征

（a1～a6 为总暴雨日；b1～b6 为短时强降水暴雨日；c1～c6 为非短时强降水暴雨日）

南疆不同类型暴雨平均降水强度及其在不同海拔高度的日变化特征表明(图 2.30)，总暴雨日平均降水强度呈双峰型，平均降水强度最大时次出现在 18 时和 22 时，05—14 时的平均降水强度较小。总暴雨日平均降水强度日变化曲线在海拔低于 1000 m 和 1500 m≤H<2000 m 站的单峰特征明显，峰值时次分别出现在 20 时和 18 时，在 1000 m≤H<1500 m 站呈双峰型，峰值时次分别出现在 19 时和 22 时；海拔等于或高于 2000 m 的站呈多峰型。短时强降水暴雨

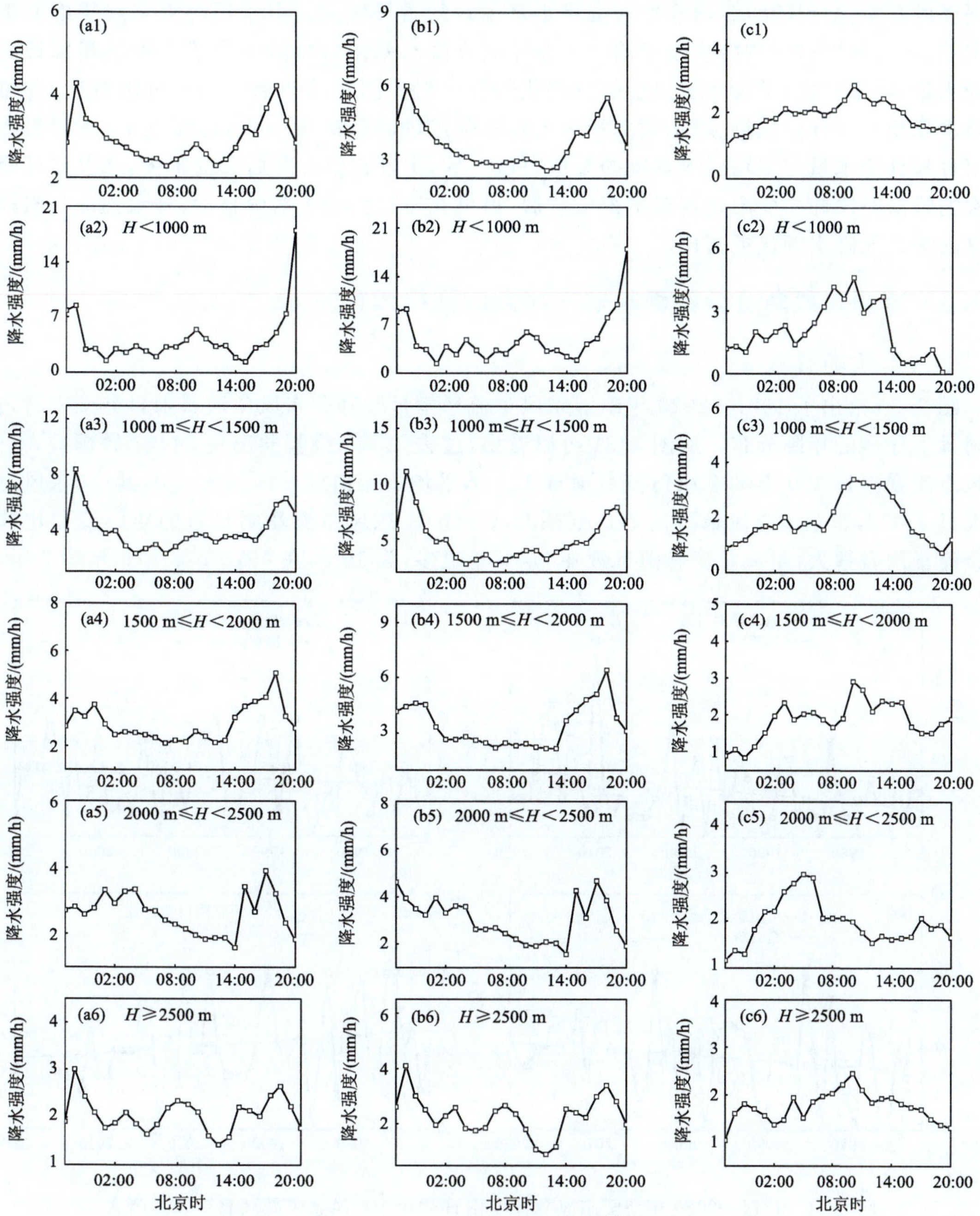

图 2.30　新疆不同类型暴雨平均降水强度的日变化特征

(a1～a6 为总暴雨日；b1～b6 为短时强降水暴雨日；c1～c6 为非短时强降水暴雨日)

日平均降水强度日变化及其在不同海拔高度的日变化特征与总暴雨日类似。非短时强降水暴雨日平均降水强度与其累计降水量的日变化曲线相似，也呈单峰型，峰值时段也在09—11时，谷值时段在18—23时。非短时强降水暴雨日平均降水强度除在海拔2000 m$\leqslant H<$2500 m站的峰值时段出现在02—07时外，其他海拔高度的峰值时段均出现在09—11时。

综上分析可以看出，南疆总暴雨日和短时强降水暴雨日的累计降水量、降水频次和平均降水强度的日变化特征相似，与非短时强降水暴雨日的差异较大。由于短时强降水暴雨的累计降水量、降水频次和平均降水强度均大于非短时强降水暴雨，因此，主导了南疆总暴雨日的累计降水量、降水频次、平均降水强度的日变化特征。对比图2.28～图2.30，可以看出，非短时强降水暴雨日累计降水量、降水频次和平均降水强度的峰值时段一致，均在上午；短时强降水暴雨日累计降水量与平均降水强度的峰值时段一致，出现在傍晚前后和前半夜，而其累计降水频次的峰值时段却主要出现在后半夜至清晨，可见在短时强降水暴雨日中，降水强度与累计降水量的关系比降水频次更密切。

2.3.3 南疆东风急流型暴雨与非东风急流型暴雨特征

2.3.3.1 暴雨日数

图2.31给出了1971—2020年南疆东风急流暴雨日数和非东风急流暴雨日数及二者占总暴雨日数比例的年际分布。从图2.31可以看出，过去50年，南疆共出现244个暴雨日，其中，东风急流暴雨日120 d，非东风急流暴雨日124 d，平均每年出现暴雨日4.9 d，其中，东风急流暴雨日2.4 d，非东风急流暴雨日2.5 d(图2.31a、b)。东风急流暴雨日数的年际变化比非东风急流暴雨日数大，东风急流暴雨日数在2010年最多，为10 d，在1975年、1976年等7年，均

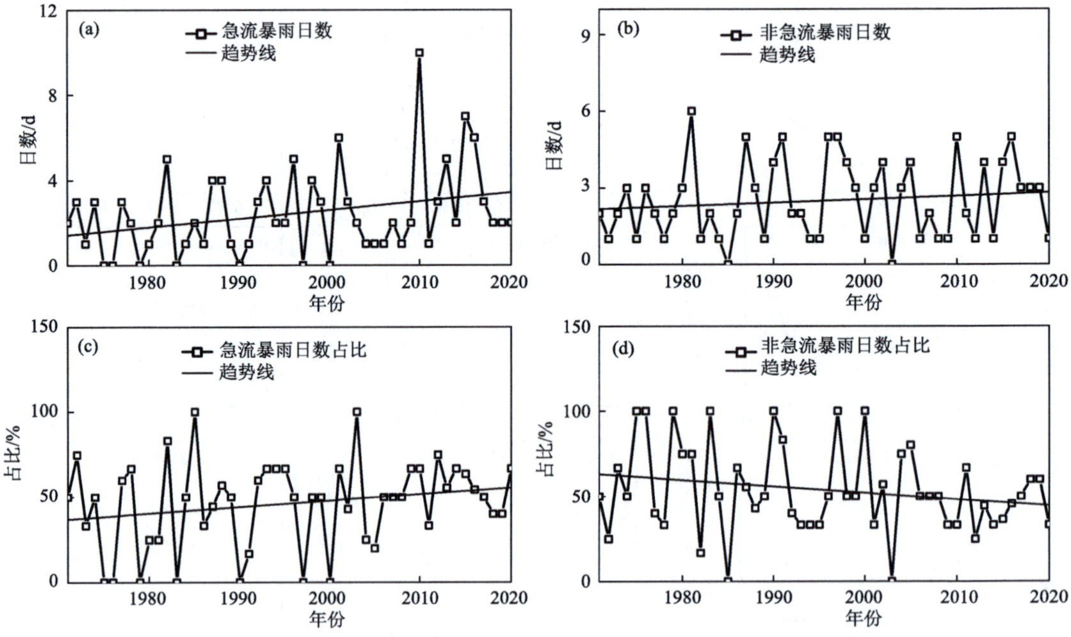

图2.31　1971—2020年南疆东风急流暴雨日数和非东风急流暴雨日数及二者占总暴雨日数比例的年际变化

(a. 东风暴雨日数；b. 非东风暴雨日数；c. 东风暴雨日数占比；d. 非东风暴雨日数占比)

无东风急流暴雨；非东风急流暴雨日数在 1981 年最多，为 6 d，在 1985 年和 2003 年均无非东风急流暴雨。1971—2020 年，南疆东风急流暴雨日数和非东风急流暴雨日数均呈增多趋势，但东风急流暴雨日数的增多趋势比非东风急流暴雨日数更明显，且通过了 $\alpha=0.05$ 的显著性检验。由图 2.31c、d 可以看出，1971—2020 年，南疆东风急流暴雨日数和非东风急流暴雨日数占总暴雨日数比例的年际变化趋势相反，东风急流暴雨日数占总暴雨日数的比例呈上升趋势，而非东风急流暴雨日数则呈减小趋势，但二者的变化趋势均未通过显著性检验。

暖季南疆暴雨主要发生在 5 月、6 月和 7 月，由图 2.32 可以看出，东风急流暴雨和非东风急流暴雨日数在暖季各月的分布差异较大。东风急流暴雨日数在 5 月最多，而非东风急流暴雨日数则在 7 月最多，二者均在 9 月最少。过去 50 年，南疆暖季各月的东风急流暴雨日数均呈增加趋势，其中，5 月和 9 月的增多趋势较为显著，分别通过了 $\alpha=0.05$ 和 $\alpha=0.1$ 的显著性检验；非东风急流暴雨日数除在 6 月呈弱的减少趋势外，其余各月均呈增多趋势，其中，9 月的增多趋势通过了 $\alpha=0.1$ 的显著性检验。南疆暖季各月的东风急流暴雨日数占总暴雨日数的比例，整体上呈春末夏初最高，盛夏最低，夏末秋初再次升高的分布，即 5 月东风急流暴雨日数占总暴雨日数的比例最高，为 67.3%；7 月最低，仅为 33.3%。南疆暖季各月非东风急流暴雨日数占总暴雨日数比例的分布形态与东风急流暴雨日数相反，呈现为 7 月占比最高(66.7%)，5 月最低(32.7%)。综上可知，5 月和 7 月是南疆暖季暴雨最多的两个月份，其中，5 月以东风急流暴雨为主，而 7 月则以非东风急流暴雨为主，上述两类暴雨形成的机制存在差异，需要进一步深入研究。此外，由上文还可以看出，9 月是南疆暴雨日数最少的月份，但过去 50 年，该月的东风急流暴雨日数和非东风急流暴雨日数均呈现显著增多的趋势，其成因有待进一步分析。

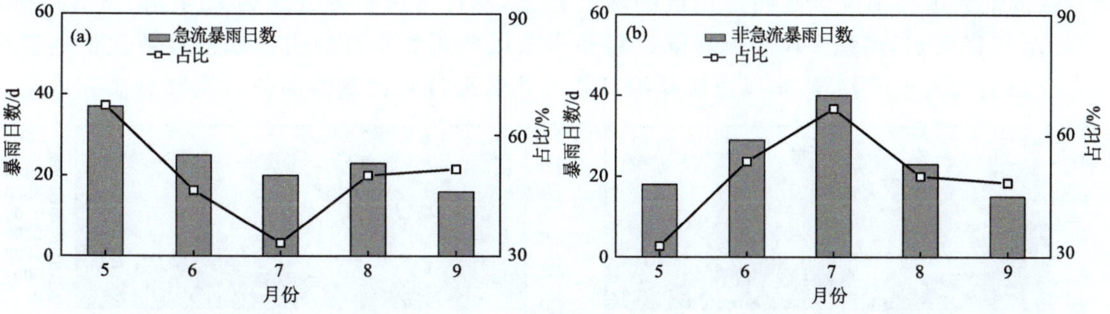

图 2.32　南疆东风急流暴雨日数(a)和非东风急流暴雨日数(b)及二者占总暴雨日数比例的月分布

图 2.33 给出了 1971—2020 年南疆东风急流暴雨日数和非东风急流暴雨日数及二者占总暴雨日数比例的年代际变化。从图 2.33 可以看出，东风急流暴雨日数呈明显的逐年代际增多趋势，即 20 世纪 70 年代最少，仅为 15 d，21 世纪 10 年代最多，为 33 d；后者较前者增加了 1.2 倍。非东风急流暴雨日数的年代际变化与东风急流暴雨日数不同，呈现波动特征，即在 20 世纪 70 年代最少(20 d)，90 年代最多(29 d)，21 世纪 00 年代略有减少(24 d)，10 年代又有增多(27 d)。从图 2.33 还可以看出，东风急流暴雨日数占总暴雨日数的比例也呈逐年代际上升的特征，20 世纪 70 年代最低，占比为 42.9%；21 世纪 10 年代最高，占比上升至 55%。非东风急流暴雨日数占总暴雨日数的比例与东风急流暴雨日数相反，呈逐年代际下降的特征，在 20 世纪 70 年代最高，占比为 57.1%；21 世纪 10 年代最低，占比下降至 45.0%。综上分析可知，1971—

2020 年南疆暖季的总暴雨日数和东风急流暴雨日数都呈逐年代际增多的特征，20 世纪 70—90 年代，南疆暖季以非东风急流暴雨为主，进入 21 世纪后，南疆暖季以东风急流暴雨为主。

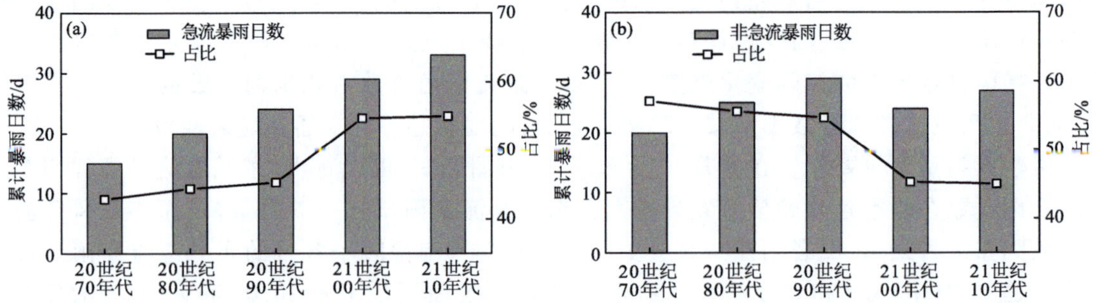

图 2.33　南疆东风急流暴雨日数(a)和非东风急流暴雨日数(b)及二者占总暴雨日数比例的年代际变化

2.3.3.2　空间分布

图 2.34 给出了 1971—2020 年南疆各站东风急流暴雨日数和非东风急流暴雨日数及二者占总暴雨日数比例的空间分布。从图 2.34 可以看出，过去 50 年南疆 44 个国家级气象站中有 40 个站出现过暴雨，其中，31 个站既出现过东风急流暴雨也出现过非东风急流暴雨，6 个站仅出现过东风急流暴雨，3 个站仅出现过非东风急流暴雨。总体来看，南疆大部分站的东风急流暴雨日数都多于非东风急流暴雨日数，东风急流暴雨日数的空间分布特征与南疆一般性降水的空间分布特征类似，即山区大于平原，西部大于东部。非东风急流暴雨的日数的空间分布特征也表现为山区大于平原，但其东西部差异不显著。南疆东风急流暴雨日数和非东风急流暴雨日数的最大中心都位于其西部山区的阿合奇站，累计暴雨日数分别为 28 d 和 13 d。由图 2.34c、d 可以看出，南疆东风急流暴雨日数和非东风急流暴雨日数占总暴雨日数比例的空间分布存在较大的东西差异，东风急流暴雨日数占总暴雨日数比例的高值区主要分布在南疆西

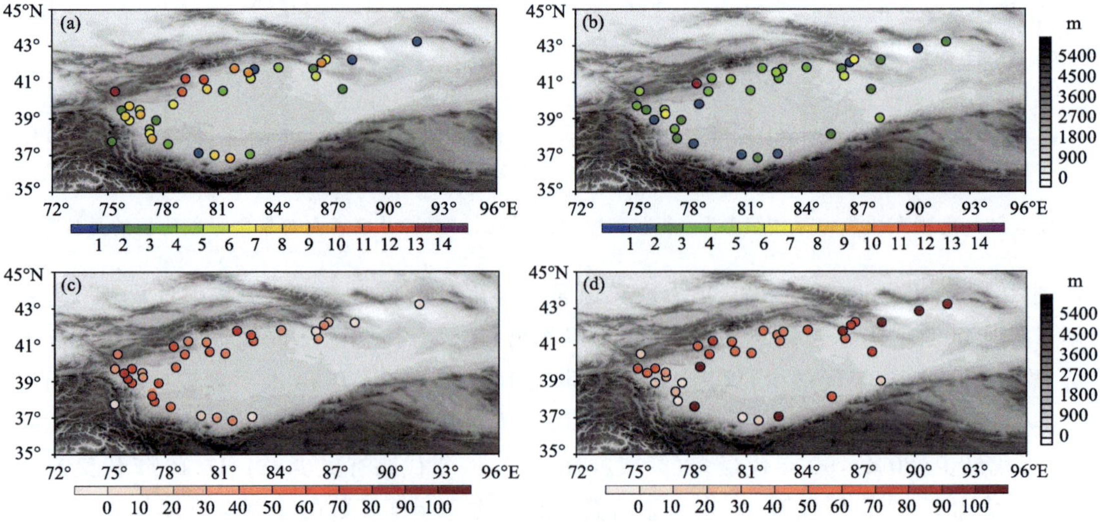

图 2.34　1971—2020 年南疆各站累计东风急流暴雨日数和非东风急流暴雨日数(单位:d)及二者占总暴雨日数比例(%)的空间分布

(a. 东风暴雨日数；b. 非东风暴雨日数；c. 东风暴雨日数占比；d. 非东风暴雨日数占比)

部，在东部地区的比例较低；而非东风急流暴雨则呈现相反的分布形势，即高值区主要分布在南疆东部，西部地区相对较低。综上分析不难看出，南疆西部地区的暴雨日数相对较多，且以东风急流暴雨为主；南疆东部地区的暴雨日数较少，以非东风急流暴雨为主。

2.3.3.3 短时强降水事件出现率

南疆暴雨的突发性强、历时短，暴雨天气过程中常常存在由中小尺度对流系统造成的短时强降水事件，许多暴雨过程的 1 h 最大降水量、6 h 降水量和日降水量都很接近，这也是干旱区暴雨不同于季风区暴雨的特征（张家宝 等，1987）。为了弄清南疆东风急流暴雨和非东风急流暴雨过程中短时强降水事件的发生情况，本节利用自动气象站逐时降水资料，分别统计了2011—2020 年暖季南疆东风急流暴雨和非东风急流暴雨日中短时强降水事件的出现比例。由表 2.10 可以看出，近 10 年，南疆共出现东风急流暴雨日 34 d，其中，17 d 出现了短时强降水事件，短时强降水暴雨日数的占比为 50%；共出现非东风急流暴雨日 28 d，其中 22 d 出现了短时强降水事件，短时强降水暴雨日数的占比为 78.6%。此外，2011—2020 年南疆共出现 54 站次东风急流暴雨，其中，25 站次伴有短时强降水事件，短时强降水暴雨站次数的占比为46.3%；共出现 30 站次非东风急流暴雨，其中，24 站次伴有短时强降水事件，短时强降水暴雨站次数的占比为 80.0%。

表 2.10 短时强降水事件在南疆东风暴雨和非东风急流暴雨中的出现比例

	总暴雨日数/d	短时强降水暴雨日数/d	占比/%	总暴雨站次	短时强降水暴雨站次	占比/%
东风急流暴雨	34	17	50.0	54	25	46.3
非东风急流暴雨	28	22	78.6	30	24	80.0

由图 2.35 可以看出，2011—2020 年南疆共 27 站出现过东风急流暴雨，其中，13 站在暴雨过程中出现短时强降水事件的比例是 100%，该类站占南疆东风急流暴雨站数的比例为48.1%；24 站出现了非东风急流暴雨，其中，19 站暴雨过程中出现短时强降水事件的比例是100%，该类站占非东风急流暴雨站数的比例为 79.2%。由图 2.35 还可以看出，在东风急流暴雨过程中，短时强降水事件出现比例较高的站主要分布在塔里木盆地西部和北部靠近沙漠的区域；而在非东风急流暴雨过程中，短时强降水事件出现比例较高站分布的范围明显大于东风急流暴雨过程。综上分析可知，2011—2020 年南疆暖季的东风急流暴雨日数多于非急流暴雨日数，短时强降水事件虽然在东风急流暴雨和非东风急流暴雨中都会出现，但其在非东风急流暴雨中出现的比例明显高于东风急流暴雨。

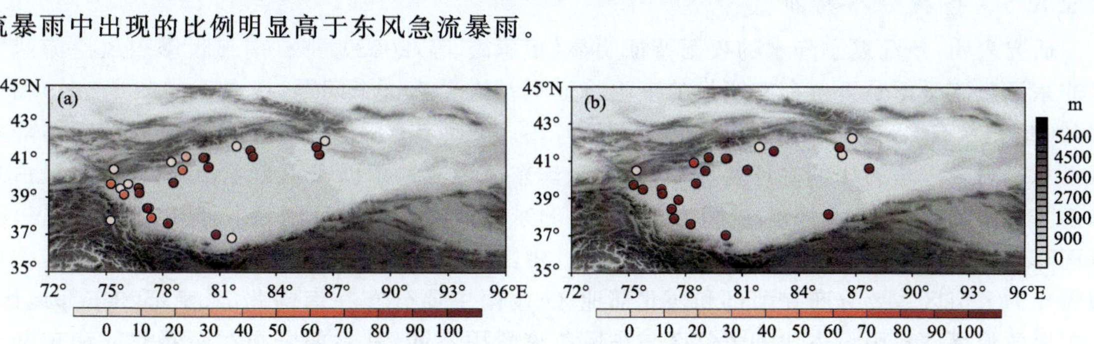

图 2.35 2011—2020 年南疆东风急流暴雨(a)和非东风急流暴雨(b)中短时强降水事件出现比例的空间分布(%)

2.3.3.4 平均降水时数

由于观测资料的限制，过去无法精确的获得暴雨日的降水时数，本节利用2011—2020年自动气象站逐时降水资料，逐站统计其暴雨日的平均降水时数，得到南疆区域平均的暴雨日的平均降水时数。由计算可知，南疆暖季东风急流暴雨日的平均降水时数为11.2 h，非东风急流暴雨日为6.8 h。南疆暖季东风急流暴雨日的平均降水时数在6 h以内的有12站次(图略)，占总暴雨站次数的22.2%(图2.36)；7～12 h和大于12 h的均有21站次，二者累计占比为77.8%。南疆暖季非东风急流暴雨日的平均降水时数在6 h以内的有17站次，占总暴雨站次数的58.6%；7～12 h的有10站次，占比为34.5%，大于12 h的仅有2站次，占比为6.9%。可见，南疆暖季东风急流暴雨和非东风急流暴雨日的平均降水时数差异较大，接近80%的东风急流暴雨日的平均降水时数在6 h以上，而接近60%的非东风急流暴雨日的平均降水时数都在6 h以内。由前文分析可知，2011—2020年短时强降水事件在南疆暖季非东风急流暴雨中出现的比例明显高于东风急流暴雨。正是因为在非东风急流暴雨过程中短时强降水事件发生的比例较高，该类事件可以使得降水量在短时间内迅速达到最大，因此，出现暴雨所需的时间相对较短，而在东风急流暴雨过程中，短时强降水事件出现的比例较低，降水过程中降水量相对均匀，因此，出现暴雨所需的时间也就更长。

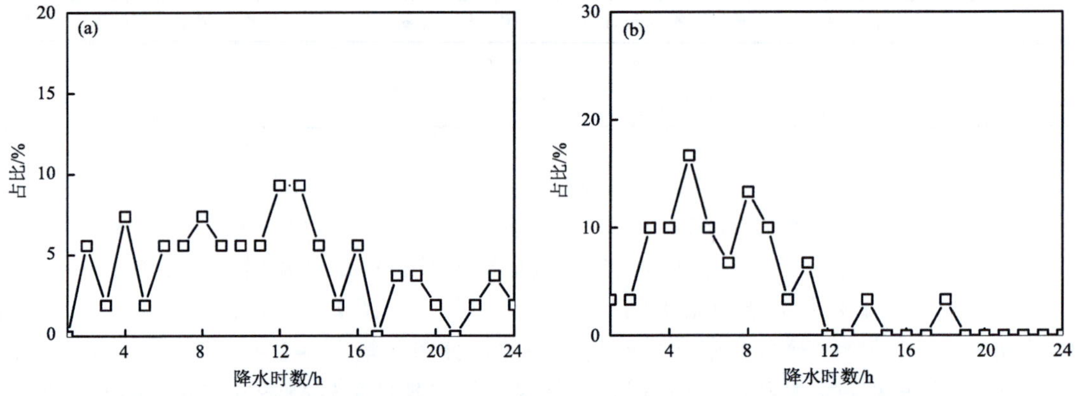

图2.36 南疆东风急流暴雨(a)和非东风急流暴雨(b)的平均降水时数占比

2.3.3.5 昼夜分布特征

研究表明，新疆夏季降水的夜雨特征明显(崔彩霞 等，2008)，那么南疆暖季东风急流暴雨和非东风急流暴雨是否也存在明显的夜雨特征呢？为弄清这个问题，按白天(08—20时)和夜间(20时至次日08时)两个时段，分别统计1971—2020年南疆暖季每个站白天和夜间的降水量占总暴雨降水量的比例。计算可知，南疆暖季东风急流暴雨以夜雨为主，其白天降水量占总暴雨降水量的比例为49.3%，夜间为50.7%；非东风急流暴雨以日雨为主，其白天降水量占总暴雨降水量的比例为51.5%，夜间为48.5%。由图2.37可以看出，南疆暖季东风急流暴雨日雨占比的大值区主要分布在西部和西北部地区；夜雨主要分布在南疆北部、南部和东部地区；非东风急流暴雨日雨量占比的大值区与东风急流暴雨不同，其主要分布在南疆北部和东部地区，夜雨主要分布在南疆西部地区。

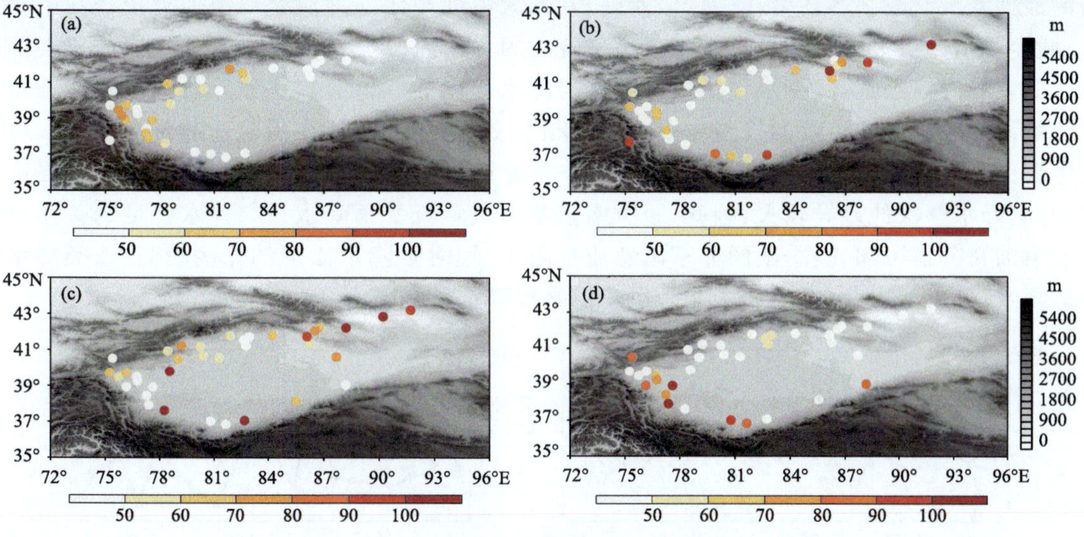

图 2.37　1971—2020 年南疆各站累计东风急流暴雨(a、b)和非东风急流暴雨(c、d)降水量昼夜比例(单位:%)的空间分布

(a. 东风暴雨白天降水量占比;b. 东风暴雨夜间降水量占比;c. 非东风暴雨白天降水量占比;d. 非东风暴雨夜间降水量占比)

2.3.3.6　日变化特征

日变化是全球天气气候系统变化的最基本模态之一(宇如聪 等,2014),降水的日变化差异在诸多气象变量中表现得最为显著(Yu et al.,2007;Bao et al.,2011;Chen et al.,2015)。研究表明,南疆暴雨具有明显的日变化特征(杨霞,2021),但东风急流暴雨和非东风急流暴雨是否具有同样的日变化特征,二者之间存在何种差异,都还不清晰。图 2.38 给出了 2011—2020 年南疆东风急流暴雨和非东风急流暴雨降水量、降水频次和降水强度的日变化曲线。由图 2.38a、b 可以看出,暖季南疆东风急流暴雨日累计降水量的高值时段主要分布在 22 时至次日 03 时,低值时段主要分布在 04—18 时,其中,01 时的降水量最多,08 时最少;此外,在暖季南疆东风急流暴雨日累计降水量在 19 时还存在一个次峰值。南疆非东风急流暴雨日累计降水量的日变化特征与东风急流暴雨存在差异,其波动性更大,17 时和 20 时为两个高值时段,22 时至次日 16 时为低值时段,其中,09 时的降水量最少。从南疆暖季东风急流暴雨日累计降水频次日变化曲线可以看出(图 2.38c),东风急流暴雨日累计降水频次日变化曲线的单峰特征明显,峰值时段主要集中在 23 时至次日 05 时,其中,02 时的降水频次最多;06—22 时为降水频次的低值时段。非东风急流暴雨日累计降水频次的日变化曲线呈多峰型(图 2.38d),其中,01 时最大,09 时和 15 时最小。图 2.38e 和图 2.38f 给出暖季南疆东风急流暴雨和非东风急流暴雨平均降水强度的日变化特征,可以看出,东风急流暴雨日平均降水强度的高值时段分布在 18 时至次日 03 时,其中,19 时最大;低值时段主要分布在 04—17 时,其中,08 时最小。非东风急流暴雨日平均降水强度的日变化特与累计降水量类似,也呈现出较大的波动,其中,17 时和 20 时为两个高值时段,22 时至次日 16 时为低值时段,其中,09 时最小。

综上分析可以看出,暖季南疆东风急流暴雨和非东风急流暴雨的降水日变化存在差异。南疆暖季东风急流暴雨的最大降水时段和最多发生时段都主要在午夜前后;而非低空急流暴雨的最大降水时段则多发生在午后至傍晚，其最大累计频次与急流暴雨类似也出现在午夜前后；两类暴雨的最大雨强都发生在午后至傍晚。因为东风急流暴雨降水量的主峰时段与降水频次的主峰时段一致，其降水量的次峰时次与降水强度的峰值时次一致，因此，暖季南疆东风急流暴雨降水量在前半夜的峰值主要由降水频次多所导致，而其在傍晚前后降水量的次峰值则主要由降水强度大造成。暖季南疆非东风急流暴雨降水量的日变化特征与其降水强度类似，与其降水频次的差异较大，因此，暖季南疆非东风急流暴雨降水量与降水强度的关系更密切。由前文分析可知，暖季南疆非东风急流暴雨中，短时强降水出现的比例较高，该类降水事件的降水强度大，因此，也主导了非东风急流暴雨降水量和降水强度日变化的形态。

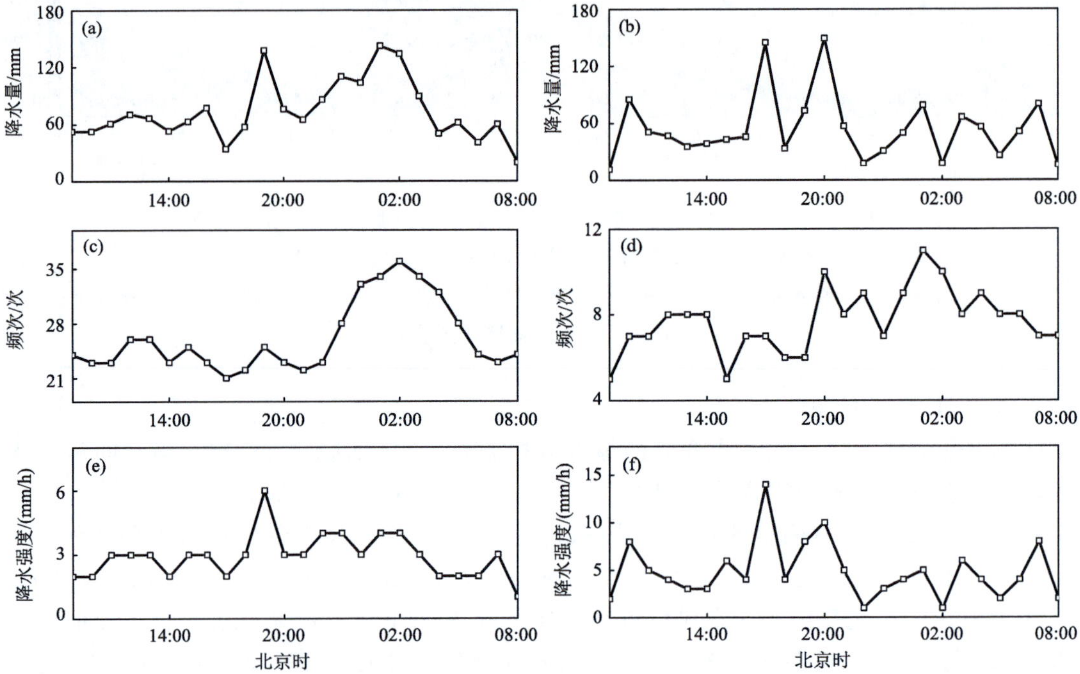

图 2.38　南疆东风急流暴雨和非东风急流暴雨的日变化特征

（a. 东风急流暴雨降水量；b. 非东风急流暴雨降水量；c. 东风急流暴雨频次；d. 非东风急流暴雨频次；e. 东风急流暴雨降水强度；f. 非东风急流暴雨降水强度）

2.4　小结

（1）7 月新疆暴雨日数最多，短时强降水事件在暴雨日中的出现比例也最高，但暴雨站次数最少，因此，7 月多局地对流性暴雨；8 月新疆暴雨日数最少，但暴雨站次数却较多，暴雨日中短时强降水事件的出现比例最低，因此，8 月多区域系统性暴雨。新疆各站年平均暴雨日数总体呈北疆多、南疆少、山区多，平原少的特征；天山山区中段是新疆年平均暴雨日数最多的区域。由于缺乏山区站的观测，国家基本气象站降水资料无法分析出南疆南部昆仑山北坡的山区站也是新疆暴雨高发区域的特征，区域加密自动气象站降水观测资料揭示该区域年平均暴雨日数最多可达 2.4 d，与北疆沿天山一带接近。

（2）新疆 75.9%的站在暴雨日中都出现过短时强降水事件，短时强降水事件在年平均暴雨日数不足 1 d 的区域高发，在暴雨日数较多的区域出现的比例反而较低。暴雨日中短时强降水事件的出现比例随海拔高度的降低而增多，海拔低于 500 m 站的比例（85.4%）是海拔等于或高于 2500 m 站（42%）的 2 倍。新疆 80%以上站暴雨日的平均降水时数都大于 6 h，暴雨日的平均降水时数大于 12 h 的站集中分布在伊犁河谷和天山山区，暴雨日的平均降水时数小于 6 h 的站主要分布在新疆西部，东部几乎没有。北疆地区夏季暴雨降水量昼夜比例的空间差异较大，博州、塔城地区北部、克拉玛依市和阿勒泰地区西部以昼雨为主；伊犁河谷和天山山区中段以夜雨为主。南疆除西部地区夜雨特征明显外，其他区域的昼夜差异不显著。

（3）北疆暴雨的日变化特征存在显著的区域差异，北疆Ⅰ区和Ⅱ区累计降水量日变化的峰值和谷值时段呈反位相分布，北疆Ⅰ区累计降水量、累计降水频次和平均降水强度的峰值时段均在下午至傍晚前后，该区域暴雨日的平均降水时数少，短时强降水事件发生比例高，以局地对流性暴雨为主；北疆Ⅱ区累计降水量和降水频次的峰值时段在夜间至上午；平均降水强度的峰值在傍晚前后至前半夜，该区域暴雨日的平均降水时数多，短时强降水事件发生比例低，以区域系统性暴雨为主；南疆地区暴雨的降水日变化特征更为复杂，暴雨的降水性质也更复杂。

（4）北疆的小时极端降水量和降水频次均多于南疆；南疆小时极端降水量对夏季总降水量的贡献率大于北疆；北疆和南疆沿天山南麓地区的小时极端降水强度西部大于东部，南疆沿昆仑山北麓地区东部大于西部。小时极端降水量、降水频次在北疆 7 月最多；南疆 6 月最多。小时极端降水强度在北疆西北部和北部 7 月最强，沿天山中部 6 月最强；南疆西部和东南部 8 月最强，其余地区 6 月最强。北疆各站平均的小时极端降水量、降水频次和强度均呈减小趋势；南疆各站平均的小时极端降水量和强度呈增大趋势，降水频次呈减少趋势，但上述变化趋势均不显著。北疆伊犁河谷平原地区，天山北坡西部、东部和南疆西部、东部降水量呈增大趋势，其中，南疆东部增大趋势显著。降水频次与降水量的变化趋势类似。小时降水强度在北疆伊犁河谷南部山区和南疆南部呈显著减弱趋势，其余地区呈不显著的增强趋势。

（5）南北疆小时极端降水量和降水频次的高值时段均在下午至前半夜（16—23 时），低值时段北疆主要发生在清晨至上午（05—14 时），南疆在中午至下午（13—17 时）。南北疆 06—08 时小时极端降水量的变化趋势相反，19 时和 20 时二者的变化趋势一致。全疆平均的逐时极端降水量在 12—20 时以减少趋势为主；降水频次变化趋势与降水量类似；降水强度多数时次呈增强趋势，其中，09 时和 11 时呈显著增强趋势。

（6）1961 年以来，南疆暖季的累计暴雨日数、暴雨站次数和暴雨雨量在暖湿期均明显多于暖干期，但暴雨强度和暴雨雨量占总降水量的比例在暖干期与暖湿期的差异不大。南疆暖季山区的暴雨日数和暴雨雨量均大于平原地区，但平原的暴雨强度却大于山区，南疆各年代暴雨强度极值都出现在平原低海拔站。暖干期，南疆暖季累计暴雨日数和暴雨雨量的大值区均在山区；暖湿期，南疆大部分地区的累计暴雨日数和暴雨雨量均有所增多，其中，西部山区的最大累计暴雨日数较暖干期增多约 1.7 倍，累计暴雨雨量增加约 1.5 倍；南部平原区的最大累计暴雨日数较暖干期增加超过 10 倍，累计暴雨雨量较暖干期增加 6.8 倍。此外，暖湿期南疆西南部地区的暴雨强度和暴雨雨量占总降水量的比例也均比暖干期明显增加。

（7）南疆暖季暴雨在暖干期以低涡型为主，在暖湿期以低槽型为主；850 hPa 偏东气流在低涡型暴雨中比低槽型暴雨西伸更加明显，在暖湿期与暖干期环流差值场中，低槽型暴雨和低涡型暴雨在中高纬地区的环流异常呈现反向变化特征。

（8）南疆夏季以短时强降水暴雨为主，超过 70%的站在暴雨日中都出现过短时强降水事件，短时强降水暴雨的日数约为非短时强降水暴雨日数的 5 倍。南疆的短时强降水暴雨主要发生在 7 月，该月约 95%的暴雨日中都伴有短时强降水事件。南疆夏季总暴雨、短时强降水暴雨和非短时强降水暴雨的日数和站次数均随海拔高度的升高而增大，短时强降水暴雨主要发生在海拔低于 2000 m 的区域，非短时强降水暴雨则主要发生在海拔等于或高于 2000 m 的区域。南疆短时强降水暴雨和非短时强降水暴雨均具有明显的夜雨特征，其中，海拔在 2000 m $\leqslant H <$ 2500 m 站的夜雨特征最显著，夜雨降水量超过总降水量的 60%。

(9)南疆区域平均的总暴雨日平均降水时数为 12.0 h；短时强降水暴雨日为 7.9 h，其中，约 50%站的平均降水时数都在 6 h 以内；非短时强降水暴雨日的平均降水时数为 15.6 h；其中，78%以上站的平均降水时数大于 12 h；总暴雨日、短时强降水暴雨日和非短时强降水暴雨日的平均降水时数都随海拔高度的上升而增多。

(10)南疆总暴雨日与短时强降水暴雨日的累计降水量、降水频次和平均降水强度的日变化特征相似，与非短时强降水暴雨日的差异较大。非短时强降水暴雨日累计降水量、降水频次和平均降水强度的峰值时段一致，均在上午；短时强降水暴雨日累计降水量与平均降水强度的峰值时段一致，出现在傍晚前后和前半夜，而其累计降水频次的峰值时段却主要出现在后半夜至清晨，可见在短时强降水暴雨日中，降水强度与累计降水量的关系比降水频次更密切。

(11)1971—2020 年，南疆非东风急流暴雨日数略多于东风急流暴雨日数，二者均呈增多趋势，但东风急流暴雨日数的增多趋势更显著；东风急流暴雨日数与非东风急流暴雨日数占南疆总暴雨日数比例的年际变化趋势相反，前者呈上升趋势，后者呈下降趋势，但二者的变化趋势都不显著。南疆东风急流暴雨日数在 5 月最多，非东风急流暴雨日数在 7 月最多，二者均在 9 月最少。20 世纪 70—90 年代，南疆暖季以非东风急流暴雨为主，进入 21 世纪后，南疆暖季以东风急流暴雨为主。

(12)南疆西部地区的暴雨日数相对较多，以东风急流暴雨为主；南疆东部地区的暴雨日数较少，以非东风急流暴雨为主。南疆暖季东风急流暴雨以夜雨为主，非东风急流暴雨以日雨为主。

(13)2011—2020 年南疆暖季的东风急流暴雨日数多于非急流暴雨日数；短时强降水事件在东风急流暴雨和非东风急流暴雨中均会出现，但其在非东风急流暴雨(79.2%)中出现的比例明显高于东风急流暴雨(48.1%)；南疆暖季东风急流暴雨日的平均降水时数为 11.2 h，非东风急流暴雨日为 6.8 h，接近 80%的东风急流暴雨日的平均降水时数在 6 h 以上，而接近 60%的非东风急流暴雨日的平均降水时数都在 6 h 以内。

(14)南疆暖季东风急流暴雨的降水量和降水频次均主要在午夜前后；而非低空急流暴雨的降水量峰值则多发生在午后至傍晚，其频次峰值与急流暴雨类似也出现在午夜前后；两类暴雨的最大雨强都发生在午后至傍晚。南疆暖季东风急流暴雨降水量在前半夜的峰值主要由降水频次多导致，而其在傍晚前后降水量的次峰值则主要由降水强度大造成。南疆暖季非东风急流暴雨降水量的日变化特征与其降水强度类似，与其降水频次的差异较大，其降水量与降水强度的关系更密切。

第3章

塔里木东风低空急流与南疆降水的关系

3.1 资料和方法

3.1.1 资料

本章使用新疆维吾尔自治区气象信息中心提供的南疆44个国家级气象站1971—2020年5—9月(即暖季)逐日降水资料和2011—2020年逐时降水资料,以及若羌站每日2次(08时和20时,北京时,下同)的探空资料。

3.1.2 方法

综合南疆地域特征、站分布和实际预报经验,将南疆降水过程按如下标准进行划分:当某日南疆区域内出现≥0.1 mm降水的站数(n)≥10站时,定义该日为一个南疆降水日;若在一个南疆降水日中,有n≥1个站出现暴雨,则定义该日为一个暴雨日;若有n≥3个站出现大雨且无暴雨出现,则定义该日为一个大雨日;有n≥3个站出现中雨且出现大雨的站数n≤2个,则定义该日为一个中雨日;若出现中雨和大雨的站数n≤2个,则定义该日为一个小雨日。本章中"空急流"过程指由塔里木东风低空急流造成的非暴雨降水过程,即大雨、中雨和小雨过程的统称;一般性降水指小雨和中雨,强降水指大雨和暴雨。

3.2 塔里木东风低空急流与南疆不同等级降水的关系

由表3.1可以看出,1981—2020年共出现1722个塔里木东风低空急流日,其中,617 d有降水,占总日数的35.8%,1105 d无降水,占塔里木东风低空急流总日数的64.2%。过去40年,南疆共出现降水日1585 d,其中,617 d伴有塔里木东风低空急流,占总降水日数的38.9%,968 d未伴有塔里木东风低空急流,占总降水日数的61.1%。表3.2进一步给出1981—2020年塔里木东风低空急流与南疆不同等级降水的关系,可以看出,过去40年南疆出现的小雨日数最多(1117 d),中雨次之(218 d),暴雨第三(175 d),大雨最少(75 d)。塔里木东风低空急流在南疆小雨日的出现比例为35%,中雨日为45.4%,大雨日为50.7%,暴雨日为51.4%。

表 3.1 1981—2020 年暖季(5—9 月)塔里木东风低空急流与南疆降水的关系

塔里木东风低空急流				降水日			
有降水/d	占比/%	无降水/d	占比/%	有塔里木东风低空急流/d	占比/%	无塔里木东风低空急流/d	占比/%
617	35.8	1105	64.2	617	38.9	968	61.1

进一步分析发现，1981—2020 年南疆共出现 20 个同一日暴雨站数≥3 的大范围暴雨过程，其中，17 个大范围暴雨过程伴有塔里木东风低空急流，占比高达 85.0%。因此，不难发现，随着南疆降水等级的增强和强降水范围的扩大，塔里木东风低空急流的出现比例迅速上升，可见塔里木东风低空急流对南疆暴雨具有重要作用。此外，由表 3.2 还可以看出，在 1981—2020 年暖季的 617 个伴有塔里木东风低空急流的降水日中，暴雨仅有 90 d，占比为 14.6%，暴雨等级以下降水日数分别为大雨 38 d，占比为 6.2%；中雨 99 d，占比为 16.0%；小雨 391 d，占比为 63.4%。因此，塔里木东风低空急流的“空急流”过程也高达 85.4%，远高于我国东部季风区。

表 3.2 1981—2020 年暖季(5—9 月)塔里木东风低空急流与南疆不同等级降水的关系

	总日数/d	有塔里木东风低空急流		无塔里木东风低空急流		在有塔里木东风低空急流配合的降水日数中的占比/%
		日数/d	占比/%	日数/d	占比/%	
小雨	1117	391	35.0	726	65.0	63.3
中雨	218	99	45.4	119	54.6	16.0
大雨	75	38	50.7	37	49.3	6.2
暴雨	175	90	51.4	85	48.6	14.5
合计	1585	617	—	968	—	100.0

可见，塔里木东风低空急流与南疆降水的关系较为复杂，一方面在南疆大范围暴雨过程中，塔里木东风低空急流的出现率高达 85.0%，另一方面塔里木东风低空急流的“空急流”出现率也高达 85.4%，因此，如何有效甄别出能够导致南疆出现暴雨的塔里木东风低空急流一直是实际业务中的难题(邓子风 等，1982)。

3.3 不同类型塔里木东风低空急流与南疆降水的关系

3.3.1 一般性降水

由表 3.3 可以看出，2010—2021 年南疆共出现 1415 个塔里木东风低空急流日，平均每年出现 117.9 个，约占全年总日数的 32.3%。从塔里木东风低空急流日在各月的分布可以看出，1 月塔里木东风低空急流的累计日数最少，仅为 48 d；3—10 月塔里木东风低空急流的累计日数均超过了 100 d，其中，4 月最多，为 179 d；8 月次之，为 169 d；5 月第三，为 159 d。从塔里木东风低空急流的日数在各月的占比可以看出，4 月、5 月、7 月、8 月和 9 月的占比均不低于 10%，1 月的占比最小，仅为 3.4%。由表 3.3 还可以看出，2010—2021 年，南疆共出现 1292 个一般性降水日，其中，11 月南疆一般性降水的累计日数最少，仅为 33 d；5—9 月南疆一般性降水的累计日数均超过 100 d，其中，7 月最多，为 232 d；6 月第二，为 219 d；8 月第三，为 218 d。表 3.3 还给出伴随降水的塔里木东风低空急流的逐月变化，可以看出，2010—2021 年共出现 550 个伴随降水的塔里木东风低空急流日，占急流总日数的 38.9％。从各月的分布情况来看，5—9 月伴随降水的塔里木东风低空急流日相对较多，占比为 11.6％～19.6％，其中，8 月最高（19.6％），7 月次之（18.0％），5 月第三（14.4％）；全年中 12 月的占比最低，仅为 1.3％。可见，南疆的一般性降水主要出现暖季，2010—2021 年南疆暖季降水日数占总降水日数的 74.2％，塔里木东风低空急流也主要出现在暖季，暖季塔里木东风低空急流的日数占急流总日数的 53.0％，暖季伴随降水的塔里木东风低空急流的日数占比高达 77.8％，可见塔里木东风低空急流对南疆降水有重要影响。

表 3.3　2010—2021 年塔里木东风低空急流及南疆降水的统计关系

月份	急流		一般性降水		伴一般性降水的急流		强降水		伴强降水的急流	
	累计日数/d	占比/％	累计日数/d	占比/％	累计日数/d	占比/％	累计日数/d	占比/％	累计日数/d	占比/％
1	48	3.4	42	3.3	9	1.6	0	0.0	0	0.0
2	70	4.9	61	4.7	16	2.9	3	2.2	3	3.8
3	117	8.3	39	3.0	14	2.5	10	7.4	6	7.7
4	179	12.7	64	5.0	44	8.0	24	17.8	18	23.1
5	159	11.2	150	11.6	79	14.4	18	13.3	11	14.1
6	130	9.2	219	17.0	78	14.2	19	14.1	7	9.0
7	151	10.7	232	18.0	99	18.0	16	11.9	8	10.3
8	169	11.9	218	16.9	108	19.6	10	7.4	7	9.0
9	141	10.0	138	10.7	64	11.6	15	11.1	8	10.3
10	131	9.3	43	3.3	20	3.6	12	8.9	6	7.7
11	67	4.7	33	2.6	12	2.2	5	3.7	3	3.8
12	53	3.7	53	4.1	7	1.3	3	2.2	1	1.3
合计	1415	100	1292	100	550	100	135	100	78	100

由图 3.1 给出的伴随降水的塔里木东风低空急流日数和伴随塔里木东风低空急流的南疆一般性降水日数在各月的占比情况，可以看出，除冬季外，二者的变化基本成反向，伴随降水的塔里木东风低空急流的日数在 5—9 月的占比较高，而伴随塔里木东风低空急流的南疆一般性降水的日数在 3—5 月的占比较高。可见，在暖季的塔里木东风急流日中南疆更易出现降水，在春季的降水日中，塔里木东风低空急流的出现比例更高，4 月伴随塔里木东风低空急流的降水日数占比高达 68.8％。由图 3.1a 可以看出，3 月伴随降水的塔里木东风低空急流日数占比最低，仅为 15％，该月也是南疆沙尘天气高发的时间，可见 3 月的塔里木东风低空急流主要造成南疆的沙尘天气。5 月和 9 月伴随降水的塔里木东风低空急流日数的占比和伴随塔里木东风低空急流的南疆一般性降水日数的占比接近，可见上述两个月塔里木东风低空急流与降水的关系更加密切。由图 3.1b 可以看出，造成南疆一般性降水的塔里木东风低空急流以 BLJ 为主，BLJ 在南疆一般性降水的平均占比为 61.7％，其中，11 月的占比最高，达 83.0％；10 月第二，为 80.0％；12 月最少，为 43.0％。SLLJ 的占比在各月的差异较大，1 月和 12 月较高，分

别为 56.0%和 57.0%；10 月在伴随一般性降水的塔里木东风低空急流日未出现 SLLJ，其他月份 SLLJ 的占比在 7%～38%。

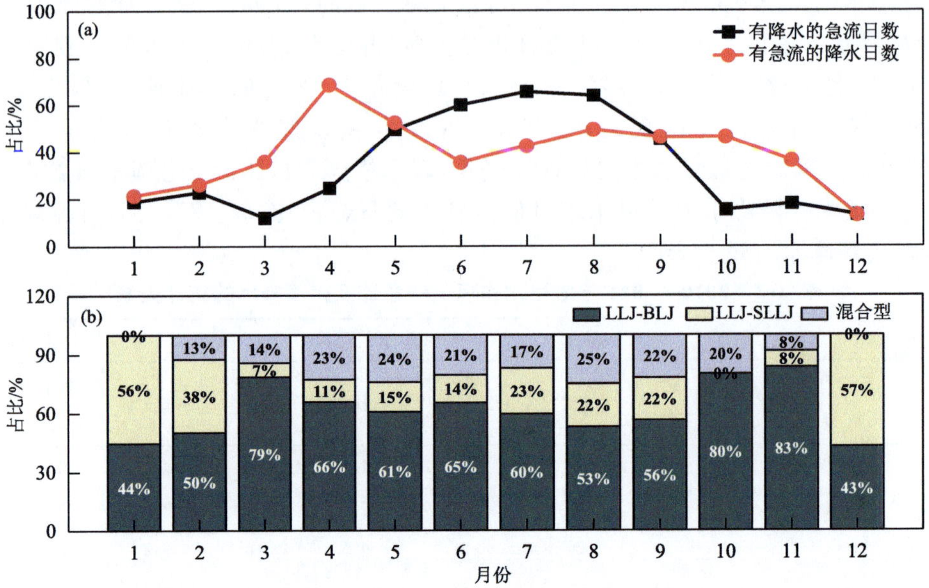

图 3.1　2010—2021 年塔里木东风低空急流与一般性降水的关系

3.3.2　强降水

由表 3.3 可以看出，2010—2021 年，南疆共出现 135 个强降水日，平均每年出现 11.3 d；南疆的强降水日数主要出现在 3—10 月，其中，4 月最多，为 24 d；6 月第二，为 19 d；5 月第三，为 18 d。南疆冬季出现的强降水日较少，其中，1 月南疆未出现强降水，2 月和 12 月均仅各出现了 3 个强降水日。由表 3.3 还可以看出，2010—2021 年共出现 78 个伴随强降水的塔里木东风低空急流日，占急流总日数的 5.5%。从各月的分布情况来看，4 月伴随强降水的塔里木东风低空急流日相对最多，为 18 d；5 月次之，为 11 d。可见，南疆强降水主要出现在春季、夏季和初秋，上述时段的南疆强降水日数占总强降水日数的 91.9%，上述时段也是伴随强降水的塔里木东风低空急流的主要出现时段，该时段伴随强降水塔里木东风低空急流的日数占塔里木东风低空急流总日数的比例也高达 91.0%，可见塔里木东风低空急流对南疆强降水有重要影响。

由图 3.2 给出的伴随强降水的塔里木东风低空急流的日数和伴随塔里木东风低空急流的南疆强降水日数在各月的占比情况，可以看出，二者的分布特征与图 3.1a 有较大差异，伴随强降水的塔里木东风低空急流日数占急流总日数的比在 4 月最高，为 10.1%；5 月次之，为 6.9%；在其他月份的占比为 1.9%～5.7%。从伴随塔里木东风低空急流的强降水日数在各月强降水日数的占比可以看出，2 月南疆共出现 3 个强降水日，全部都伴有塔里木东风低空急流，除 6 月和 12 月，伴随塔里木东风低空急流的强降水日数占当月强降水总日数的比不足 40.0%外，其他月份的平均占比可达 64.4%。由图 3.2b 可以看出，与一般性降水类似，造成南疆强降水的塔里木东风低空急流也以 BLJ 为主，BLJ 在南疆强降水日的平均占比为

63.7%，其中，12 月的占比最高，达 100.0%；10 月第二，为 83.3%；6 月最少，为 42.9%。SLLJ 的占比在各月的差异较大，7 月和 9 月最高，均为 38.0%；4 月最少，为 5.6%；2 月、3 月、5 月和 10 月在伴随强降水的塔里木东风低空急流日未出现 SLLJ，其他月份 SLLJ 的占比为 28.6%～37.5%。混合性的占比在 4 月和 5 月的占比较高，分别为 44.0%和 45.0%，9 月和 12 月在伴随强降水的塔里木东风低空急流日未出现混合型急流。

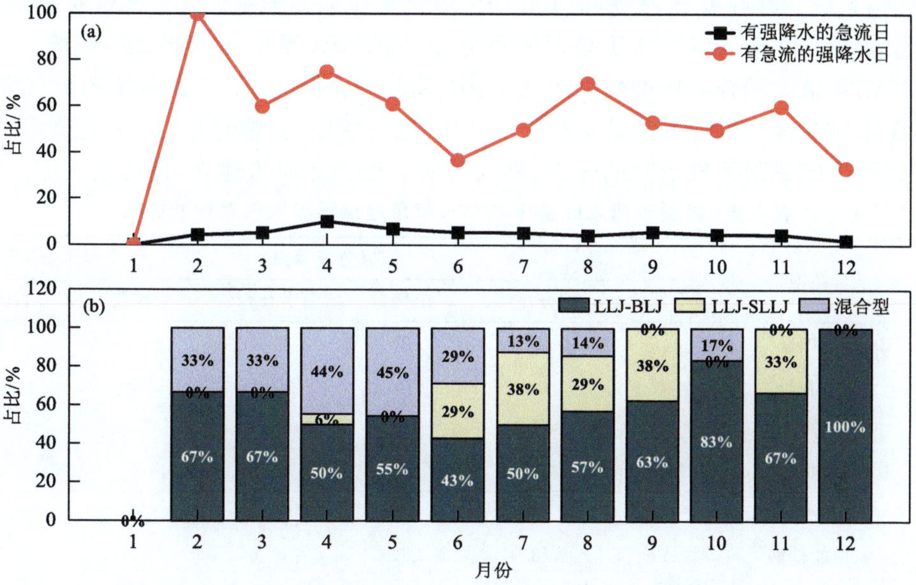

图 3.2　2010—2021 年塔里木东风低空急流与强降水的关系

3.4　南疆东风急流暴雨和非东风急流暴雨与天气系统的关系

南亚高压是北半球夏季对流高层重要的大气环流系统之一，对新疆夏季降水有重要影响（王前 等，2017；王天竺 等，2021）。按照钱永甫等(2002)的定义，以 75°E 为界对南亚高压进行分型，当南亚高压仅有一个高压中心，且在 75°E 以西时，称为伊朗高压型；在 75°E 以东时，称为青藏高压型；当南亚高压存在两个高压中心，且分别在 75°E 两侧时，称为双体型；当存在两个以上中心时则称为带状型。部分天气个例分析发现（谢泽明 等，2018；孙颖姝 等，2019），当南疆出现强降水时，南亚高压通常呈现“双体型”分布，但在南亚高压呈现其他形态时，南疆是否有暴雨出现，南亚高压不同形态与南疆东风急流暴雨和非东风急流暴雨的关系还不清楚。此外，研究还表明（张家宝 等，1986），中亚低涡（槽）是造成南疆强降水天气过程的主要影响系统，但其与南疆东风急流暴雨和非东风急流暴雨的统计关系也还不清楚。

为弄清上述问题，分别统计了 1971—2020 年 4—9 月，南疆东风急流暴雨和非东风急流暴雨与 100 hPa 南亚高压和 500 hPa 中亚低涡（槽）的关系。由表 3.4 可见，在南疆总暴雨过程中，南亚高压呈青藏高压型最多，带状型次之，双体型第三，伊朗高压型最少。在南疆东风急流暴雨过程中，青藏高压型最多(42.1%)，双体型次之(24.0%)，带状型第三(22.3%)，伊朗高压型最少(11.6%)。在南疆非东风急流暴雨过程中，南亚高压各形态所占的比例与东风急流暴雨存在较大差异，在非东风急流暴雨中，带状型最多(33.6%)，伊朗高压型次之(24.0%)，双体型第三(21.6%),青藏高压型最少(20.8%)。中亚低涡和低槽是南疆暴雨的主要影响系统,其中,中亚低涡和中亚低槽在东风急流暴雨中的占比略高于非东风急流暴雨。由表 3.4 还可以看出,除上述两类影响系统外,500 hPa 上的弱短波也可以造成南疆暴雨过程,且该系统造成的非东风急流暴雨占比高于东风急流暴雨。

综上分析可以看出,南疆东风急流暴雨和非东风急流暴雨过程中,100 hPa 南亚高压和 500 hPa 影响系统均存在差异,特别是 100 hPa 南亚高压的差异更大。以往针对南疆强降水的研究主要集中在 100 hPa 南亚高压呈双体型分布、500 hPa 受中亚低涡(槽)影响、850 hPa 有塔里木东风低空急流配合的典型暴雨天气个例(图 3.3),并形成了较为系统的天气概念模型,但对南亚高压呈双体型以外的其他类型、500 hPa 呈中亚低涡(槽)以外的其他类型,以及低层无低空急流配合的暴雨天气研究的较少,其天气概念模型还尚未建立,还需进一深入研究。

表 3.4　南疆东风急流暴雨和非东风急流暴雨与天气系统的关系

影响系统	类型	总暴雨		东风急流暴雨		非东风急流暴雨	
		个例数	百分比/%	个例数	百分比/%	个例数	百分比/%
100 hPa 南亚高压	双体型	56	22.8	29	24.0	27	21.6
	青藏高压型	77	31.3	51	42.1	26	20.8
	伊朗高压型	44	17.9	14	11.6	30	24.0
	带状型	69	28.0	27	22.3	42	33.6
500 hPa 影响系统	中亚低槽	148	60.2	75	62.0	73	58.4
	中亚低涡	71	28.9	37	30.6	34	27.2
	弱短波	27	11.0	9	7.4	18	14.4

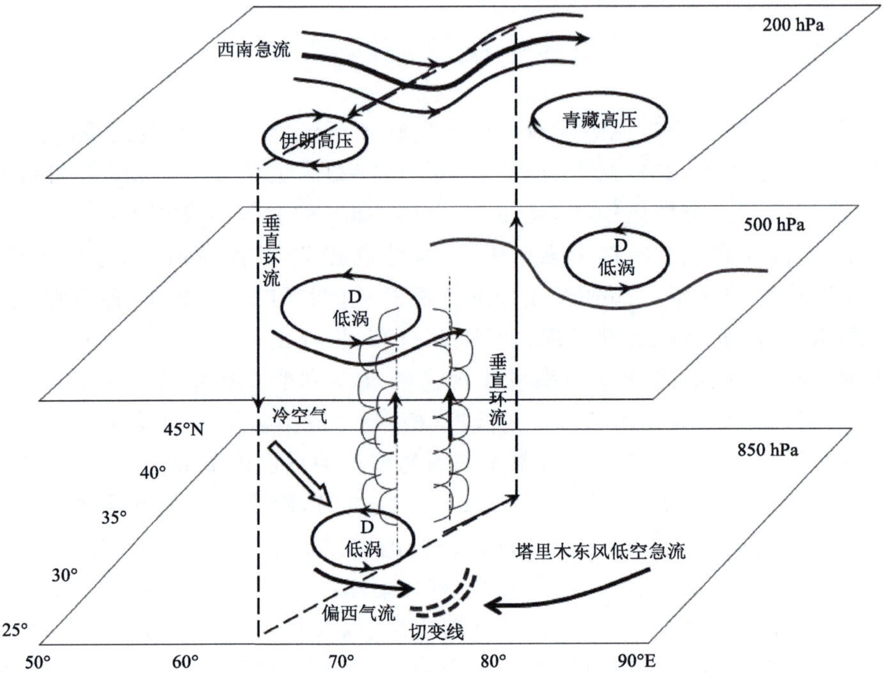

图 3.3　南疆偏东低空急流型暴雨天气的高低空系统配置概念模型

3.5　小结

(1)塔里木东风低空急流与南疆降水的关系复杂，随着降水等级的增强和强降水范围的增大，塔里木东风低空急流的出现率迅速提高。塔里木东风低空急流对南疆暴雨有重要作用，南疆 85.0%的大范围暴雨过程中都有塔里木东风低空急流配合。

(2)塔里木东风低空急流在暖季(5—9 月)更易造成南疆降水；除冬季外，伴随降水的塔里木东风低空急流的日数和伴随塔里木东风低空急流的南疆一般性降水日数在各月的占比变化基本呈反向。

(3)在春季的降水日中，塔里木东风低空急流的出现比例更高，4 月伴随塔里木东风低空急流的降水日数占比高达 68.8%。造成南疆一般性降水的塔里木东风低空急流以 BLJ 为主，BLJ 在南疆一般性降水的平均占比为 61.7%，其中，11 月的占比最高，达 83.0%；12 月最少，为 43.0%。

(4)南疆春季、夏季和初秋的累计强降水日数占总降水日数的 91.9%，上述时段也是伴随强降水的塔里木东风低空急流主要出现时段，该时段伴随强降水塔里木东风低空急流的日数占塔里木东风低空总日数的比例也高达 91.0%，可见塔里木东风低空急流对南疆强降水有重要影响。

(5)伴随强降水的塔里木东风低空急流日数占急流总日数的比在 4 月最高，为 10.1%；2 月南疆共出现 3 个强降水日，全部都伴有塔里木东风低空急流，除 6 月和 12 月，伴随塔里木东风低空急流的强降水日数占当月强降水总日数的占比不足 40.0%外，其他月份的平均占比可达 64.4%。与一般性降水类似，造成南疆强降水的塔里木东风低空急流也以 BLJ 为主。

(6)100 hPa 南亚高压在南疆暖季东风急流暴雨中以青藏高压型最多，在非东风急流暴雨中以带状型最多，500 hPa 中亚低槽(涡)在南疆暖季东风急流暴雨和非东风急流中均占主要地位，但弱短波造成的非东风急流暴雨多于东风急流暴雨。

第 4 章

塔里木东风低空急流对南疆暴雨的影响机制

4.1 资料和方法

4.1.1 资料

本章采用的资料有新疆维吾尔自治区气象信息中心提供的:①1981—2020 年暖季(5—9 月)南疆 49 个国家级气象站的逐日降水资料;②若羌站每日 2 次(08 时和 20 时,北京时,下同)的探空资料;③欧洲中期天气预报中心(ECMWF)的 ERA5 再分析格点资料,空间分辨率是 0.25°×0.25°,时间分辨率为 1 h。

4.1.2 方法

采用新疆现行的降水业务标准(张家宝等, 1986),日降水量用 R 表示,当 0.1 mm≤R≤6.0 mm 时为小雨,当 6.1 mm≤R≤12.0 mm 时为中雨,当 12.1 mm≤R≤24.0 mm 时为大雨,当 24.1 mm≤R≤48.0 mm 时为暴雨,48.1 mm≤R≤96.0 mm 为大暴雨,R≥96.1 mm 为特大暴雨。当某日南疆区域内出现≥0.1 mm 降水的站数(n)≥10 站时,定义该日为一个南疆降水日;若在一个南疆降水日中,有 n≥1 个站出现暴雨,则定义该日为一个暴雨日;若有 n≥3 个站出现大雨且无暴雨出现,则定义该日为一个大雨日;有 n≥3 个站出现中雨且出现大雨的站数 n≤2 个,则定义该日为一个中雨日;若出现中雨和大雨的站数(n)≤2 个,则定义该日为一个小雨日。

本章中塔里木东风低空急流日,主要依据若羌站实况探空资料确定,即若羌站某日 08 时或 20 时两个时次中任一时次在 600 hPa 以下的标准层上出现风向在 33.8°～146.3°,风速≥12 m/s 的现象时,定义该日为一个塔里木东风低空急流日。孙淑清等(1979)将未能造成暴雨天气的低空急流称为“空急流”,并指出由于“空急流”不具备输送和积累水汽的性能且低空急流自身具有很大的稳定性,因此,不利于暴雨的发生(孙淑清 等,1980;苗爱梅 等,2010)。本章中“空急流”过程指由塔里木东风低空急流造成的非暴雨(大雨、中雨和小雨过程的统称)降水过程。

4.2　南疆暴雨和“空急流”降水的空间分布

图 4.1 给出了南疆暴雨过程和“空急流”过程的合成平均降水量空间分布，可以看出，南疆暴雨过程降水量的空间分布存在显著的东西部差异，降水量大值区主要分布在南疆 82°E 以西的区域，且东西部降水量差异悬殊，西部区域的降水量约为东部区域的 3 倍之多。在“空急流”过程中，南疆降水量的空间分布也呈现西部多东部少的特征，但东西部降水量差异不明显。综上可知，南疆暴雨过程和“空急流”过程存在较大的差异，下面将从塔里木东风低空急流本身的特性出发，进一步对比分析其差异。

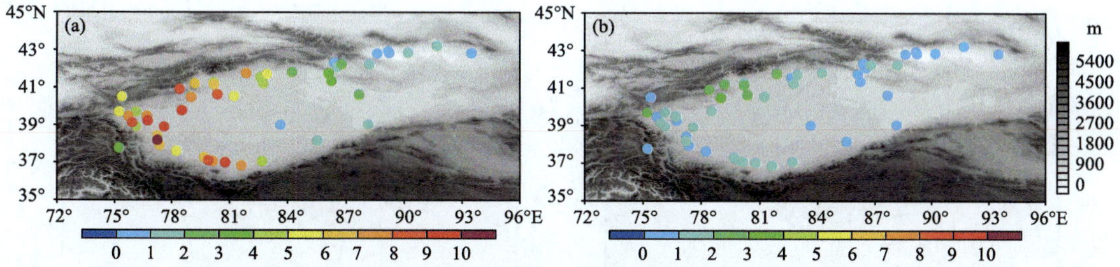

图 4.1　南疆暴雨过程(a)和“空急流”过程(b)的合成平均降水量空间分布(单位：mm)
(灰色阴影为地形，单位：m)

4.3　塔里木东风低空急流空间分布

由图 4.2 可以看出，在南疆暴雨过程中(图 4.2a1～a4)，塔里木东风低空急流的风速大值区主要集中在 85°—92°E，低空急流核区的强度超过 14 m/s，低空急流核区的低层动能(即从地面到 500 hPa 的垂直积分动能)达 60 kg・m²/s²，低空急流前部的偏东气流可推进至 78°E 附近，在此与翻越帕米尔高原进入南疆西部的偏西气流形成东西风的辐合。此外，塔里木东风低空急流在南疆暴雨过程中还存在显著的日变化，其在夜间(02 时)和清晨(08 时)发展强烈，核区范围较大，风速加强；而在午后(14 时)和傍晚(20 时)强度明显减弱，核区范围缩小，风速减小。在“空急流”过程中(图 4.2b1～b4)，塔里木东风低空急流的核区强度也可超过 14 m/s，但范围明显小于暴雨过程，其低空急流核区的低层动能也明显低于暴雨过程，最大仅为 40 kg・m²/s²。在“空急流”过程中，低空急流前部的偏东气流只在清晨可推进至 78°E 附近，从午后开始在塔里木盆地中部 80°E 附近出现一支明显的偏北气流，该气流切断了塔里木东风低空急流的西伸，盆地西部的西北气流加强，盆地西部低层动能由 10 kg・m²/s² 增大至 30 kg・m²/s²，随着盆地西部气流和盆地中部偏北气流的东移，塔里木东风低空急流东撤至 85°E 以东的区域。与南疆暴雨过程类似，在“空急流”过程中，塔里木东风低空急流也存在夜间和清晨发展，午后和傍晚减弱的日变化特征。

图 4.3 给出了南疆暴雨过程和“空急流”过程逐 6 h 合成平均的塔里木东风低空急流的垂直分布，从南疆暴雨过程中沿塔里木东风低空急流轴方向的垂直剖面可以看出(图 4.3a1～a4)，塔里木东风低空急流轴的高度自东向西降低，东风风速急减，厚度变薄。从南疆暴雨过程中沿

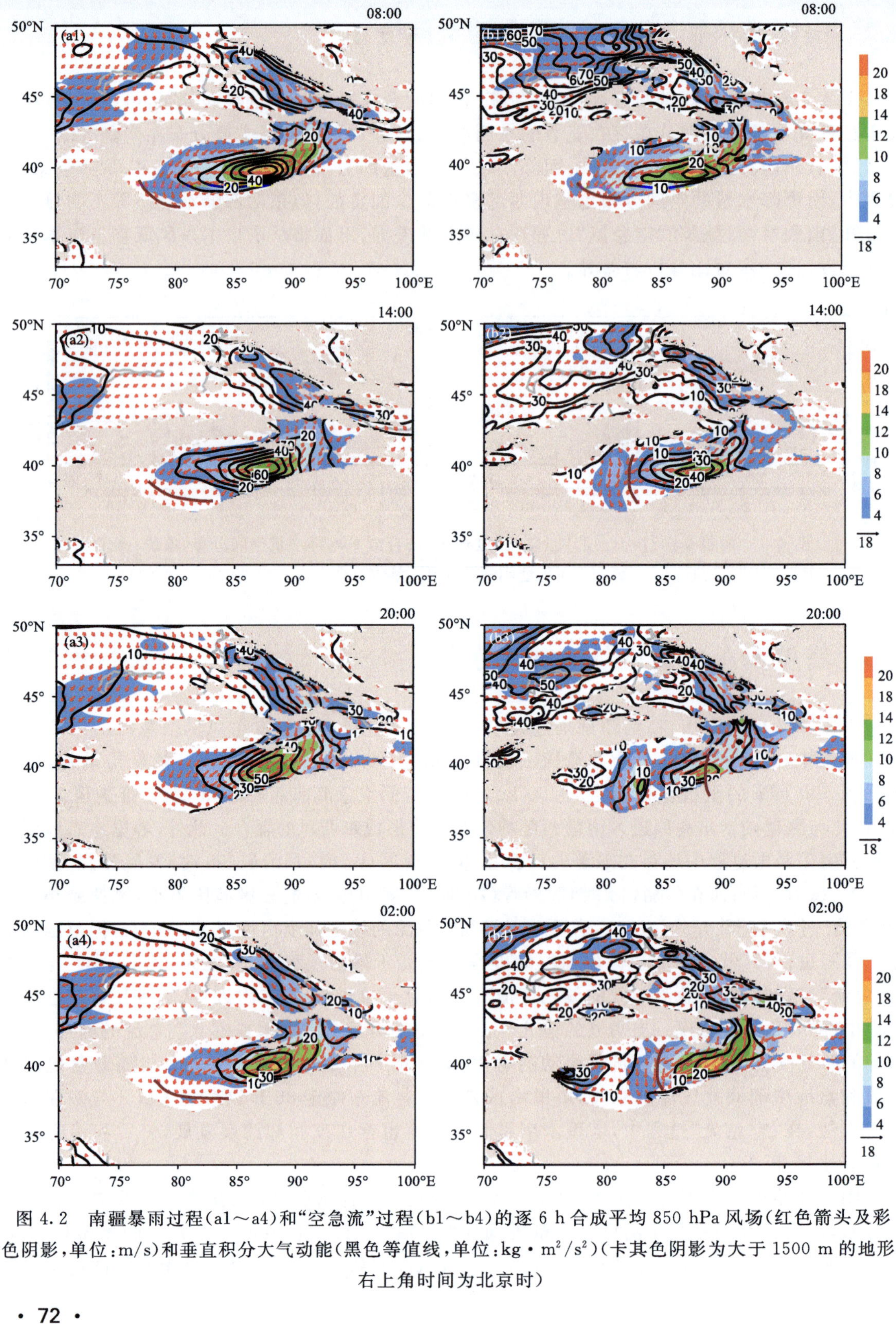

图 4.2　南疆暴雨过程(a1～a4)和“空急流”过程(b1～b4)的逐 6 h 合成平均 850 hPa 风场(红色箭头及彩色阴影，单位：m/s)和垂直积分大气动能(黑色等值线，单位：kg·m²/s²)(卡其色阴影为大于 1500 m 的地形，右上角时间为北京时)

塔里木东风低空急流横截面的垂直剖面可以看出(图 4.3b1～b4)，塔里木东风低空急流最大风速中心的高度自南向北急剧递减，东风的厚度也是自南向北逐渐变薄。“空急流”过程中，塔里木东风低空急流的垂直分布与暴雨过程类似，但在暴雨过程中塔里木东风低空急流的东风层厚度可超过 600 hPa，明显高于“空急流”过程(650 hPa)；此外，南疆暴雨过程中塔里木东风低空急流最大风速的垂直伸展高度也明显高于“空急流”过程。

综上所述，南疆暴雨过程中塔里木东风低空急流与“空急流”的空间分布存在明显差别，暴雨中的塔里木东风低空急流分布范围更大，东风层更厚，向塔里木盆地西部推进得更远，并始终在南疆西部与偏西气流维持一个东西风的辐合带，该辐合气流有利于辐合上升运动和水汽的汇聚辐合，从而有利于南疆西部地区形成暴雨。而在“空急流”过程中，塔里木东风低空急流主要分布在南疆东部，其东风层厚度也较南疆暴雨过程略低，此外，由于塔里木盆地中部出现的一支东移的偏北气流阻断了塔里木东风低空急流的持续西伸，因此，不利于南疆西部出现强降水。

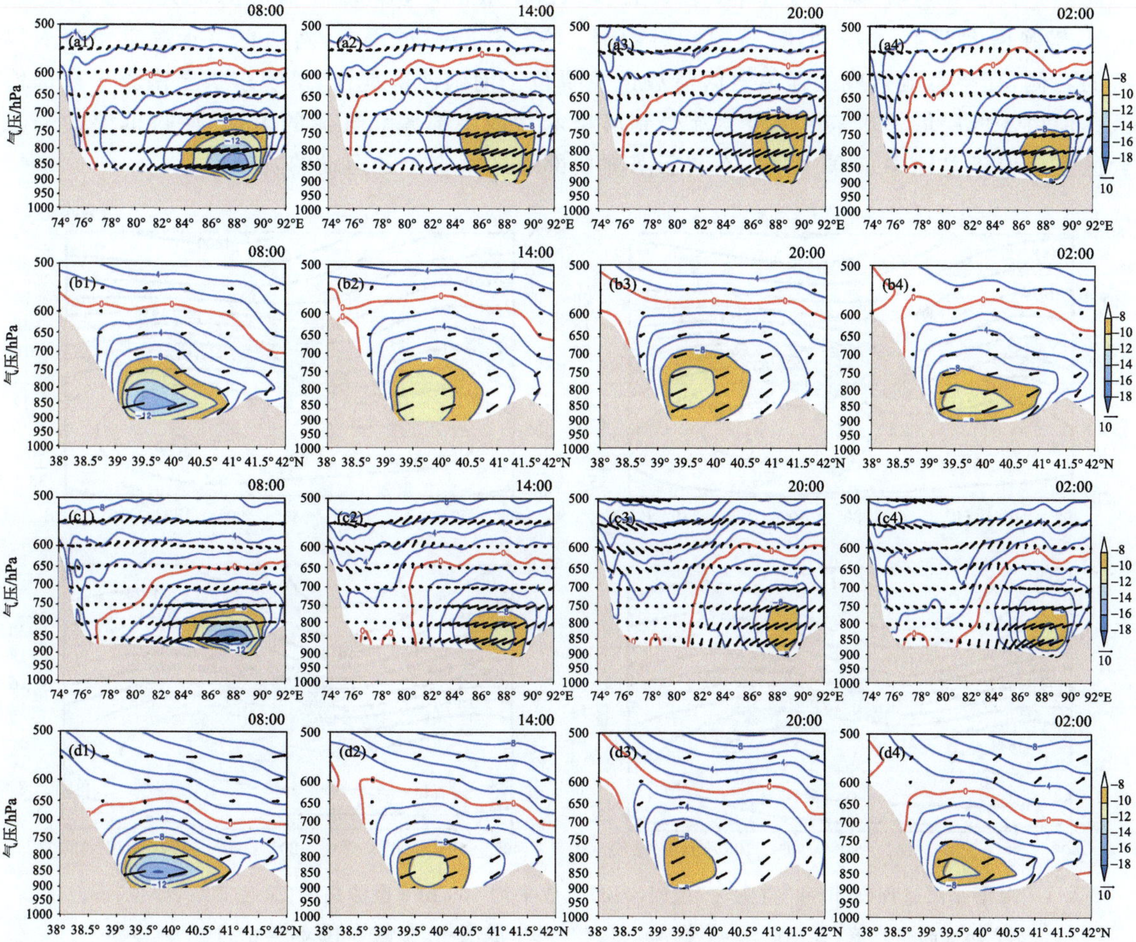

图 4.3　南疆暴雨过程沿 39.5°N(a1～a4)和 88.5°E(b1～b4)的逐 6 h 合成平均风速剖面及“空急流”过程沿 39.5°N(c1～c4)和 88.5°E(d1～d4)的逐 6 h 合成平均风速剖面

(等值线及彩色阴影为 U 分量，单位：m/s，箭头为 U、V 风，卡其色阴影为地形，右上角时间为北京时)

4.4 中高层天气形势

从高层天气形势的合成平均结果(图 4.4)来看,在南疆暴雨过程中(图 4.4a、b),100 hPa 南亚高压主体位于 30°N 附近,呈“青藏高压型”分布,高压中心位于 95°E 附近,且清晨的中心强度和范围均比傍晚小。200 hPa 高空急流的最大风速在清晨超过 40 m/s,傍晚减小至 35 m/s 左右,且明显东移。南疆位于高空急流入口区的右侧,高空急流造成的强辐散区在清晨主要位于南疆西部地区,傍晚东扩至南疆中东部。结合前文分析可知,南疆西部地区低层为低空急流造成的强辐合区,高层为高空急流造成的强辐散区,因此有利于该区域出现较强的垂直上升运动,为暴雨发生提供了较好的动力条件。在“空急流”过程中,南亚高压主体较暴雨过程偏北,位于 35°N 附近,呈“伊朗高压型”分布,高压中心位于 50°E 附近,高压中心的强度比南疆暴雨过程略强,与南疆暴雨过程类似,南亚高压的中心范围也是清晨小于傍晚。与南疆暴雨过程不同的是,在“空急流”降水过程中(图 4.4c、d),200 hPa 高空急流在清晨的最大风速超过 40 m/s,傍晚增大至 45 m/s 以上,位置相对稳定。在“空急流”过程中,南疆也位于高空急流入口区的右侧,高空急流造成的强辐散区清晨也主要位于南疆西部地区,傍晚东扩至南疆中东部地区。但由于低层塔里木东风低空急流受到塔里木盆地中部偏北气流的阻挡,使得低层的强辐合区主要位于盆地中东部,因此,不利于南疆西部地区垂直上升运动的发展。

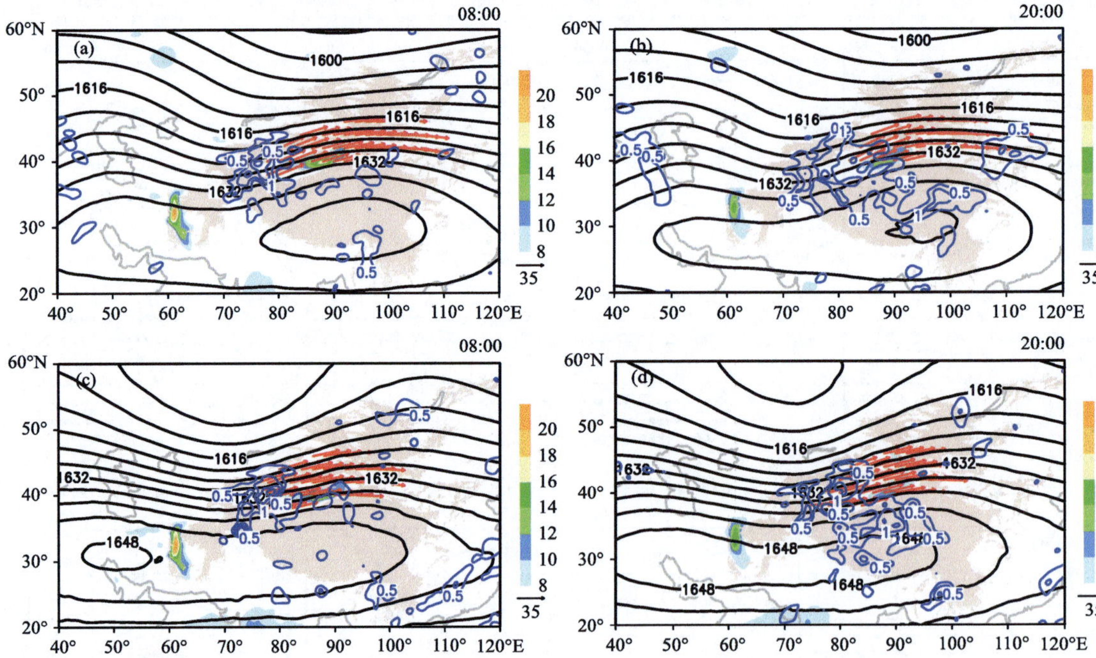

图 4.4 南疆暴雨过程(a、b)和“空急流”过程(c、d)合成平均 100 hPa 位势高度(黑色实线,单位:dagpm)、200 hPa 高空急流(红色箭头,单位:m/s)、200 hPa 散度场(蓝色等值线,单位:$10^{-5}\ s^{-1}$)和 850 hPa 低空急流(彩色阴影,单位:m/s)(右上角时间为北京时)

从中层天气形势的合成平均结果(图 4.5)来看,在南疆暴雨过程中,500 hPa 高度场呈“两脊一槽”的分布形势,乌拉尔山附近和贝加尔湖以南为高压脊区,且上游乌拉尔山脊明显强于下游贝加尔湖南部高压脊，巴尔喀什湖及其南部为南北两个低槽，其中北支低槽弱，南支低槽强，南支低槽的槽底南伸至 20°N 附近，低槽系统在东移过程中北支低槽快而南支慢。在“空急流”过程中，500 hPa 高度场呈“一脊一槽”的分布形势，贝加尔湖及其北部区域为高压脊区，低槽也位于巴尔喀什湖附近，经向度不大，但锋区较强，该低槽系统整体东移影响新疆。综上分析不难看出，南疆暴雨过程和“空急流”过程的中高层天气形势存在较大差异，在南疆暴雨过程中，由于北支低槽较弱，冷空气不足以翻越天山在塔里木盆地中部形成偏北气流，从而阻断塔里木东风低空急流西伸，而在“空急流”过程中，由于强锋区压在 40°N 附近，低槽在东移过程中，冷空气翻越天山在盆地中部形成一支较强的偏北气流，从而阻断了塔里木东风低空急流西伸，在盆地东部形成了较强的辐合，不利于盆地西部的降水。

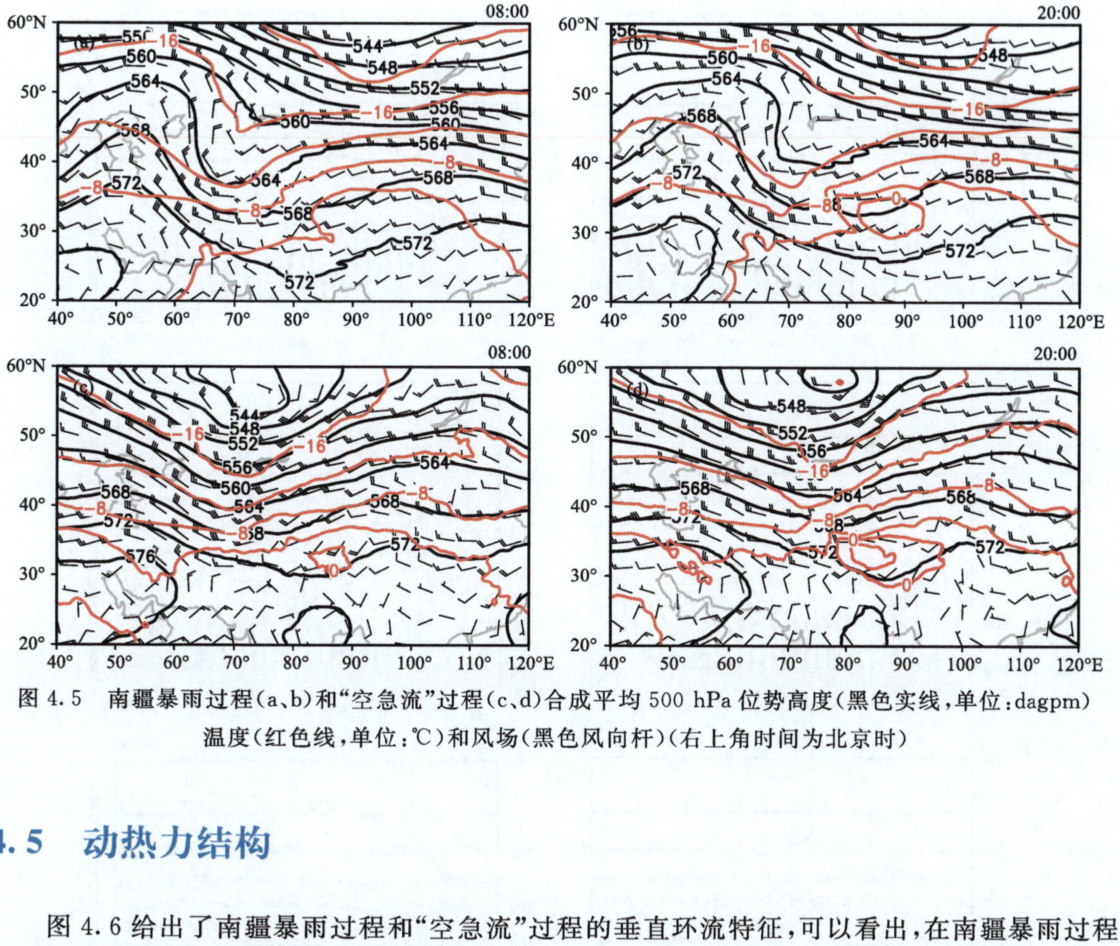

图 4.5　南疆暴雨过程(a、b)和“空急流”过程(c、d)合成平均 500 hPa 位势高度(黑色实线，单位：dagpm)温度(红色线，单位：℃)和风场(黑色风向杆)(右上角时间为北京时)

4.5　动热力结构

图 4.6 给出了南疆暴雨过程和“空急流”过程的垂直环流特征，可以看出，在南疆暴雨过程中始终维持着较强的低层辐合高层辐散的垂直结构，垂直上升运动几乎控制整个塔里木盆地，由于地形抬升作用，南疆西部的垂直上升运动明显强于东部地区，最强的垂直上升运动高度甚至超过了 300 hPa，深厚而强烈的垂直上升运动为南疆暴雨提供了优越的动力条件(图 4.6a1～a4)。在“空急流”过程中，清晨塔里木盆地内部也呈现低层辐合高层辐散的垂直结构，垂直上升运动自东向西逐渐增强，中午由于盆地中部偏北气流的阻断，塔里木东风低空急流东撤，最强垂直上升运动随之东移至盆地中部，盆地西部低层呈现辐散气流，整层垂直上升运动减弱；傍晚塔里木东风低空急流继续东撤，南疆 82°E 以西区域 700 hPa 以下层次基本为下沉气流控

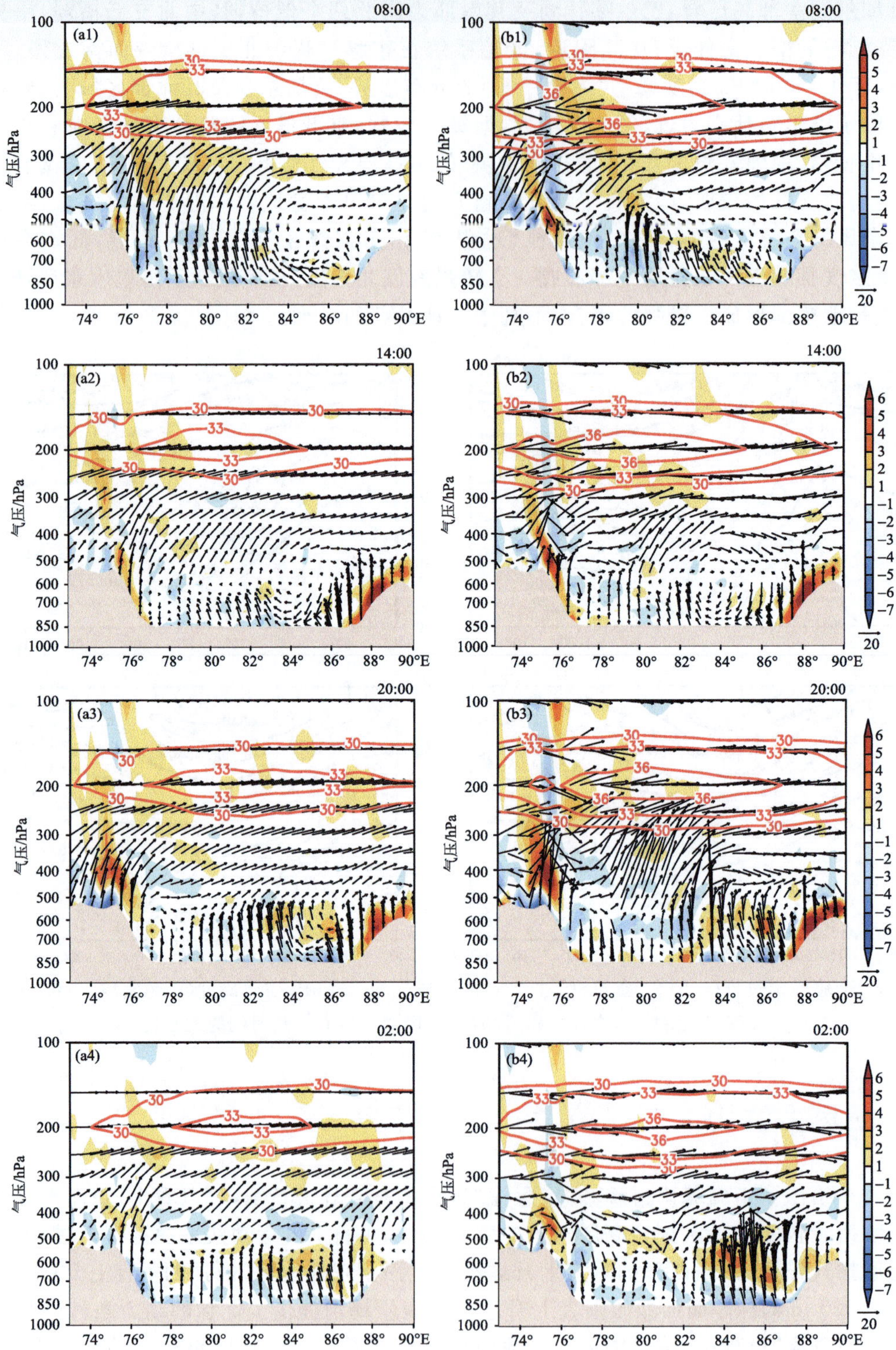

图 4.6　南疆暴雨过程(a1～a4)和“空急流”过程(b1～b4)沿 38.5°N 的逐 6 h 合成平均散度(阴影，单位：$10^{-5}\,s^{-1}$)、纬向环流(U,W)(箭头，单位：m/s)、高空急流(红色实线，单位：m/s)和地形(卡其色填色)的纬向垂直剖面

制，强盛的垂直运动主要位于南疆东部；夜间南疆东部一直维持强的垂直上升运动，南疆西部出现一些弱的垂直上升运动。

南疆暴雨过程和“空急流”过程在不稳定层结条件上也存在差异（图 4.7）。本节用 850～500 hPa 的 $-(\partial\theta_{se}/\partial p)$ 表示低层大气的稳定度（θ_{se}、p 分别表示假相当位温、气压）。$(-\partial\theta_{se}/\partial p)<0$ 表示不稳定层结，$-(\partial\theta_{se}/\partial p)>0$ 表示稳定层结。在南疆暴雨过程中，清晨 $-(\partial\theta_{se}/\partial p)<0$ 的区域较小，且主要分布在南疆西部，南疆东部地区的层结较为稳定；中午随着太阳辐射增强，近地层气温迅速上升，在 750 hPa 从东西两侧分别有两个冷舌向塔里木盆地中部伸展，使得 84°E 以西的南疆区域下暖上冷的不稳定层结进一步加强，$-(\partial\theta_{se}/\partial p)<0$ 的区域东扩；傍晚 $-(\partial\theta_{se}/\partial p)<0$ 的不稳定层结区域范围最大，夜间 $-(\partial\theta_{se}/\partial p)<0$ 的不稳定层结区域向南疆西部收缩。在“空急流”过程中，南疆西部的层结不稳定度明显强于南疆暴雨过程，特别是中午近地层迅速由 334 K 上升至 337 K，低层迅速升温使得层结不稳定进一步增强，盆地东部 $-(\partial\theta_{se}/\partial p)>0$ 的区域迅速减少，傍晚层结不稳定的区域进一步增强东扩至南疆中东部，夜间 $-(\partial\theta_{se}/\partial p)<0$ 的区域西退至 85°E 以西，85°E 以东地区再次为 $-(\partial\theta_{se}/\partial p)>0$ 的区域控制。

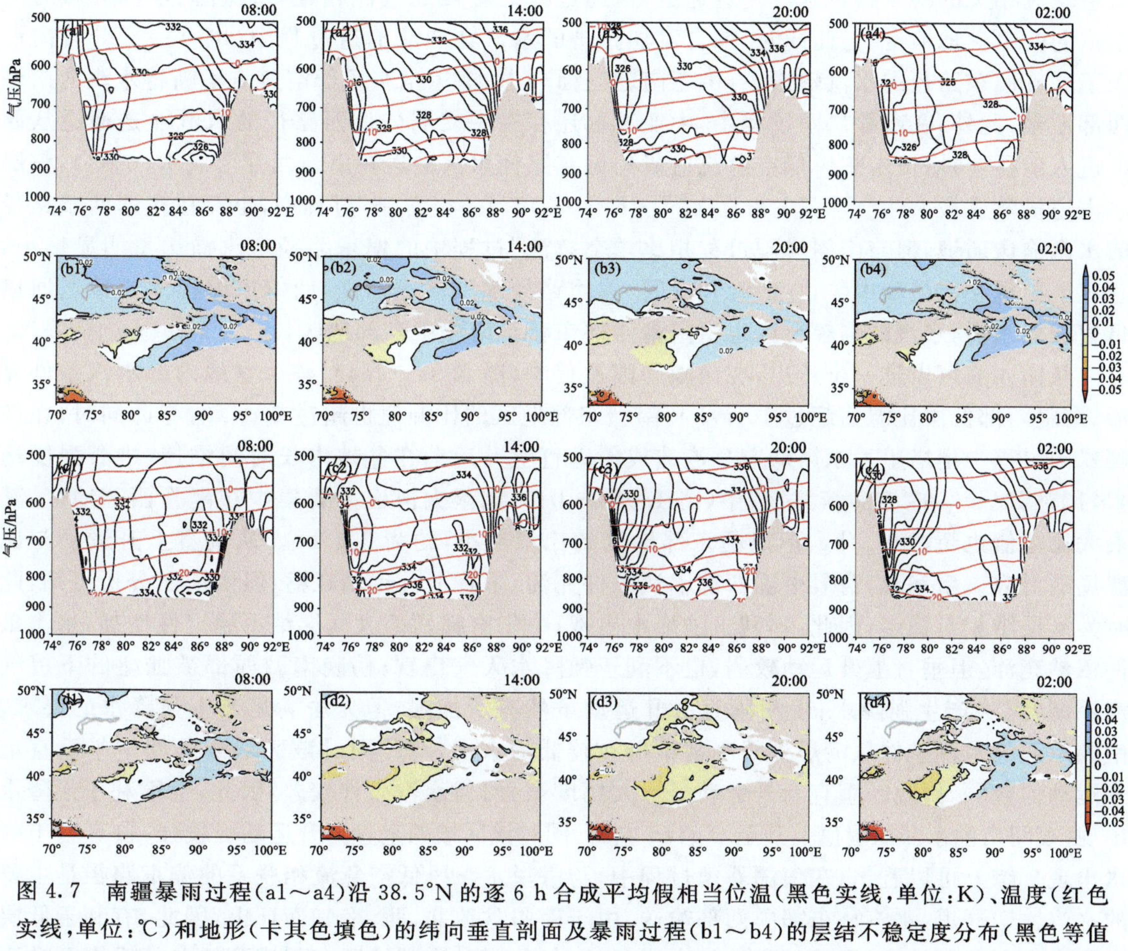

图 4.7　南疆暴雨过程(a1～a4)沿 38.5°N 的逐 6 h 合成平均假相当位温(黑色实线，单位：K)、温度(红色实线，单位：℃)和地形(卡其色填色)的纬向垂直剖面及暴雨过程(b1～b4)的层结不稳定度分布(黑色等值线和彩色阴影，单位：℃/hPa)；“空急流”过程(c1～c4)沿 38.5°N 的逐 6 h 合成平均假相当位温(黑色实线，单位：K)、温度(红色实线，单位：℃)和地形(卡其色填色)的纬向垂直剖面及“空急流”过程(d1～d4)的层结不稳定度分布(黑色等值线和彩色阴影，单位：℃/hPa)

综上所述，南疆塔里木东风低空急流的“空急流”过程与我国季风区不同，季风区的“空急流”的暴雨过程中，低空急流自身具有很大的稳定性，而在内陆干旱区的塔里木东风低空急流的“空急流”过程中，低空急流本身并不稳定，其不稳定性甚至超过了南疆的暴雨过程，在南疆暴雨过程中层结不稳定条件虽然不是很强，但却存在强盛的垂直上升运动，因此，有利于强对流天气的发生发展；而在南疆塔里木东风低空急流的“空急流”过程中，大气的层结不稳定条件虽然较好，但垂直上升运动仅在南疆东部区域发展旺盛，对西部降水并不有利。那么在塔里木东风低空急流的“空急流”过程中，南疆东部区域有持续而强盛的垂直上升运动，大气层结的不稳定条件也非常好，这个区域为什么没有强降水出现呢？下面我们进一步分析水汽条件，从而找到答案。

4.6 水汽输送和汇聚

充沛的水汽是形成强降水的必要条件(陶诗言 等，1980)，在干旱区要形成暴雨水汽条件就更加重要(张丙午，1979)。由图 4.8 可以看出，在南疆暴雨过程中，存在一支与塔里木东风低空急流相关的偏东路径水汽输送通道，该通道与北疆西北气流相连，将黑海、里海和咸海的水汽向南疆盆地输送；与此同时，源自孟加拉湾的水汽在向北输送过程中，也有一部分转向汇入了这支偏东路径的水汽输送中；由于南疆三面环山，塔里木东风低空急流不断将水汽向南疆西部汇聚，此外，在南疆暴雨过程中，中亚地区还存在一支弱的偏西路径的水汽输送通道从西部进入南疆，与塔里木东风低空急流造成的偏东路径水汽输送在南疆西部形成水汽辐合，整层水汽通量散度最大达-4×10^{-5} g/(cm^2 · hPa · s)。在“空急流”过程中，也存在东西两条路径的水汽输送通道，但与南疆暴雨过程相比，“空急流”过程中的偏东路径水汽输送量明显偏小，且主要出现在清晨和中午，在傍晚和夜间，偏西路径水汽输送加强，而偏东路径水汽输送通道迅速减弱东撤，水汽的强辐合区也由南疆西部东移至南疆中东部地区。

从图 4.9 可以进一步看出，在南疆暴雨过程中(图 4.9a1～a4)，整个盆地内部水汽条件充沛，南疆西部低层比湿值超过 10 g/kg，南疆东部地区的比湿值也超过 6 g/kg，与此同时，在南疆暴雨过程中由塔里木东风低空急流造成的垂直上升运动在盆地内长时间维持，中心强度达4×10^{-3} Pa/s。在“空急流”过程中(图 4.9b1～b4)，比湿大值区主要集中在南疆西部地区，其最大比湿值也超过 9 g/kg，但南疆东部地区的比湿较小，约为 5 g/kg。从垂直上升运动与比湿场的对应关系来看，清晨南疆西部水汽条件充沛，垂直上升运动旺盛，但由前文分析可知，此时大气层结相对稳定，因此，不利于强降水出现；中午南疆西部大气层结不稳定性增加，水汽条件依然充沛，但垂直上升运动较弱，也不利于强降水天气出现；傍晚南疆西部被强盛的下沉气流控制，无法产生强降水；夜间垂直上升运动虽然有所加强，但无法满足产生强降水的要求。南疆东部的水汽条件从清晨到傍晚都维持在较低的水平，与此同时该区域清晨和中午垂直上升运动均较弱，傍晚时垂直上升运动虽然大幅度增强，但水汽条件较差，因此，也不利于强降水出现，夜间南疆东部比湿值上升至 6 g/kg 左右，同时该区域的垂直上升运动也较强，较有利于降水出现。综上可以看出，在南疆暴雨过程中，与塔里木东风低空急流相联系的偏东路径是主要的水汽输送通道，水汽从东部向西部输送，由于南疆盆地北、西、南三面环山，因此，有利于低层水汽在南疆西部汇聚，形成较充沛的水汽条件，与此同时该区域还有强盛而持久的垂直上升运动与之配合，有利于暴雨天气的出现。在“空急流”过程中，与塔里木东风低空急流联系的偏东路径的水汽输送较弱，不利于水汽在南疆西部汇聚；而盆地内部偏西路径的水汽输送却较强，

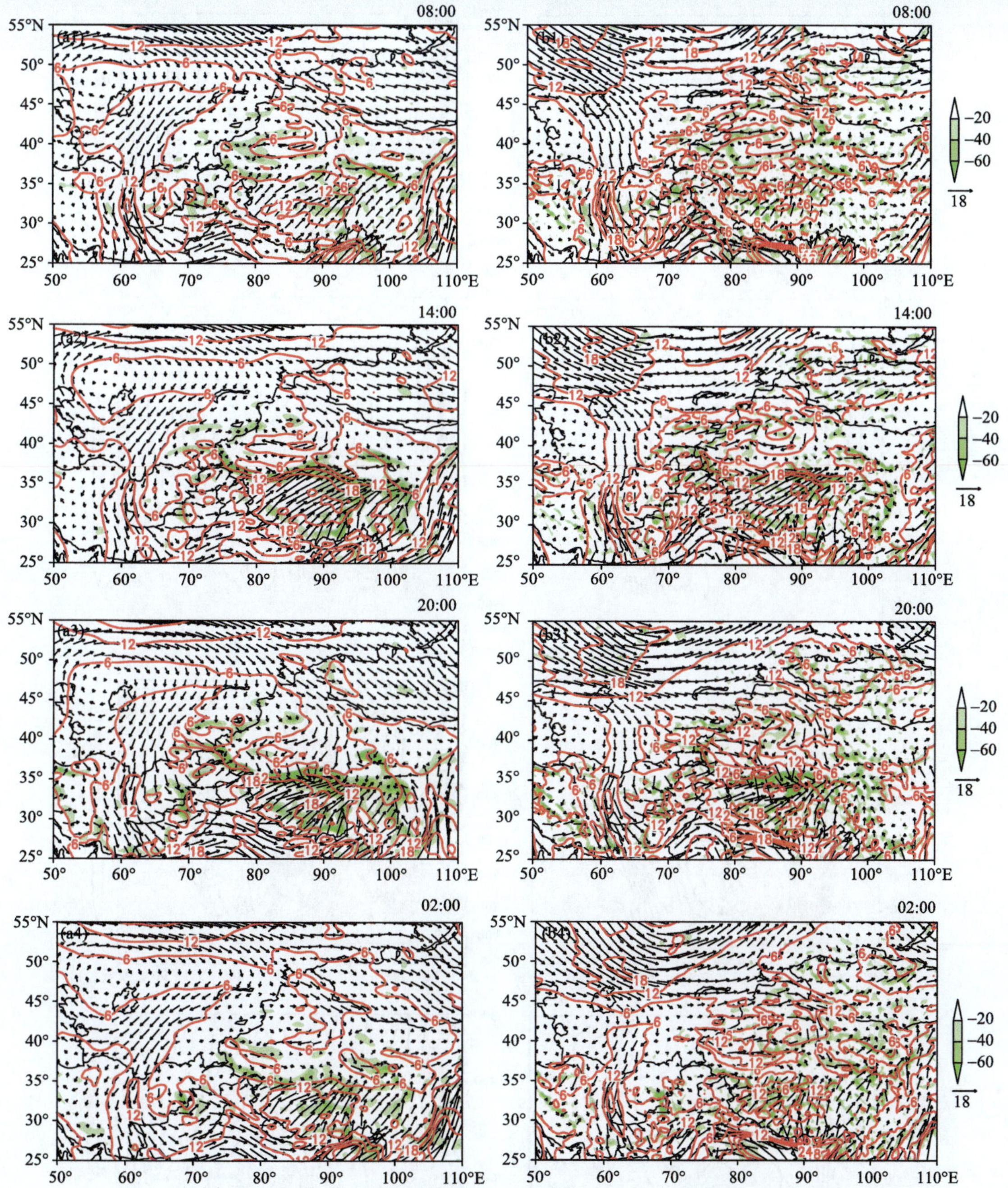

图 4.8 南疆暴雨过程(a1～a4)和“空急流”过程(b1～b4)逐 6 h 合成平均整层水汽通量(红色等值线及箭头)及水汽通量散度(阴影,单位:10^{-6} g/(cm² · hPa · s))(右上角时间为北京时)

有利于将盆地西部的水汽向东部输送,从而使得盆地东部大气变湿。然而,在“空急流”过程中,虽然南疆西部的水汽条件较好,但其上空的垂直上升运动较弱,南疆东部的垂直上升运动较强,但其水汽条件较差,因此,都不利于强降水的出现。

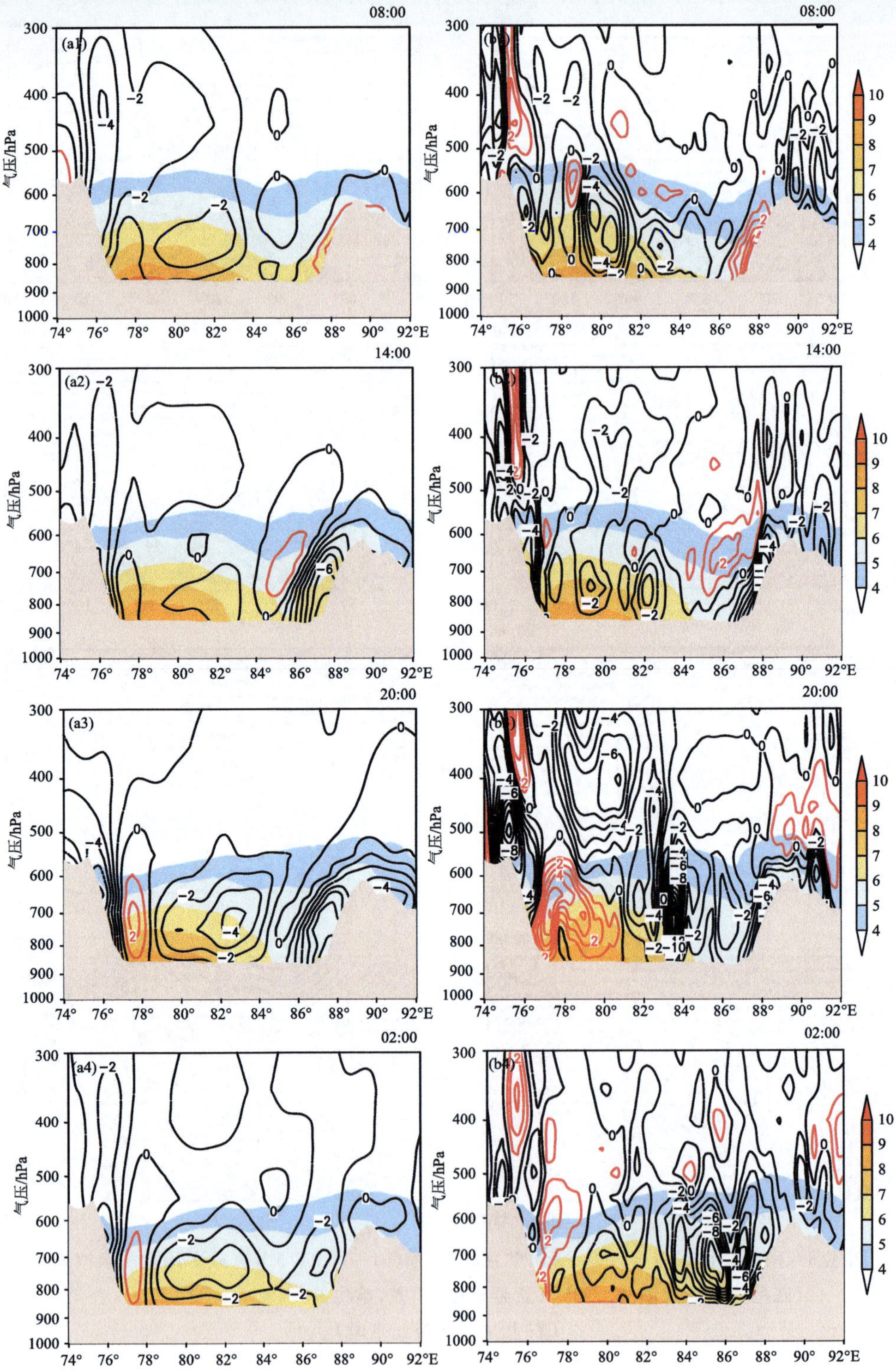

图 4.9　南疆暴雨过程(a1～a4)和“空急流”过程(b1～b4)沿 38.5°N 的逐 6 h 合成平均比湿(阴影，单位：g/kg)、垂直速度(红色实线正值，黑色实线为负值，单位：10^{-3} Pa/s)和地形(卡其色填色)的纬向垂直剖面(右上角时间为北京时)

4.7　急流的超地转特性

地转风(V_g)的计算公式(朱乾根 等，2000)为

$$V_g = 8.9979 \times 10^{-4} \frac{1}{2\omega\sin\varphi} \frac{\Delta p}{\Delta n} \tag{4.1}$$

式中，ω 为地球自转角速度($\omega = 7.29 \times 10^{-5}\ \mathrm{s}^{-1}$)；$\varphi$ 为计算点纬度；Δp 为计算点附近和等压线法向距离 Δn (单位:纬距)的气压差。将相关参数代入式(4.1)，得

$$V_g = \frac{4.79}{\sin\varphi} \frac{\Delta p}{\Delta n} \tag{4.2}$$

式中，$\Delta V_g = V - V_g$ 为地转风偏差，V 为实际风速，当 $\Delta V_g > 0$ 时为超地转风。

研究表明，由于动力特性的不同，在我国东部季风区与暴雨天气相联系的低空急流大多都是超地转的，低空急流中明显的超地转风可触发中小尺度系统发展，导致暴雨；而“空急流”过程则大多都不是超地转的(高守亭 等，1984；孙淑清 等，1979)。从图 4.10 可以看出，南疆暴雨过程中的塔里木东风低空急流和“空急流”过程中，ΔV_g 均大于 0，可见二者都是超地转的，只是南疆暴雨过程中塔里木东风低空急流的超地转风范围和强度均比“空急流”过程略大。可见，处于干旱区的塔里木东风低空急流的超地转特性与我国东部季风区存在较大差别。

4.8　概念模型

从图 4.11 可以看出，在暴雨过程中，100 hPa 南亚高压呈青藏高压型；南疆西部位于 200 hPa 副热带西风急流入口区的右侧，高空辐散抽吸作用强；500 hPa 呈“两脊一槽”型分布，南疆西部位于中亚低槽槽前西南气流中，受下游脊的阻滞作用，中亚低槽移动缓慢；850 hPa 塔里木东风低空急流向西推进至 78°E 与翻越帕米尔高原进入南疆西部的偏西气流形成强辐合；由于南疆三面环山，塔里木东风低空急流在向西推进过程中将低层水汽不断向西汇合，使得南疆西部水汽充沛，加之低层的强辐合区域与高层强辐散区在南疆西部叠加，增强了整层的垂直上升运动，由于低槽系统移动缓慢，充沛的水汽和较强的动力条件在南疆西部长时间维持，使得该区域的降水时间较长(各站平均的降水时数为 6.2 h)，从而更易出现暴雨。

在“空急流”中，100 hPa 南亚高压呈伊朗高压型；高空急流造成的强辐散区在清晨位于南疆西部，傍晚东扩至南疆中东部；500 hPa 呈“一脊一槽”型分布，强锋区压在 40°N 附近；850 hPa 塔里木东风低空急流清晨向西推进至 78°E 附近，与翻越帕米尔高原进入南疆西部的偏西气流形成辐合，午后至夜间塔里木盆地中部出现一支较强的偏北气流切断了塔里木东风低空急流的西伸，与此同时，盆地西部的西北气流加强东扩，使得塔里木东风低空急流进一步东撤，三支气流在南疆东部形成强烈辐合上升运动，而南疆西部的辐合上升运动显著减弱。清晨，南疆西部水汽条件充沛，垂直上升运动旺盛，但大气层结较为稳定，不利于强降水出现；中午，南疆西部大气层结不稳定增强，水汽条件依然充沛，但低层辐合弱，垂直上升运动弱，也不利于强降水出现；傍晚至夜间，南疆西部被强盛的下沉气流控制，因此，也不利于产生强降水。南疆东部地区的水汽条件从清晨到傍晚都维持在较低的水平，垂直上升运动在清晨至中午均较弱不利于强降水出现；在傍晚至夜间大幅度增强，但由于该区域的水汽条件较差，因此也不

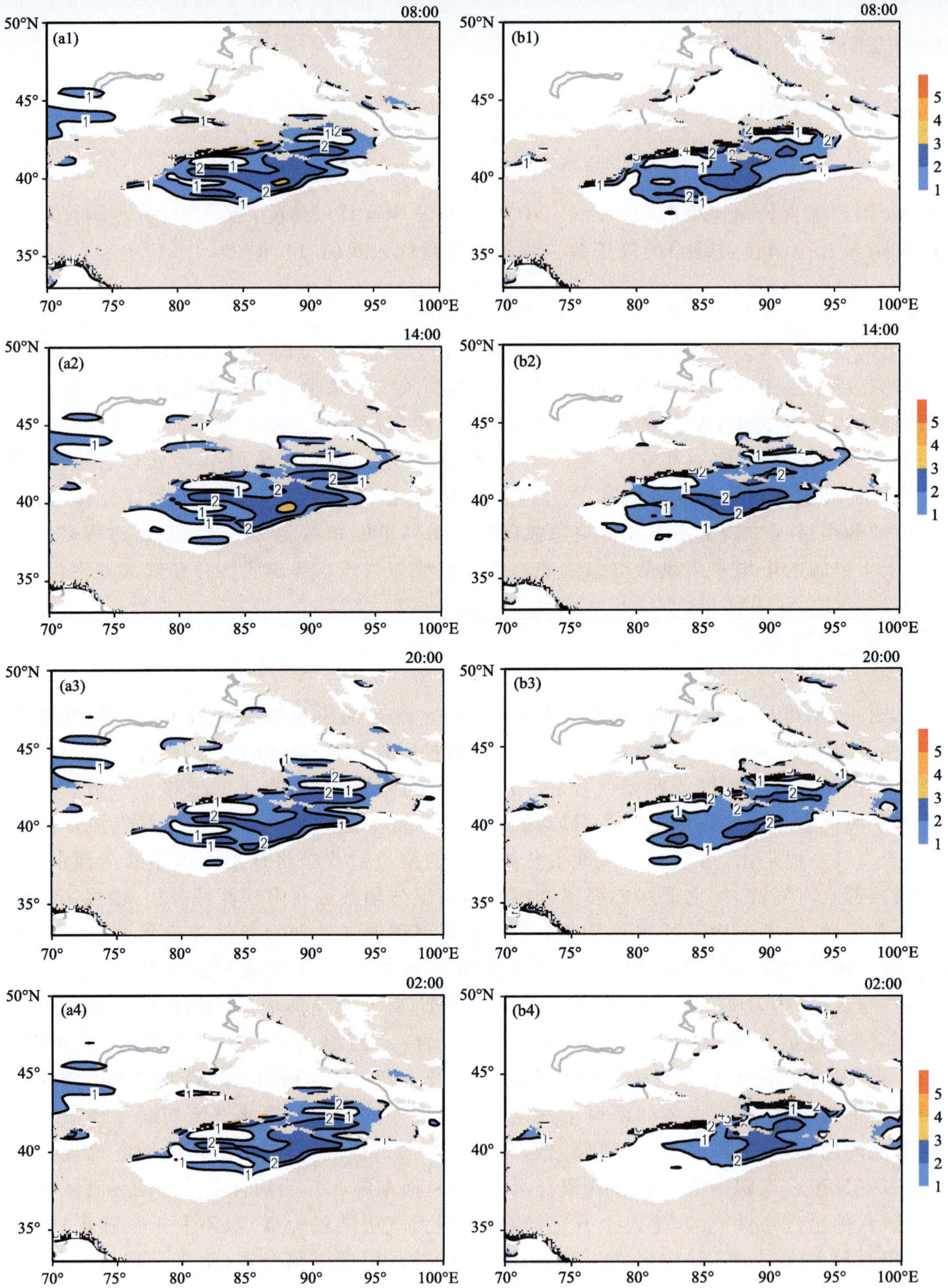

图 4.10　南疆暴雨过程(a1～a4)和“空急流”过程(b1～b4)逐 6 h 合成平均地转风偏差(黑色等值线和阴影，单位：m/s)和地形(卡其色填色≥1500 m)(右上角时间为北京时)

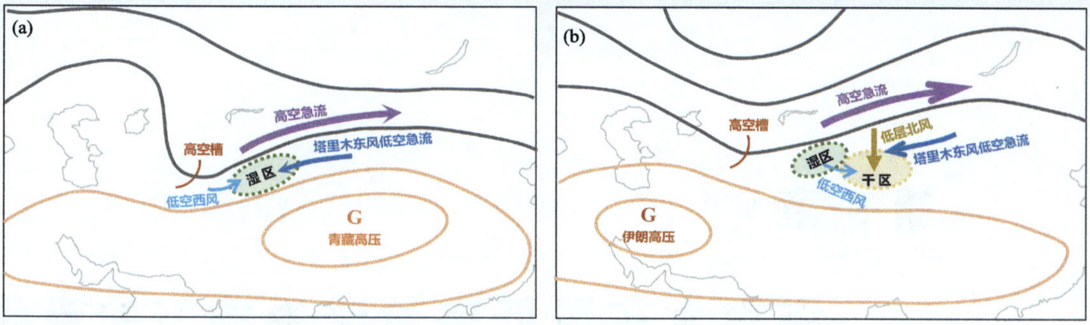

图 4.11　南疆(a)暴雨过程和(b)“空急流”过程的概念模型

利于强降水出现。可见，在南疆“空急流”过程中，南疆西部地区充沛的水汽和较强的动力条件的最优配置时间短，南疆东部地区动力条件虽强但水汽条件差，因此，都不利于强降水出现和维持(南疆“空急流”过程中各站平均的降水时数仅为 2.9 h，约为暴雨过程的 46.8%)。

4.9　小结

(1)南疆暴雨中的塔里木东风低空急流东风层更厚，向西部推进得更远，并在南疆西部与越过帕米尔高原进入南疆盆地的偏西气流形成一个持久的东西风辐合带。在“空急流”过程中，塔里木盆地中部出现一支较强的偏北气流，切断了塔里木东风低空急流的西伸，使其主要维持在南疆东部，东风层厚度也较南疆暴雨过程略薄。

(2)与我国季风区“空急流”本身具有较大的稳定性且不具备超地转特性不同，塔里木东风低空急流的“空急流”具有较强的不稳定性，与南疆暴雨过程中的塔里木东风低空急流一样都具有超地转特性。

(3)与塔里木东风低空急流相联系的偏东路径是南疆暴雨的主要水汽输送通道，该通道可将中高纬度(黑海、里海、咸海)和低纬度(孟加拉湾)的水汽向南疆输送，而在“空急流”过程中，以偏西路径水汽输送为主，与塔里木东风低空急流相联系的偏东路径水汽输送较弱。

(4)在“空急流”过程中，南疆西部地区的水汽条件较好，但与之配合的垂直上升运动较弱，南疆东部地区的垂直上升运动虽强，但与之配合的水汽条件却较差，二者都不利于降水长时间维持，因此，都不利于暴雨出现。

第 5 章

塔里木东风低空急流影响下的南疆典型暴雨个例

5.1 2016 年 8 月南疆西部 4 次暴雨过程对比

5.1.1 暴雨实况

2016 年 8 月南疆西部地区气温普遍偏低，降雨天气频繁发生，各县、市降水量为历年均值的 1.75～8.29 倍，月降水量异常偏多。其中，8 月共出现 4 次暴雨天气过程，分别为 9—10 日（简称过程Ⅰ）、14—16 日（简称过程Ⅱ）、24—27 日（简称过程Ⅲ）和 29—31 日（简称过程Ⅳ）。从图 5.1 可以看出，过程Ⅰ，暴雨中心位于乌恰县吾合沙鲁乡，降水量为 96.2 mm，其中，9 日 20 时（北京时，下同）至 10 日 20 时出现暴雨的有 10 站、大暴雨的 1 站、短时强降水的 14 站；过程Ⅱ，主要暴雨时段为 14 日 20 时至 15 日 20 时，暴雨中心位于叶城县二牧场，降水量 28.1 mm，出现暴雨 2 站、短时强降水 2 站；过程Ⅲ，主要暴雨时段为 24 日 20 时至 25 日 20 时，暴雨大值中心位于英吉沙县卡如力山洪（41.8 mm），出现暴雨 4 站、短时强降水 1 站；过程Ⅳ，主要暴雨时段为 28 日 20 时至 29 日 20 时（暴雨中心位于伽师县，降水量 48.3 mm）、29 日 20 时至 30 日 20 时（暴雨中心位于叶城浅山区，降水量 37.8 mm），过程出现暴雨 13 站、大暴雨 1 站、短时强降水 20 站。可见，过程Ⅰ、Ⅳ的降水局地性强、雨强大，具有对流性降水特征，而过程Ⅱ和Ⅲ降水持续时间长、范围广，具有稳定的层状云降水特征。

5.1.2 环流背景特征

5.1.2.1 平均环流

2016 年 8 月，500 hPa 平均位势高度场上（图 5.2a），欧亚大陆极地地区为发展旺盛的低压，中纬度乌拉尔山和贝加尔湖地区受高压脊控制，低纬度大西洋副热带高压断裂成两个高压中心，且分别与乌拉尔山高压脊和贝加尔湖高压脊叠加，中西伯利亚至中亚一带形成西南—东北向横槽。受下游贝加尔湖高压脊阻挡，横槽移动缓慢，南疆西部处在低压槽前部，来自阿拉伯海和孟加拉湾的水汽和正涡度平流随西南气流输送至南疆西部，为暴雨形成提供了有利的水汽条件和动力条件。距平场显示，2016 年 8 月极地低压和乌拉尔山高压脊较历年同期异常

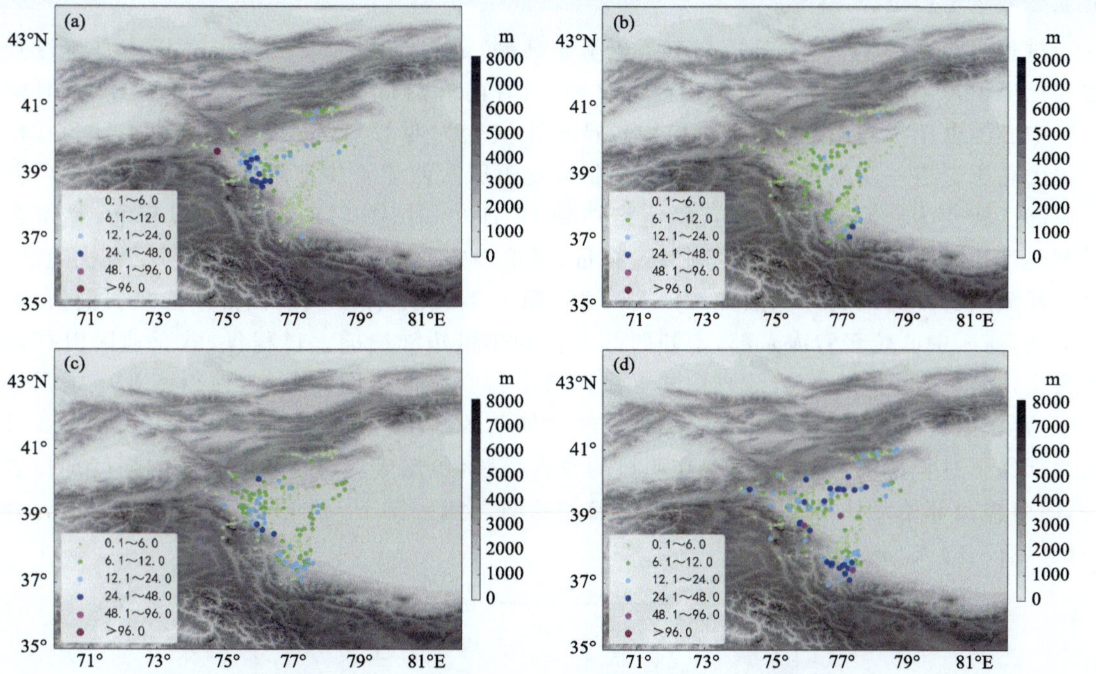

图 5.1　南疆西部 2016 年 8 月过程Ⅰ(a)、过程Ⅱ(b)、过程Ⅲ(c)、过程Ⅳ(d)累计降水量分布(单位:mm)

偏强,南北异常明显的位势梯度有利于乌拉尔山高压脊前强北风带的建立。强冷空气沿北风带南下,在巴尔喀什湖附近堆积,其中一部分西退经中亚翻越帕米尔高原侵入南疆西部(西翻),另一部分经北疆东南下,并在南疆盆地东部造成冷空气回流(东灌)。夏季,南疆西部受塔里木盆地热低压控制,无论是西翻冷空气或是东灌冷空气均利于诱发降雨。

由 700 hPa 水汽通量距平场看出(图 5.2b),2016 年 8 月阿拉伯海至青藏高原一带为阶梯状水汽输送通道,青藏高原为异常水汽辐合带,南疆西部处在异常气旋式环流外围,低纬度大量水汽和能量通过该异常气旋翻越青藏高原输送至南疆西部,为降水提供充沛的水汽。

综上分析可见,500 hPa 异常偏强的乌拉尔山高压脊和极地低压、700 hPa 青藏高原地区异常的水汽辐合带是 2016 年 8 月南疆西部降水偏多的环流背景。

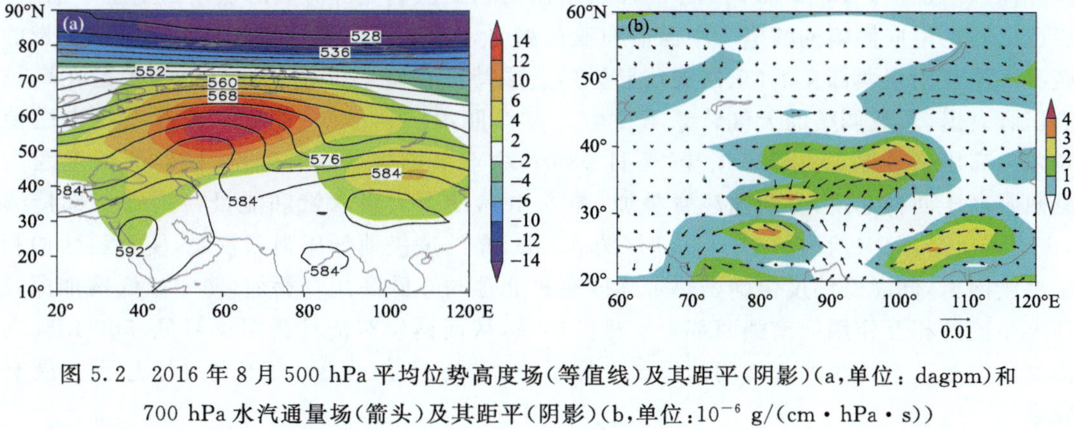

图 5.2　2016 年 8 月 500 hPa 平均位势高度场(等值线)及其距平(阴影)(a,单位: dagpm)和 700 hPa 水汽通量场(箭头)及其距平(阴影)(b,单位:10^{-6} g/(cm・hPa・s))

5.1.2.2　100 hPa 环流

过程Ⅰ前期(8月1—6日),南亚高压呈东部型,最强时段(4日20时)高压中心越过青海省北上至蒙古国;7—9日,乌拉尔山高压脊加强,脊前副热带长波槽加深西退,9日08时南亚高压中心西退至黑海南部(图5.3,黑线),且环流演变为西部型;11日08时至14日20时,乌拉尔山高压脊进一步发展北顶,脊前副热带长波槽加深西退至中亚地区(槽线南伸至35°N),南亚高压演变为典型的双体型,且稳定维持到18日08时(图5.3,蓝线)。过程Ⅱ,整个新疆受副热带长波槽槽前西南气流控制。过程Ⅲ,极地冷空气南下使得乌拉尔山高压脊快速衰退,经向环流减弱并向纬向环流演变,25日08时(图5.3,红线)南亚高压西部中心减弱消失,东部脊加强,高压中心位于青海东部,南疆西部处在副热带短波槽前。过程Ⅳ,欧亚地区以纬向环流为主,30日08时(图5.3,绿线),北支锋区南压与中亚低槽同向叠加,使得南亚高压西部脊加强,再次呈现双体型,新疆处在副热带长波槽槽前的西南气流控制下。可见,2016年8月南疆西部暴雨过程期间,南亚高压存在明显的东西振荡,虽然4次过程南亚高压的强度和位置不同,但南疆西部始终处在副热带长波槽槽前的西南气流控制下,利于中低层水汽的补充,为暴雨提供有利的大尺度环流背景。

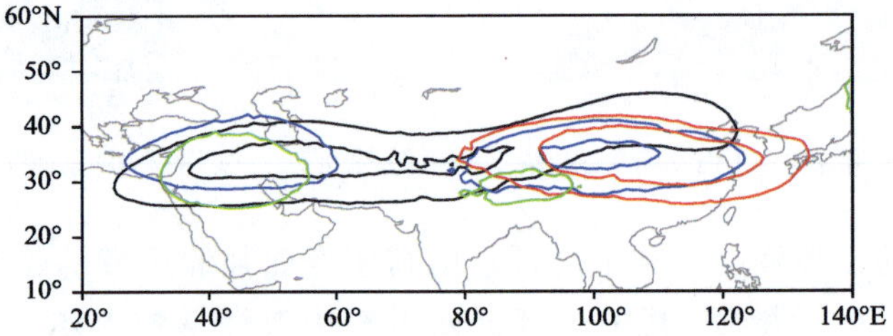

图5.3　2016年8月100 hPa高度上特征线分布

5.1.2.3　500 hPa 环流

2016年8月上、中旬,500 hPa欧亚范围呈“两槽一脊”的经向环流形势,东欧及中西伯利亚地区为低压槽,乌拉尔山地区为强盛的高压脊。过程Ⅰ发生在乌拉尔山高压脊建立初期,9日08时(图5.4a),中西伯利亚长波槽南压,引导中低层干冷空气翻越中天山进入南疆西部,诱发了对流性暴雨。过程Ⅱ,乌拉尔山高压脊强烈向东北方向发展,使得中西伯利亚低槽加深切涡并向西南加深。15日08时(图5.4b),中西伯利亚低涡底部分裂的低槽西退至中亚地区,形成西北—东南向倾斜的横槽。中西伯利亚低涡引导的低层东灌冷空气与中亚低槽携带的西南暖湿气流在南疆西部交汇(东西夹攻形势),造成持续性降雨天气。过程Ⅲ和Ⅳ是在乌拉尔山高压脊衰退、长波调整的天气背景下发生。过程Ⅲ,24日08时(图略),极地低压南压使得乌拉尔山高压脊衰退,24日20时至27日08时,中亚低槽减弱东移北上,同时低纬度西太平洋副热带高压西伸北跳,与新疆浅脊叠加(图5.4c),使得大量水汽和能量在南疆西部持续聚集,进而产生暴雨。过程Ⅳ,30日08时(图5.4d),高纬度极地低压强烈发展,使得西西伯利亚低压持续南压,同时低纬度伊朗副热带高压东扩北顶与东欧高压脊叠加,使中亚低槽加深,高、低纬度系统的相互作用使南疆西部上空锋区加强,从而诱发对流性暴雨。可见,500 hPa乌拉尔山高压脊是造成南疆西部暴雨的重要主导系统,它的建立、发展、衰退与暴雨过程发展有密切联系。

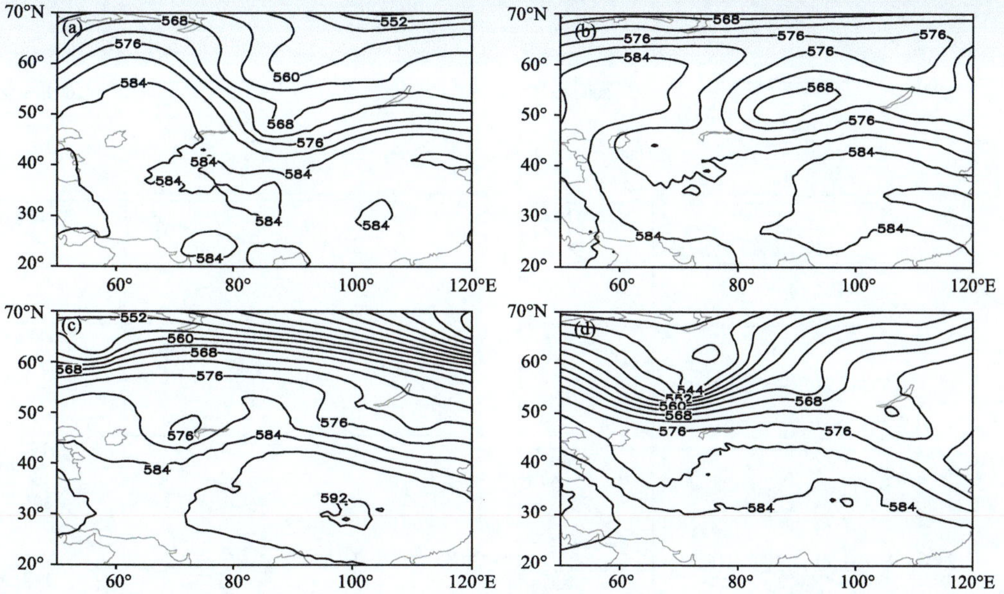

图 5.4　2016 年 8 月 9 日(a)、15 日(b)、26 日(c)、30 日(d)08 时的 500 hPa 位势高度场(单位:dagpm)

5.1.3　中尺度天气分析

图 5.5 是 2016 年 8 月南疆西部 4 次暴雨过程的天气系统配置。可以看出,4 次暴雨具有相似的天气系统:200 hPa 南疆西部上空均存在强西风急流,造成高空气流强烈辐散、低层气流辐合上升,增强暴雨的动力条件;500 hPa 南疆西部处在中亚低槽(气旋)前,来自低纬度的大量水汽和能量随西南(南风)气流输送至南疆西部,为暴雨提供充沛的水汽条件; 850～700 hPa 存在不同强度的偏东气流,利于对流层中低层的水平辐合上升和水汽输送;地面存在的风切变和辐合线,加强了近地面的辐合抬升和水汽聚集,触发暴雨天气的发生。

然而,4 次暴雨过程的热力、水汽和触发机制有一定差异。850 hPa 上,过程Ⅰ和Ⅳ南疆西部受暖高压脊和大范围 $\Delta T_{850\sim500\ \mathrm{hPa}}>28$ ℃的控制,具有一定的热力不稳定条件,利于对流风暴的发生发展;而过程Ⅱ和Ⅲ受温度槽控制,低层热力条件相对较差,不利于强对流天气的发生。850～500 hPa 范围,过程Ⅱ、Ⅲ、Ⅳ南疆中西部地区存在大范围 $T-T_d<5$ ℃饱和湿区,而过程Ⅰ的湿层浅薄,水汽充沛的环境背景利于南疆西部降水的长时间维持。其中,700～500 hPa 高度过程Ⅰ和Ⅳ存在干线,利于干冷空气翻山进入南疆西部,诱发强对流天气,是两次暴雨的重要触发机制。

综上分析可见,850 hPa 暖高压脊、28 ℃以上的中低层(500 hPa、850 hPa)温度差与降水强度密切相关,而 500 hPa 以下湿层厚度、700 hPa 以下东风气流、地面切变线和干线的差异是 2016 年 8 月南疆西部暴雨强度、落区、持续时间不同的原因之一,特别是过程Ⅰ和Ⅳ出现的干线,是这两次对流暴雨的重要触发系统,而干线的触发机制是否普遍适用于南疆西部对流性暴雨,是否能成为一种新指标,还需做进一步的分析与探讨。

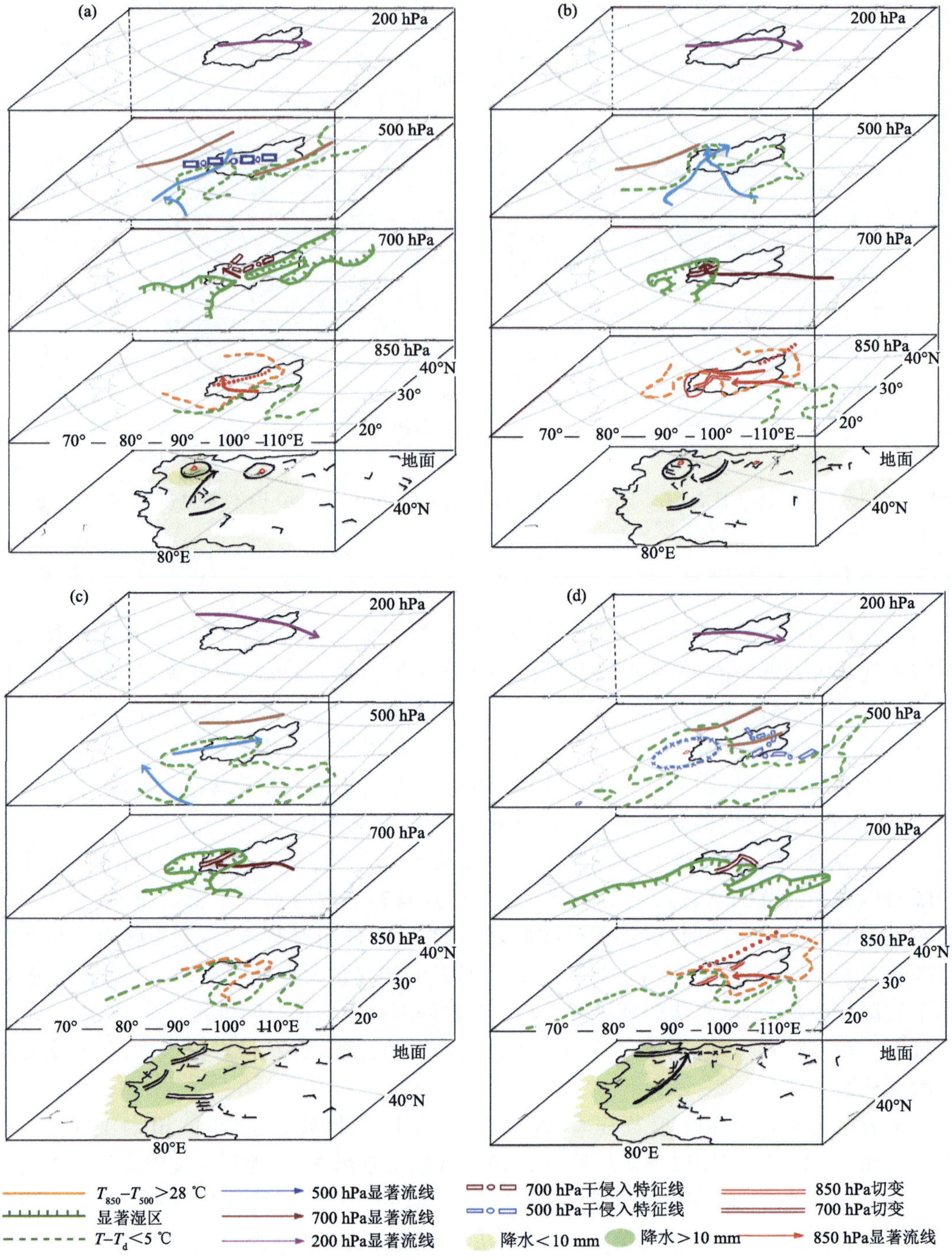

图 5.5　2016 年 8 月南疆西部 4 次暴雨过程的天气系统配置

（a. 9 日 20 时；b. 15 日 08 时；c. 26 日 08 时；d. 30 日 08 时）

5.1.4 水汽输送特征

充分的水汽供应是暴雨产生的必要条件。从南疆西部 2016 年 8 月 4 次暴雨过程地面至 300 hPa 水汽通量积分可知：过程Ⅰ，有一条较明显的东方水汽输送路径。9 日 20 时（图 5.6a），中高纬度北风携带北冰洋水汽南下，在中国北疆上空分流，其中，部分水汽与随南风气流翻越青藏高原的孟加拉湾水汽交汇，并借助东风气流输送至南疆西部。过程Ⅱ，有南方和东方两条水汽输送路径到达南疆西部。15 日 20 时（图 5.6b），一部分源自中国南海的水汽随东南气流到达四川盆地，绕过青藏高原东侧到达河西走廊，并与北风携带的源自贝加尔湖南下的水汽辐合，借助东风气流接力到达南疆西部；另一部分源自中国南海的水汽随东风气流输送，先后与孟加拉湾、阿拉伯海的水汽交汇，而后部分水汽随西南气流沿青藏高原西侧输送至南疆西部，另一部分水汽随南风越过青藏高原输送至南疆西部。过程Ⅲ，中低纬度有一条反气旋式的水汽输送路径，即中国南海—孟加拉湾—阿拉伯海—南疆西部—北疆—河西走廊—云贵高原—中国南海（图 5.6c），源自孟加拉湾、阿拉伯海的水汽借助南风分量输送至南疆西部，可见过程Ⅲ存在一条南方水汽输送路径。过程Ⅳ，存在西方和南方两条水汽输送路径。30 日 20 时（图 5.6d），中纬度西风携中亚水汽越过帕米尔高原输送至南疆西部，同时低纬度西南方向输送的阿拉伯海水汽和部分东南方向输送的孟加拉湾水汽，越过青藏高原输送至南疆西部。

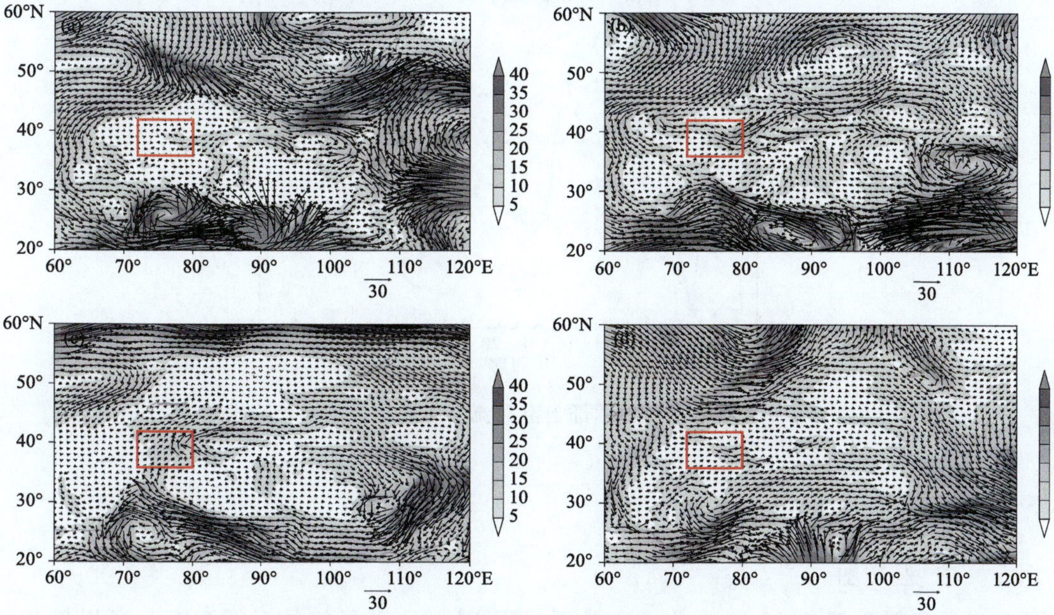

图 5.6 2016 年 8 月南疆西部 4 次暴雨过程的整层（地面至 300 hPa）水汽通量的垂直积分（阴影，单位：g/(cm/s)）和风场（矢量，单位：m/s）（红色方框为研究区）

为进一步分析不同路径水汽对南疆西部暴雨的影响，计算了各边界水汽输送状况，规定西、南边界正值为输入，负值为输出，而东、北边界正值为输出，负值为输入。南疆西部南、北、西三面环山，3 个边界 700 hPa 以下水汽很难到达该区域且北边界为水汽输出边界，因此，重点分析 700 hPa 以上西、南边界和 700 hPa 以下东边界的水汽输送变化（图 5.7）。由图 5.7 可知，过程Ⅰ，自8日20时开始，南疆西部对流层低层东边界水汽骤然增大，水汽转为输入，而南边界水汽输入呈间断性，西边界水汽略有增大；整个过程水汽净输入约38.5×10⁸t，西、南、东边界(下同)水汽净输入分别占总净输入的24.7 %、10.1 %和48.8 %。过程Ⅱ，14日08时，南疆西部南边界水汽骤然增大，东边界水汽呈间断性，而西边界的水汽变化不明显；整个过程水汽净输入约87.0×10⁸t，各边界分别占24.2 %、64.4%和0.5%。过程Ⅲ，东边界水汽输入缓慢减小且转为输出，而南边界水汽骤然增大，27日达到峰值；整个过程水汽净输入约213.0×10⁸ t，各边界分别占19.1%、69.2%和11.8%。过程Ⅳ，东边界水汽输送呈间歇性，南边界水汽前期骤然减小，西边界水汽变化不明显；整个过程水汽净输入约91.0×10⁸t，各边界分别占33.5%、51.1%和0.0%。

综上分析可见，2016年8月南疆西部4次暴雨过程的水汽净输入差异明显，过程Ⅲ最大，过程Ⅰ最小，表明充沛的水汽输送量和降水持续时间有密切关系。其中，暴雨过程中西边界水汽波动小，而随着暴雨的持续南边界水汽输入量增大(过程Ⅰ除外)，表明南边界水汽是南疆西部暴雨的重要水汽来源；东边界水汽的骤然增大和戛然而止与强降水时段有较好的对应关系，是南疆西部短时强降水的重要水汽补给。

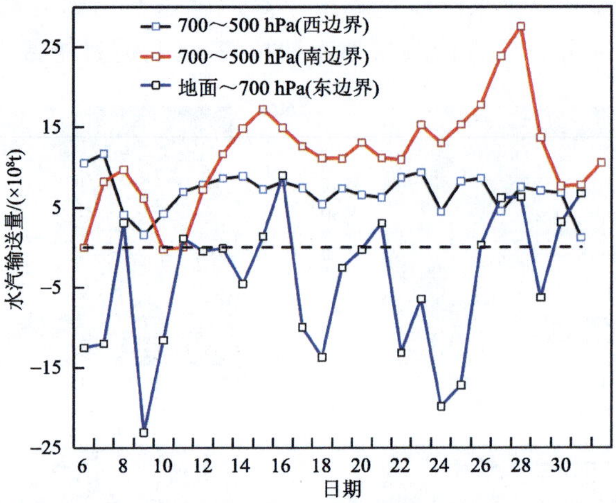

图5.7　2016年8月南疆西部上空对流层主要边界的水汽输送量

5.1.5　卫星和雷达特征

5.1.5.1　卫星云图

图5.8是南疆西部2016年8月4次暴雨过程FY-2D卫星红外云图演变。可以看出，过程Ⅰ，9日13时45分前，南疆西部偏北地区晴空少云，而偏南地区存在较密实的中低云，云顶亮温为254.45 K；14时45分，受高空冷槽扰动影响，巴楚以北中天山南麓初现若干个γ中尺度对流云，随后对流云快速合并加强，至18时45分巴楚以北发展为2个β中尺度对流云团a、b，与此同时喀什北侧有若干个γ中尺度对流云新生(图5.8a)，喀什—伽师—巴楚一线为晴空干区，高空存在明显的湿度梯度；19时45分，对流云团a、b合并南压，云团b西侧有明显凹口(图5.8b)，表明中高层有干冷空气侵入，利于诱发对流天气；之后，云团b向东南压，且与伽师、英吉沙县东侧γ中尺度对流云(云顶亮温246.8 K)快速合并加强向西北移，依次造成伽

师、疏附、疏勒、喀什市强降水天气。

过程Ⅱ，14 日 20 时强降水开始前 1 h，在高空西南气流引导下，南疆西部 β 中尺度带状云系和中亚南部 α 中尺度细胞状云系北涌（图略），中亚至南疆西部存在较明显的水汽输送带，为连续降水提供有利的水汽条件；此后，南疆西部 β 中尺度对流云团合并发展，15 日 01 时 45 分云团北界光滑呈"S"形（图 5.8c），表明中亚地区存在较强冷空气，喀什北侧云系中夹杂着中小尺度对流云；15 日 03 时 45 分，云区前锋明显向东南方向伸展（图 5.8d），喀什地区普遍出现持续性降水，至 16 时 45 分云系减弱消散移出南疆西部地区（图略），多数测站降水趋于结束。

过程Ⅲ，南疆西部以中低云为主，整个降水阶段云顶亮温约为 250 K，降水以持续性微到小雨为主。随着高空槽扰动，云系向东北移动过程中伴有小尺度的对流云生成（图略）。

过程Ⅳ，28 日 23 时强降水开始前 3 h，南疆西部平原晴空少云，沿山区一带存在较明显的中低云，北部乌恰上空有云顶亮温约 238.2 K 的 β 中尺度对流云（图略）；29 日 09 时 30 分（伽师、叶城县出现暴雨时段），南疆西北部云团（云顶亮温约 224.3 K）发展为成熟的 α 中尺度细胞云（图 5.8e），云团边界纹理清晰，梯度大，云团底部亮温最大梯度位于伽师县，其两个区域站分别出现 23.3 mm/h 和 46.5 mm/h 的极端强降水。此后，涡旋云中卷入冷空气，云体减弱

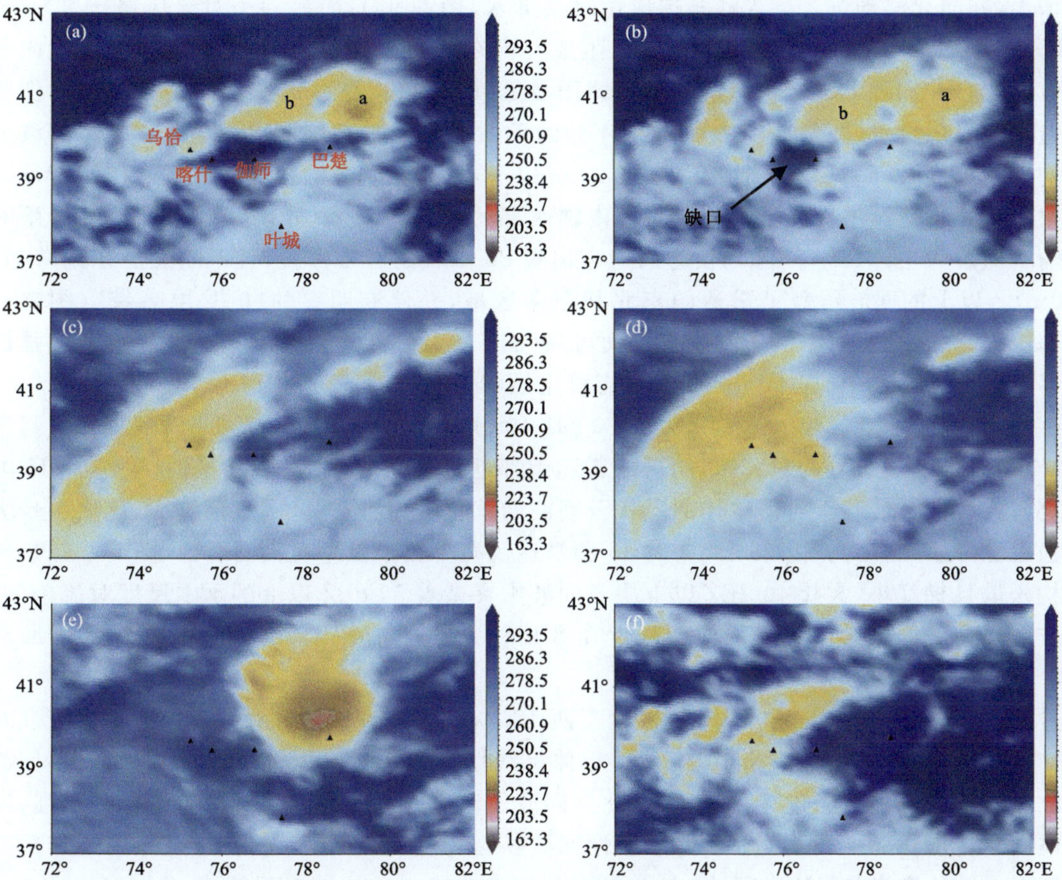

图 5.8　南疆西部 2016 年 8 月 3 次暴雨过程 FY-2D 卫星红外云图（单位：K）
（a. 9 日 18 时 45 分；b. 9 日 19 时 45 分；c. 15 日 01 时 45 分；d. 15 日 03 时 45 分；
e. 29 日 09 时 30 分；f. 29 日 18 时 30 分）

消散，南疆西部降水减弱。29 日 18 时，南疆西部山区新生的 γ 中尺度对流云相互合并发展东南移(图 5.8f)，自西向东影响喀什地区，再次造成该地区对流性降水。然而，由于对流云伸展高度较第一时段低，雨强相对较弱。

对比这 4 次暴雨过程发现，云团大小、云顶亮温及伸展高度、移动路径均有所差异。过程Ⅰ，对流单体尺度较小，由若干个 γ 中尺度对流云合并发展且西北移造成，同时高空存在较明显的湿度梯度，利于对流天气的发生；过程Ⅱ，强降水主要由 β 中尺度初生对流单体发展合并成斜压叶云系所致，降水持续时间与云系发展、减弱、移出南疆西部有较好的对应关系；过程Ⅲ，是由较长时间稳定维持的层状云降水所致，云顶高度低，降水强度小、持续时间较长；过程Ⅳ，是由发展成熟的 α 中尺度细胞云所致，降水局地性强，强降水区出现在云顶亮温梯度最大处。

5.1.5.2 雷达回波

从喀什站多普勒天气雷达的组合反射率因子可以看出(图 5.9)：过程Ⅰ，强降水由若干个对流单体合并发展造成。9 日 18 时 17 分，雷达正南方 106 km 处相邻两个 35 dBZ 及以上的回波单体合并加强，并向雷达方向移动，于 20 时 44 分与其东部的多单体合并加强，回波面积迅速增大，并向北移动进入英吉沙县造成短时强降水(图 5.9a)；而另一个对流风暴于 9 日 19 时 08 分在伽师县北部距雷达站 130 km 处生成并向东北方向移动，20 时 04 分与伽师境内若干对流单体合并加强形成结构密实的多单体回波继续东南移，经过伽师县神秘大峡谷和伽师总场造成短时强降水(图略)。9 日 20 时 44 分的反射率因子垂直剖面看出(图 5.9b)，回波分布不均匀且梯度大，50 dBZ 以上的质心在 4 km 以下，具有较明显的强回波低质心结构特征。

由于喀什雷达站的探测范围只覆盖了南疆西部的北部，故过程Ⅱ研究区南部地区暴雨时段以晴空回波为主。15 日 03 时，雷达西南方出现 20 dBZ 的层云回波，且不断发展东南移；11 时，20 dBZ 以上的回波覆盖了雷达的东北和东南区域，并伴有明显的“0 ℃层亮带”(图略)。由 15 日 11 时 47 分反射率因子及垂直剖面可知(图 5.9c、d)：回波分布均匀且梯度小，最强回波不足 40 dBZ，强回波质心低于 4 km，具有稳定层状云回波特征。

过程Ⅲ，暴雨前期(24 日 00 时 00 分—00 时 40 分)，雷达南部出现生命期较短、回波强度超过 40 dBZ 的若干孤立的对流单体，造成雷达南部地区的雷阵雨天气，并减弱消散；25 日 00 时 01 分，大片夹杂着若干对流单体的层状云回波向北移动，且回波范围逐渐增大，随之出现大范围稳定性降水(图略)。由 25 日 03 时 45 分雷达反射率因子及垂直剖面看出(图 5.9e、f)，回波结构松散且梯度小，大片 40 dBZ 以上层云回波中夹杂着 50 dBZ 以上的 γ 中尺度对流单体，强回波质心高度低于 4 km，云顶伸展高度在 8 km 以下，具有积云、层状云混合降水的回波特征。

过程Ⅳ，29 日 00 时 03 分(图略)，雷达正西 120 km 处出现回波强度超过 55 dBZ 的强对流单体，00 时 59 分该对流单体与其右侧多单体呈线性排列并向东移动；02 时 24 分，线性回波呈东北—西南向其前沿经过喀什雷达站，此后回波出流方向不断有新生对流单体合并加强，回波整体向东传播；05 时 13 分(图 5.9g)，线性回波断裂，其北段在雷达正东方向的伽师和岳普湖之间形成结构密实的“V”形回波，南段滞留在英吉沙境内造成短时强降水。由 05 时 13 分反射率因子垂直剖面可知(图 5.9h)：回波分布不均匀且梯度大，云顶高度在 10～12 km，50 dBZ 以上的强回波质心位于 6 km 以下，具有积状云降水回波特征。

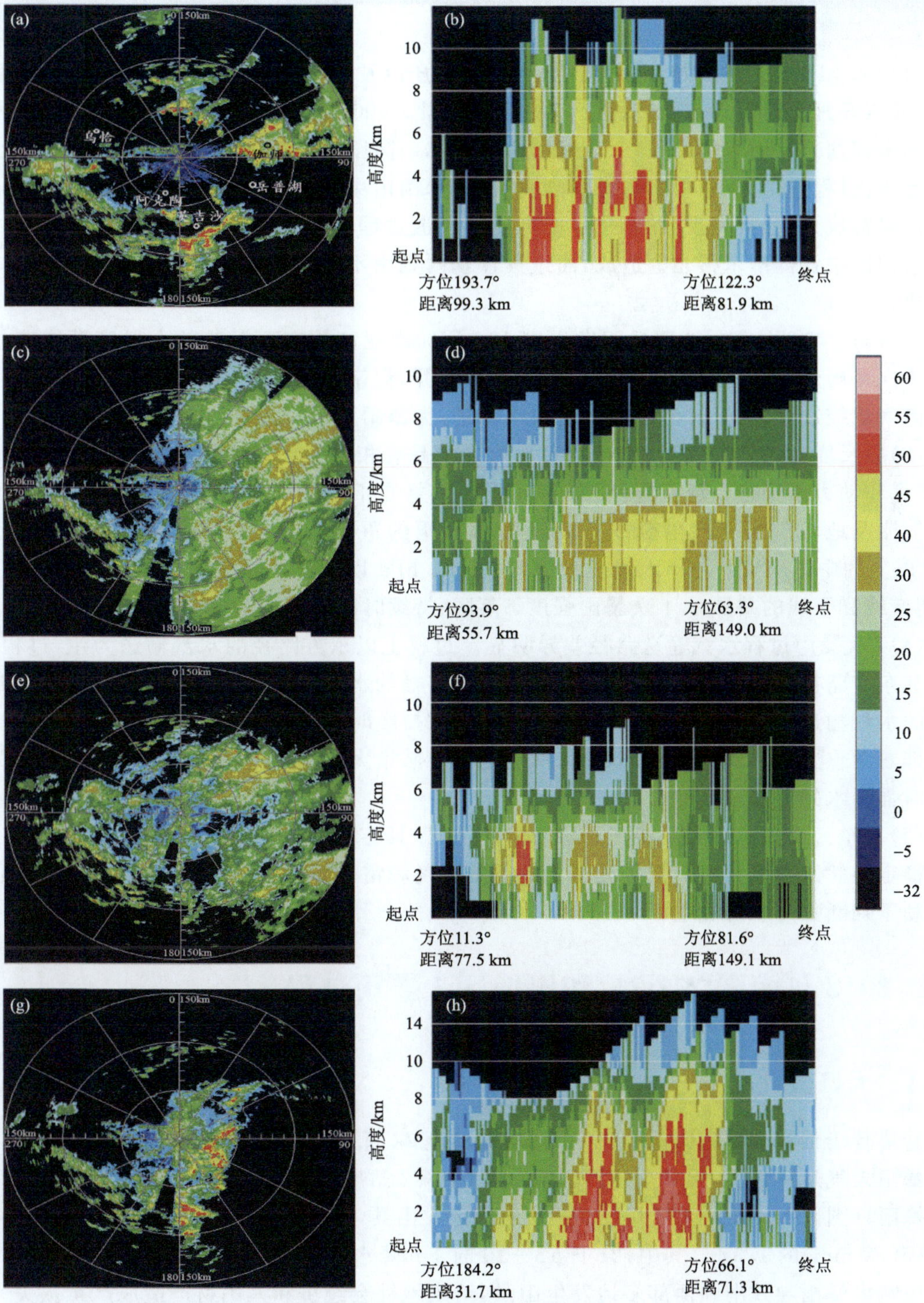

图 5.9　南疆西部 2016 年 8 月 4 次暴雨过程喀什站多普勒雷达组合反射率因子(a、c、e、g)及剖面(b、d、f、h)(单位:dBZ)

(a 和 b. 9 日 20 时 44 分;c 和 d. 15 日 11 时 47 分;e 和 f. 25 日 03 时 45 分;g 和 h. 29 日 05 时 13 分)

5.1.6 小结

(1)500 hPa 偏强的乌拉尔山高压脊和极地低压以及 700 hPa 青藏高原异常的水汽辐合带是 2016 年 8 月南疆西部暴雨过程偏多的环流背景。500 hPa 乌拉尔山高压脊的建立、发展、衰退与南疆西部暴雨有密切联系。过程Ⅰ,乌拉尔山高压脊建立初期,暴雨由中西伯利亚低槽南压造成;过程Ⅱ,乌拉尔山高压脊强烈发展期,暴雨由中西伯利亚横槽南北分段形成的东西夹攻形势造成;过程Ⅲ和Ⅳ,在乌拉尔山高压脊衰退过程中长波调整的天气背景下发生,且过程Ⅲ暴雨由中亚低槽东移北上造成,而过程Ⅳ暴雨则由不稳定短波槽和北支锋区南压共同作用造成。

(2)2016 年 8 月南疆西部暴雨发生在 100 hPa 南亚高压东西振荡的大尺度环流背景下。虽然 4 次暴雨过程中南亚高压的强度和位置有差异,但南疆西部始终处在副热带长波槽槽前的西南气流控制下,利于对流层中低层水汽输送,为暴雨发生提供有利的大尺度环流背景。

(3)中尺度天气分析表明,南疆西部 4 次暴雨具有相似的天气形势配置,但产生暴雨的热力、水汽和动力条件有一定差异。200 hPa 强西风急流、500 hPa 中亚低槽(气旋)、对流层低层东风气流及地面风切变和辐合线是南疆西部暴雨的重要影响系统,而 850 hPa 暖高压脊、28 ℃以上的中低层温差与降水强度密切相关,500 hPa 以下湿层厚度及 700 hPa 以下东风气流、切变线和干线的差异是 4 次暴雨强度、落区、持续时间不同的主要原因之一。

(4)4 次暴雨过程水汽输送路径差异明显。过程Ⅰ以东方路径的水汽输送为主,过程Ⅱ以南方和东方路径的水汽输送为主,过程Ⅲ以南方路径的水汽输送为主,而过程Ⅳ以南方和西方路径的水汽输送为主。另外,水汽输送大小与降水持续时间有密切关系;南边界水汽输送是南疆西部暴雨重要水汽来源,而东边界水汽输送的骤然增大和戛然而止与暴雨强度有密切关系,是短时强降水的重要水汽补给。

(5)卫星云图和雷达回波特征显示,过程Ⅰ和Ⅳ具有中小尺度对流降水特征,过程Ⅱ和Ⅲ具有稳定层状云降水特征。卫星云图上的湿度梯度和雷达回波的强回波、低质心、高云顶结构特征利于判断强降水的发生。

5.2 2018 年南疆“5·21”和田地区大暴雨过程

5.2.1 大暴雨实况

受塔什干低涡影响,2018 年 5 月 21 日 08 时至 22 日 08 时(北京时,下同)南疆西部出现极端大暴雨天气过程,此次大暴雨过程影响范围广(322 站出现降水)、降雨强度大(84 站暴雨、12 站大暴雨)(图 5.10a);大暴雨中心位于和田地区皮山县,日降水量 74.8 mm,约为其年平均降水量(56.9 mm)的 1.3 倍,其中,21 日 18—19 时 1 h 降水量达 53.8 mm,与其年平均降水量接近。极端大暴雨导致南疆西部多地发生山洪,给当地社会经济和人民财产造成严重损失。

5.2.2 大暴雨极端性特征

南疆西部是典型干旱区,暴雨局地性强、发生概率低。此次大暴雨过程中一日内 6 个国家基本气象站日降水量同时达到暴雨量级,为近 50 年来首次;和田地区的皮山站(74.8 mm)、克孜勒苏柯尔克孜自治州的阿克陶站(53.7 mm)2 站的日降水量突破有气象记录以来的极值，喀什地区叶城(40.1 mm)、泽普(40.0 mm)和莎车(38.3 mm)3 站的日降水量突破春季历史极值。大暴雨中心皮山站的日降水量是南疆西部 22 个国家基本气象站有气象记录以来暴雨雨量的极大值，皮山站 1 h 雨量 53.8 mm 为南疆西部各站的小时雨量之首。此次极端大暴雨过程的降水强度呈双峰型分布(图 5.10b)，21 日 10—13 时为第一个峰值，此时段内有 5 站的小时雨量≥10 mm；17—22 时为第二个峰值，此时段有 21 站的小时雨量≥10 mm，4 站小时雨量≥20 mm，此次极端大暴雨过程中的短时强降水事件也主要发生在这一时段。

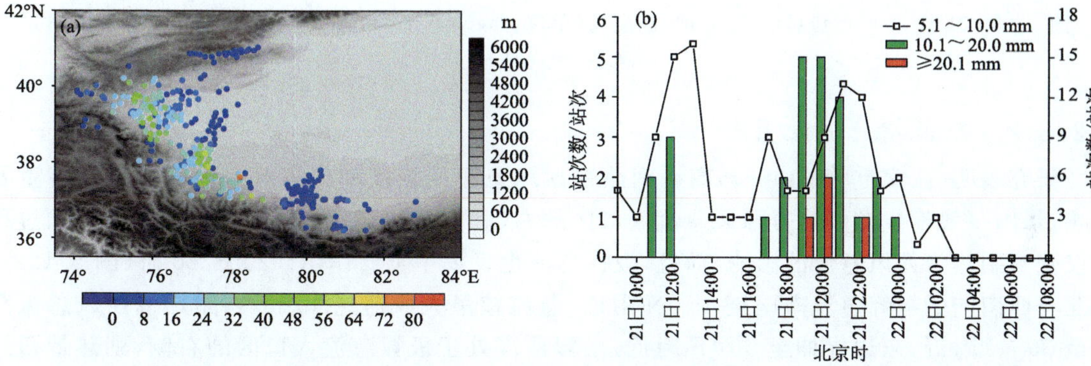

图 5.10 2018 年 5 月 21 日 08 时至 22 日 08 时累计降水量(a，单位：mm)和不同量级 1 h 雨量的站数逐时序列(b，柱状表示 1 h 雨量为 10.1～20.0 mm 和≥20.1 mm 站数，采用左侧纵坐标；折线表示 1 h 雨量为 5.1～10.0 mm 站数，采用右侧纵坐标)

5.2.3 环流背景

5.2.3.1 大尺度环流及影响系统

100 hPa 南亚高压呈双体型分布(两个高压中心分别位于伊朗高原和青藏高原东部)是南疆西部典型暴雨的大尺度环流背景。5 月 19 日南亚高压双体型开始建立，但位于青藏高原东部的高压中心明显强于位于伊朗高原的高压中心；20 日位于伊朗高原的高压中心东移至 20°E 附近，位于青藏高原东部的高压中心稳定维持。21 日 08 时(图 5.11a)，南亚高压的两个中心同时北抬，位于伊朗高原的高压中心东移至 30°E 附近，使得两个高压中心之间的副热带槽加深，槽底伸到 25°N 附近，有利于南疆西部出现强降水的大尺度副热带环流系统形态形成。

大暴雨开始前，500 hPa 欧亚范围内中高纬度为"一脊一槽"的经向环流，欧洲为高压脊，西西伯利亚为较深厚的低压，中低纬度塔什干地区为低槽。20 日(图略)随着东欧高压脊部分向南衰退，脊前西北气流引导较强冷空气南下，塔什干低槽得到北方冷空气的补充形成低涡，主体位于(32°—38°N，60°—80°E)，塔什干低涡外围槽底伸至 25°N 以南，槽前西南风增强至 18 m/s。21 日 08 时，塔什干低涡减弱东移与影响北疆后东移至贝加尔湖附近的低槽，形成了有利于南疆西部出现强降水的"东西夹攻"形势(图 5.11b)。

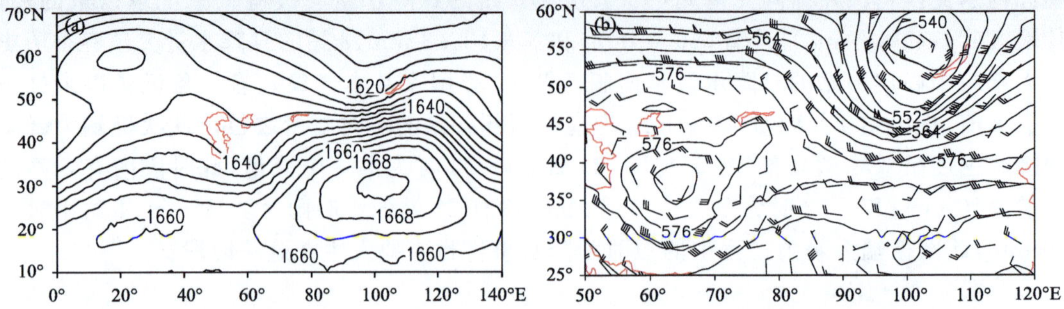

图 5.11　21 日 08 时形势场(a. 100 hPa 高度场(单位:dagpm),b. 500 hPa 高度导播(单位:dagpm)和风场(风向杆))

5.2.3.2　高低空急流配置

研究表明(张家宝 等,1986),高空副热带西风急流的强度和位置对南疆西部暴雨有重要影响,暴雨一般发生在副热带西风急流入口区的右侧。此次南疆西部“5·21”极端大暴雨过程不仅受到副热带西风急流的影响,而且,极锋急流也发挥了重要作用。20 日 20 时(图 5.12a),东北—西南向的极锋急流南压至 45 °N 附近,急流核最大风速达 45 m/s;副热带西风急流北抬至 35 °N 附近,东边界伸至 90 °E 附近,南疆西部处于极锋急流入口区的右侧,副热带西风急流出口区的左侧,两支高空急流造成的强辐散区在南疆西部上空叠加,使得高空辐散进一步加强。21 日 08 时(图略),极锋急流略微减弱东移,副热带西风急流继续向东北方向推进,急流核风速增大至 54 m/s,副热带西极锋急流与极锋急流在 100°E 处汇合,南疆塔里木盆地仍处于高空强辐散区内,高层强辐散为极端大暴雨所需的垂直上升运动提供了有利条件。

低空偏东风急流是南疆西部地区出现暴雨的必要条件之一。由于南疆西部三面环山的特殊地形,低层气流向西部汇合的过程中,有利于增强低层空气的辐合上升运动。20 日 20 时,北支冷空气迅速东移南下,南疆塔里木盆地东部出现一支低空偏东风急流,急流前部到达 85°E 附近(图略),低空偏东风急流最强处垂直向上伸展高度接近 650 hPa,急流核中心最大风速达 23 m/s,位于 800 hPa 附近(图略)。21 日 08 时,低空偏东风急流西伸至 78°E 附近,与塔里木盆地西部的偏西气流形成强辐合(图 5.12b);低空偏东风急流垂直向上伸展的高度下降至 700 hPa 附近,急流核中心最大风速为 18 m/s(图 5.12c)。22 日 02 时以后低空偏东风急流东撤至塔里木盆地东部,南疆西部极端大暴雨过程趋于结束。

综上分析,可以得到本次南疆西部极端大暴雨天气的高低空系统配置为:100 hPa 南亚高压呈双体型分布(东部高压中心强于西部),副热带槽加深至 25°N 附近;500 hPa 塔什干低涡与贝加尔湖附近低槽构成“东西夹攻”形势;东伸北抬的高空副热带西风急流与东移南下的极锋急流造成的高空强辐散区与低空偏东风急流左前方强烈的气旋式辐合区在大暴雨区上空叠加,使得整层大气的垂直上升运动增强;低层偏西气流与偏东风急流在和田地区西部强辐合有利于水汽向暴雨区汇聚和强对流天气的触发。

5.2.4　中尺度天气系统

由于新疆雷达布网稀疏覆盖面有限,此次极端大暴雨过程的强降雨中心不在雷达探测范围内,因此,只能利用 FY-2E 和 FY-2G 红外云图云顶亮温(简称“TBB”)资料分析本次大暴雨

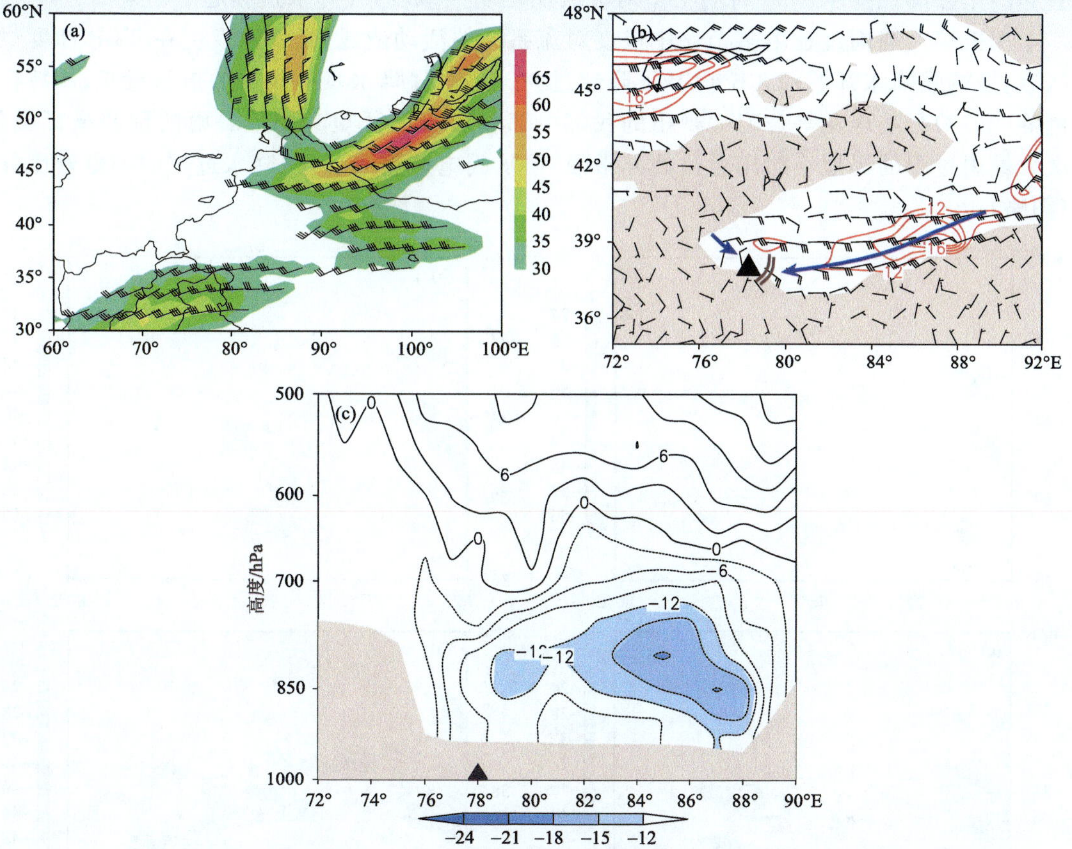

图 5.12　(a)20 日 20 时 300 hPa≥30 m/s 全风速场(填色)和风矢量(单位:m/s),(b)21 日 08 时 850 hPa 风场(红色等值线为风速≥12 m/s,卡其色为地形≥1500 m),(c)21 日 08 时沿 39°N 风速垂直剖面(等值线,单位:m/s)(黑色三角为皮山站位置,卡其色为地形)

过程中尺度对流系统(简称为“MCS”)发生发展的过程。

5 月 21 日上午(图 5.13),南疆西部地区主要为层状云降水,各站的小时降雨量均低于 5.0 mm;11—13 时,克州西部至喀什地区北部有对流云团发展,该区域 5 站出现小时降水量≥10.0 mm 的短时强降水,其中,最大小时雨量为 16.0 mm。此后一直到 16 时,南疆西部地区均为层状云覆盖,小时雨量均低于 5.0 mm。17 时,和田地区皮山县南部沿山地带突然生成一个 γ 中尺度对流云团 A,该云团快速发展,TBB 由 −24 ℃迅速下降到 −32 ℃,该区域两个加密自动气象站出现大于 10 mm/h 的短时强降水。18 时,对流云团 A 继续发展并向东北方向伸展;与此同时在其北部又有一个新的 γ 中尺度对流云团 B 生成,该对流云团正好位于皮山县上空。由图 5.14 可以看出,对流云团 B 的 TBB 在 15 时为 5 ℃,18 时迅速下降至 −30 ℃,3 h 内 TBB 下降了 35 ℃,说明对流云团 B 在短时间内得到了迅速发展,此时皮山站的强降水尚未开始,小时雨量仅为 2.5 mm。19 时,对流云团 B 继续发展并向东北方向伸展,皮山站位于 TBB 的最大梯度处,该小时雨量达 53.8 mm。20 时,对流云团 B 继续向东北方向发展,皮山处于对流云团 B 的边缘,境内降水强度明显减弱,小时雨量低于 5.0 mm。此时一个新的对流云团 C 在对流云团 B 的西北部生成,21—22 时该云团东移造成喀什地区叶城县、泽普县和莎车县的强降水。23 时后三个对流云团均明显减弱，强降水过程趋于结束。

本次极端大暴雨过程由多个 γ 中尺度对流系统的活动造成，强降水发生在 TBB 梯度最大的区域，极端强降水开始前 3 h TBB 下降超过 30 ℃，对强降水具有较好的指示意义，该特征与杜倩等(2013)和喻谦花等(2016)得出的我国中部和东部地区短时局地暴雨的预警指标类似。此次大暴雨过程的局地小时雨量虽然异常强，但从闪电监测来看，强降水过程中闪电密度并不大(图略)。

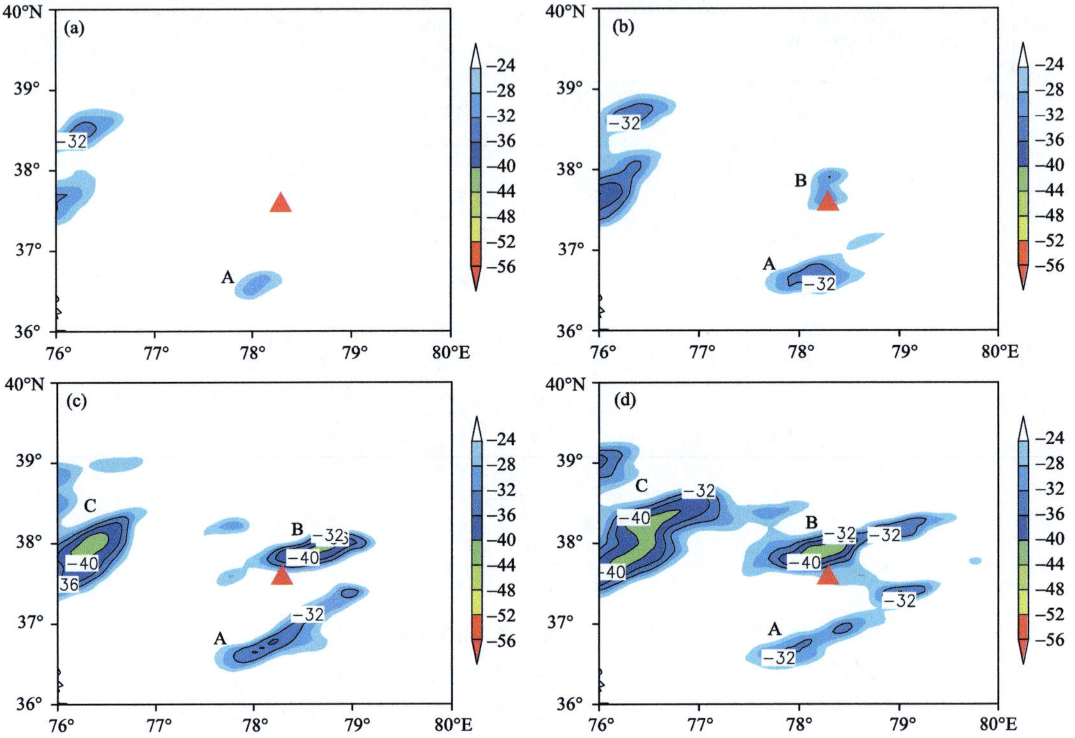

图 5.13　2018 年 5 月 21 日 17—20 时南疆西部地区 FY-2E 和 FY-2G TBB(单位：℃)演变
(a. 17 时 30 分；b. 18 时；c. 19 时；d. 20 时)(分辨率 0.1°×0.1°，红色三角为皮山站位置)

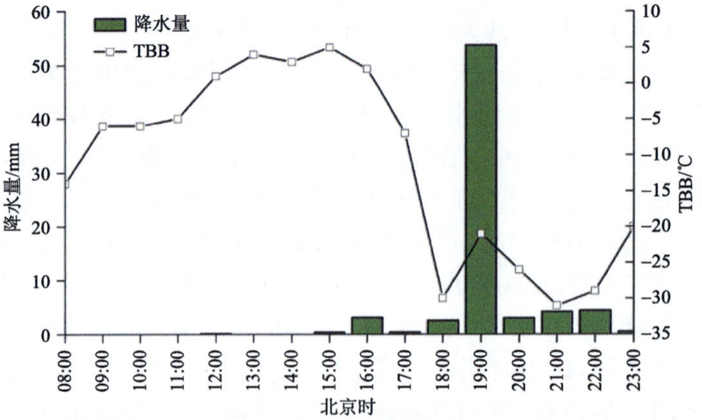

图 5.14　2018 年 5 月 21 日 08—23 时皮山站逐时 TBB 和降水量演变

5.2.5　不稳定能量

南疆西部三面环山，戈壁、绿洲及沙漠相间，平原地区的海拔高度在 1500 m 以下，复杂的下垫面使得近地面辐射升温(降温)较快，气温日较差大。夏季傍晚前后山谷风效应容易触发局地强对流天气，大气层结的状况对强对流天气有很好的指示作用。受东西两股冷空气影响，南疆西部地区的气温自 5 月 17 日开始显著下降，日平均气温基本维持在 16 ℃左右。从沿大暴雨中心皮山站(37.6 °N)的假相当位温(θ_{se})剖面图可以看出，21 日 08 时(图 5.15a)，随着塔里木盆地东部"东灌"冷空气的向西推进，在 79°—80°E 形成一个 θ_{se}锋区，79°E 以西的盆地为暖湿空气控制，皮山站上空 800～600 hPa 的大气为弱的层结不稳定，800 hPa 以下的大气为层结稳定。21 日 14 时(图 5.15b)，随着午后太阳辐射加强，近地层湍流混合作用使得皮山的近地层大气不稳定性增强，皮山附近从地面至 700 hPa 的大气均为不稳定层结。大暴雨区附近的 θ_{se}水平梯度增大，锋区加强为短时大暴雨的发生蓄积了能量。21 日 20 时后(图略)，盆地内部的 θ_{se}迅速下降，大气层结由弱的不稳定逐渐转为稳定，强降水趋于结束。

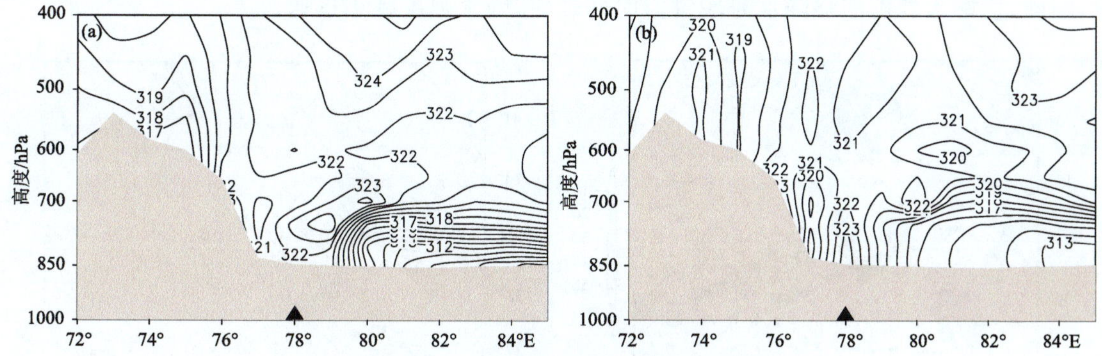

图 5.15　沿 37.6°N 的假相当位温剖面(单位：K)
(a)5 月 21 日 08 时；(b) 5 月 21 日 14 时
(黑色三角为皮山站位置，卡其色为地形)

5.2.6　水汽条件

南疆西部是典型的干旱区，水汽条件对极端暴雨的产生具有至关重要的作用。由于南疆西部三面环山，低空偏东急流向塔里木盆地西部推进的过程中也不断将水汽向盆地西部汇聚。20 日 20 时，850 hPa 偏东风急流增大至 23 m/s，700 hPa 偏东风急流达 20 m/s，东路水汽通量输送最强，南疆西部地区整层水汽通量散度达 -3×10^{-5} g/(cm · s)(图 5.16a)。21 日 08 时(图 5.16b)，500 hPa 塔什干低涡前的西南风增大至 18 m/s，低空偏东急流推进至塔里木盆地西部，低层水汽在南疆西部地区辐合，850 hPa 上皮山站附近出现一个强度为 -4×10^{-6} g/(cm · hPa · s)的强水汽辐合中心。500 hPa 偏南水汽输送和 850～700 hPa 偏东水汽输送在南疆西部上空叠加，为大暴雨的产生提供了充沛的水汽条件。

本次极端大暴雨发生前，南疆盆地已断续出现降雨天气，盆地内大气干燥的状况已得到改善。相关研究表明(史玉光 等，2008)，春季南疆西部地区平均大气整层可降水量为 6～10 mm；南疆东部地区为 4～8 mm。此次极端大暴雨发生前一日，南疆西部地区的大气整层可降水量普遍在 18～20 mm，南疆东部地区在 12～15 mm(图 5.16c)，大暴雨过程发生前大气整层可降水量约为春季平均的 2 倍，整层大气可降水量异常偏多。从皮山站东侧 85 km 处的 GPS(全球定位系统)观测站(M0197)逐时大气整层可降水量的演变可以看出(图 5.16d)，在皮山极端大暴雨发生前，整层大气可降水量的波动较大，最大值为 24 mm，最小值为 16 mm。21 日 08 时，整层大气可降水量处于相对低值，仅为 17 mm，12 时开始整层大气可降水量持续增大，19 时增大至 23.7 mm。皮山站西侧 78 km 处的 GPS 观测站(M0215)前期资料缺失，21 日 12 时开始恢复，从逐时整层大气可降水量的变化可以看出(图 5.16d)，同一时刻皮山站西侧 GPS 站观测到的整层大气可降水量大于其东侧站，18—19 时即最强降水发生的时段，皮山站西侧 GPS 站的整层大气可降水量突增 2 mm。对比皮山站逐时降水量与其东西两侧两个 GPS 站的逐时整层大气可降水量的演变情况，可以看出，强降水过程中整层大气可降水量突然增大，强降水过程结束后整层大气可降水量迅速减小。

综上分析可以看出，此次极端大暴雨过程中水汽的远距离输送特征并不明显，极端大暴雨所需的水汽主要是在南疆西部特殊的地形条件下，在高低空有利的流场作用下，塔里木盆地内的水汽不断向暴雨区汇聚而产生的，由于缺乏充沛的水汽输送，盆地内局地汇聚的水汽量有限，因此，极端大暴雨的强降水时段维持时间较短，降水强度减小迅速。

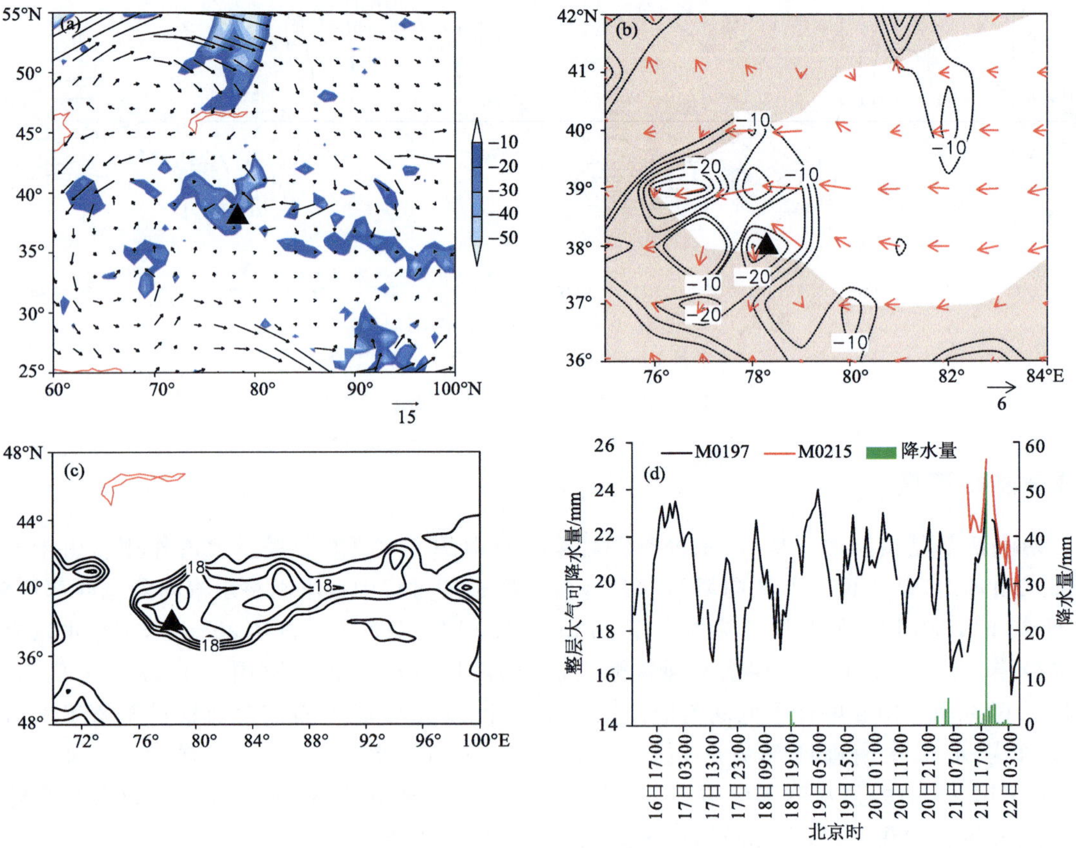

图 5.16 (a) 20 日 20 时地面～300 hPa 垂直积分水汽通量(矢量，单位：10^{-5} g/(cm·s))和水汽通量散度(单位：10^{-5} g/(cm^2·s))；(b)21 日 08 时 850 hPa 水汽通量(矢量单位：10^{-6} g/(cm·hPa·s)和水汽通量散度(单位：10^{-6} g/(cm^2·hPa·s))；(c)20 日 20 时大气整层可降水量(≥12 mm)分布；(d)16 日 08 时至 22 日 08 时 2 个 GPS 测站大气整层可降水量随时间变化(单位：mm)

5.2.7　动力条件

从沿大暴雨中心皮山站(37.6°N)做的纬向垂直环流剖面可以看出(图 5.17),21 日 08 时(图 5.17a),皮山西部存在一个垂直环流圈,东部存在一支强的上升气流,最大垂直上升运动中心位于450 hPa 附近,皮山上空为弱的上升运动。14 时(图 5.17b),塔里木盆地内出现一个完整的反气旋式垂直环流圈,上升支位于皮山上空,与此同时在皮山站西部还出现一个气旋式垂直环流圈,其上升支与皮山上空反气旋式垂直环流的上升支叠加,使得皮山站上空 850～400 hPa 均为上升运动区,并在 850～700 hPa 出现一个强的上升运动中心,为极端强降水的发生准备了有利的动力条件。20 时(图略),皮山东部的反气旋式垂直环流圈减弱西移至 82°E 附近,皮山西部的气旋式垂直环流圈消失,皮山上空的整层垂直上升运动减弱,上升运动在 600 hPa 以下维持,600 hPa 以上出现下沉运动,抑制了垂直上升运动的继续发展,强降水所需的动力条件减弱,降水强度随之明显减弱。

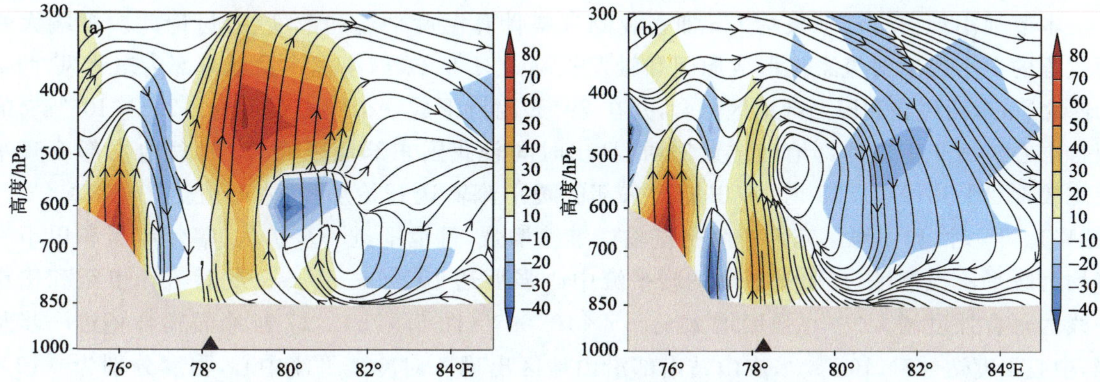

图 5.17　5 月 21 日沿皮山站(39.2°N)的垂直环流(a)08 时;(b)14 时

(阴影区为垂直速度,单位:10^{-3} hPa/s;黑色三角为皮山站位置,卡其色为地形)

进一步分析本次大暴雨中心皮山的动力条件可以看出(图 5.18),21 日 08 时(图 5.18a),对流层低层以负涡度为主,最大的正涡度中心位于 300 hPa,低层辐合及高层辐散均较弱,垂直上升运动的大值中心主要位于 500～400 hPa,600 hPa 以下为较弱的上升运动。大暴雨发生前即 21 日 14 时(图 5.18b),皮山整层为正涡度控制,大值中心位于 750 hPa,中心强度为 $7.0\times10^{-5}\,s^{-1}$;500 hPa 以下辐合较强,500～400 hPa 从无辐散层过渡到弱的辐散层,400～250 hPa 仍为辐合;对流层的垂直上升运动明显增强,850～700 hPa 有一个 6.0×10^{-3} hPa/s 的大值中心。20 时(图略),上升运动主要集中在 600 hPa 以下,低层涡度中心增大到 $8.0\times10^{-5}\,s^{-1}$,低层上升速度达 7.0×10^{-3} hPa/s,低层辐合大于高层辐散,涡度由正转为负,不利于垂直运动的继续发展,此时皮山站的强降水已经明显减弱。

5.2.8　触发机制

大尺度天气形势和环境场为中尺度对流系统的生成提供了有利的环境条件,而中尺度对流系统发生最关键的因素是触发条件。此次大暴雨中心皮山位于塔克拉玛干沙漠南缘,喀喇昆仑山北麓,境内地势西南高、东北低,南部为冰山雪岭,中部为高山和山前河谷,北部为平原及戈壁沙漠,下垫面地形条件极为复杂。21 日 17 时大暴雨对流初生位置位于皮山县南部浅

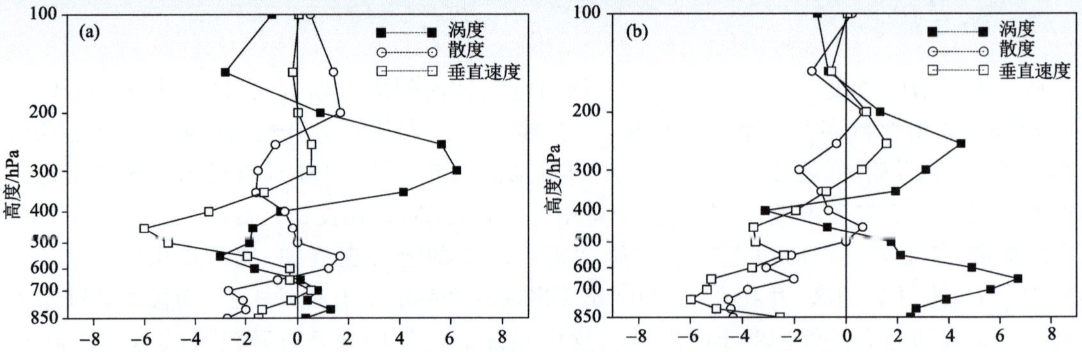

图 5.18　5 月 21 日皮山站涡度(单位：10^{-5} s^{-1})、散度(单位：10^{-5} s^{-1})、垂直速度(单位：10^{-3} hPa/s)的垂直廓线
(a. 08 时；b. 14 时)

山区，17—18 时开始出现小时降水量超过 10 mm 的短时强降水。

本节利用地面自动气象站 1 h 加密观测资料计算温度平流和散度场，讨论此次极端大暴雨过程的中小尺度对流系统形成原因和触发机制。21 日 08 时塔里木盆地东部为东北风，西部为西北风，东西风在和田西部地区辐合，并在 79 °E 附近形成一个中心强度为 -2.5×10^{-5} s^{-1} 的辐合中心。由于南疆西部地理位置偏西，日出时间较我国东部地区晚，08 时盆地内部冷暖平流均较弱(图 5.19a)。12 时，和田地区东部的暖平流输送开始加强，中心值达 10×10^{-3} ℃/s(图略)。15 时，和田地区东部的暖平流输送继续增强，且范围进一步扩大，喀什市至和田市一带均为暖平流控制区，皮山站东部的暖平流中心强度达 15×10^{-3} ℃/s。此时喀什市至和田市一线的辐合强度增大，中心强度增大至 -5×10^{-5} s^{-1}(图 5.19b)。17 时地面辐合场进一步加强，中心强度达 -7×10^{-5} s^{-1}；皮山站南部沿山地区出现一对冷暖平流中心，强度分别为 -15×10^{-3} ℃/s 和 20×10^{-3} ℃/s，该地区出现小时降水量≥10 mm 的降水(图 5.19c)。19 时地面辐合中心南压至皮山站附近，暖平流输送达到最强，皮山站由 2 m/s 的西北风转为西南风，其北部站为东北风，风速突然增大至 6 m/s，西南风与东北风在皮山站附近发生强辐合，有利于触发对流强烈发展(图 5.19d)。21 时皮山东部地区的暖平流输送减弱，在喀什市南部地区出现一个西南—东北向的冷暖平流中心，地面辐合中心北抬，中心强度减弱至 -7×10^{-5} s^{-1}；23 时暖平流输送明显减弱，地面辐合中心强度减弱至 -4×10^{-5} s^{-1}，强降水过程趋于结束(图略)。

5.2.9　小结

(1)100 hPa 南亚高压呈双体型分布，副热带槽加深至 25°N 附近；500 hPa 塔什干低涡与贝加尔湖附近的低槽形成“东西夹攻”之势，低空 850 hPa 偏东气流在西伸的过程中加强为急流，偏东急流垂直高度较高，急流顶伸展至 600 hPa 附近，为极端大暴雨发生提供了有利的高低空系统配置。

(2)副热带西风急流与极锋急流形成的高空强辐散区，与低空偏东风急流左前方强的气旋式辐合区在大暴雨区上空叠加，有利于上升运动维持；大暴雨发生前 4 小时，两个垂直环流圈的上升气流在暴雨中心上空交汇，使得上升运动进一步增强。

(3)南疆西部下垫面复杂，此次极端大暴雨天气过程中，东西两股气流在和田西部地区汇合形成地面中尺度辐合线，午后局地热力不均匀触发了此次极端短时强降水天气。

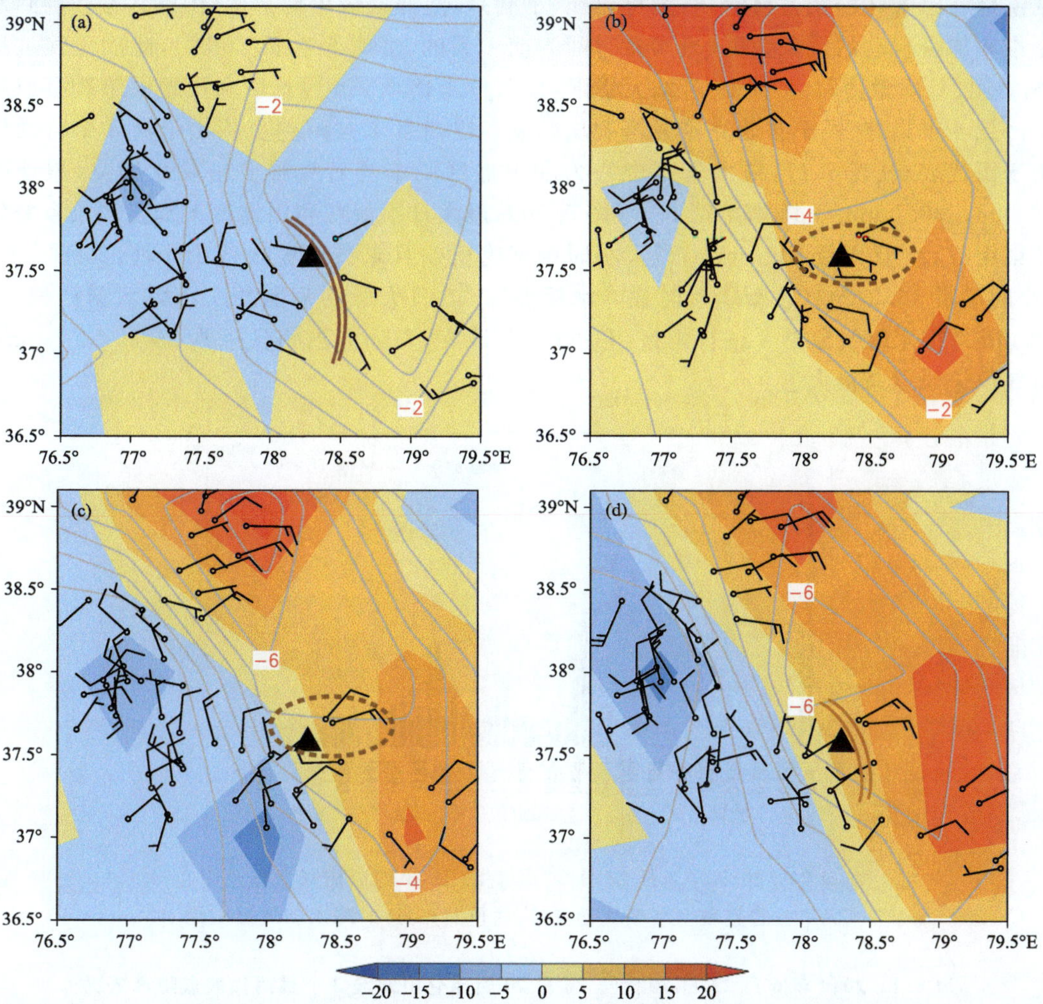

图 5.19　5 月 21 日地面温度平流（单位：10^{-3} ℃/s，填色）、散度场（$10^{-5}\ s^{-1}$，灰色等值线）和加密自动站风场（a. 08 时；b. 15 时；c. 17 时；d. 19 时。黑色三角为皮山站位置）

（4）极端大暴雨发生前南疆盆地大气湿润，大气整层可降水量异常偏多，约为春季平均值的 2 倍，低层偏西气流与偏东急流在暴雨区中心附近形成强辐合，有利于水汽向暴雨区的快速集中和汇聚。

（5）本次极端大暴雨过程中有多个 γ 中尺度对流系统活动，大暴雨发生在 TBB 梯度最大的区域，大暴雨开始前 3 h TBB 降幅超过 30 ℃，与我国中东部局地暴雨发生前 TBB 变化特征相似。

5.3　2019 年 6 月 23—26 日巴州南部大暴雨过程

5.3.1　暴雨实况

2019 年 6 月 23 日 20 时（北京时，下同）至 26 日 20 时，昆仑山北坡至南疆盆地南缘的和田地区南部—巴音郭楞蒙古自治州(简称巴州,下同)西南部一线出现暴雨(图略),据新疆降水量级标准和加密自动站气象数据(日雨量时间为前一天的 20 时至次日 20 时),此次天气过程共 44 站暴雨(日雨量≥24.1 mm)、7 站大暴雨(日雨量≥48.1 mm),选取和田地区策勒县奴尔乡努尔河战斗渠渠首、民丰县若克雅乡塔勒坎勒克和巴州且末县阿羌乡依山干河 3 个自动气象站为暴雨代表点(表 5.1),最大暴雨中心为和田地区民丰县若克雅乡塔勒坎勒克,累计雨量 97.6 mm,≥0.1 mm/h 降雨持续 53 h(图 5.20);最大日雨量在和田地区策勒县奴尔乡努尔河战斗渠渠首,25 日雨量 61.3 mm;最大小时雨强为巴州且末县阿羌乡依山干河,25 日 00—01 时,小时雨量 16.0 mm(达新疆短时强降水标准)。25 日大暴雨范围最广,6 站大暴雨(49.2～61.3 mm),国家级气象站 2 站日雨量(和田市 25 日 27.7 mm、巴州且末县 26 日 48.7 mm)突破有气象记录以来极大值。

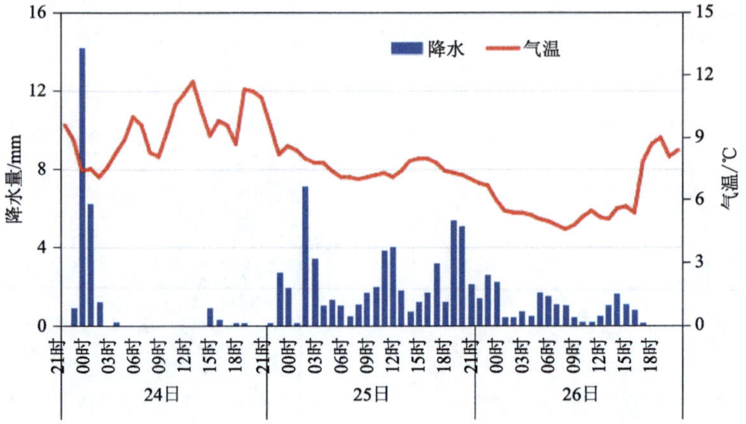

图 5.20　2019 年 6 月 23 日 20 时至 26 日 20 时新疆最大暴雨中心(民丰县若克雅乡塔勒坎勒克站,白色圆点)逐时降水和气温变化

表 5.1　2019 年 6 月 23 日 20 时至 26 日 20 时昆仑山北坡 3 个暴雨代表点降水概况

最强暴雨代表站			累计雨量/mm	最强降雨日		最大小时降雨		≥0.1 mm 降雨小时数/h	小时雨强≥5 mm/h 小时数/h
				日雨量/mm	日期	最大小时雨强/(mm/h)	出现时间		
和田地区	策勒县	奴尔乡努尔河战斗渠渠首	80.3	61.3	25 日	7.9	25 日 06 时	42	5
	民丰县	若克雅乡塔勒坎勒克	97.6	54.1	25 日	14.2	23 日 23 时	53	4
巴州	且末县	阿羌乡依山干河	54.6	43.6	26 日	16.0	25 日 00 时	36	1

5.3.2　环流形势及天气系统

本节环流形势图中涉及的地图底图来自中国气象信息综合分析处理系统(Micaps 4)制作,底图无修改。

5.3.2.1　暴雨发生在 100 hPa 南亚高压双体型转青藏高压单体型后

按照钱永甫等(2002)南亚高压定义,100 hPa 等高面上以 75°E 为界,结合高压中心,将南亚高压分为青藏高压型、伊朗高压型和双体型 3 个类型，依此定义，此次暴雨过程中南亚高压出现了双体型和青藏高压型两个类型，并有东西和南北振荡。6 月 16—21 日，100 hPa 南亚高压出现双体型并维持，16 日 08 时南亚高压双体型形成，两个高压中心分别位于伊朗高原(25°—27°N，50°—53°E)和青藏高原东部(24°—28°N、95°—100°E)，中心强度均为 1680 dagpm，20 日青藏高压向西北方向移动并加强，22 日 20 时伊朗高压闭合高中心消失，双体型转为青藏高压型。24 日 20 时青藏高压最强，高压中心移至青藏高原南部，较 19 日西移约 7 个经距、北移 1～3 个纬距，中心增至 1692～1694 dagpm(图 5.21a)。25 日 08—20 时青藏高压位置稳定，强度减弱，高压中心降至 1690 dagpm 并持续至 26 日 20 时(图 5.21b)。

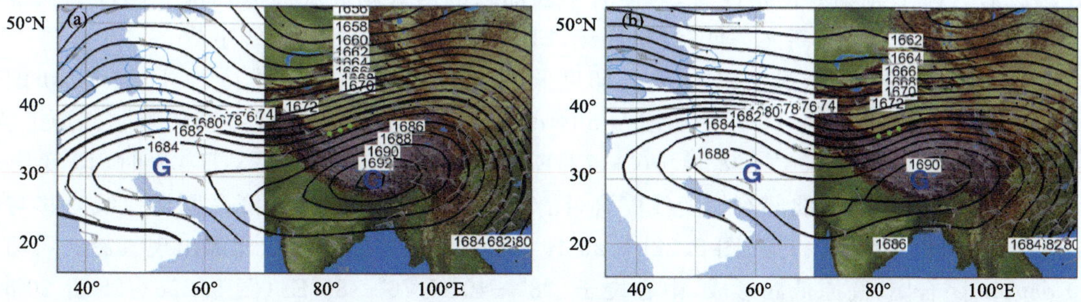

图 5.21　2019 年 6 月 24—25 日 100 hPa 位势高度(单位：dagpm)叠加风场(风向杆)
(a. 24 日 20 时；b. 25 日 20 时)(绿色点为暴雨点)

以往对南疆高压对南疆降水的影响研究主要侧重于盆地平原地区，张家宝等(1986)认为，100 hPa 南亚高压影响新疆气候和南疆降水，南疆多雨时段南亚高压呈双体型，此地域多指南疆塔里木盆地平原区，且以南疆西部喀什地区、克州居多；从气候态来看，南亚高压为青藏高压型分布时除塔里木盆地西南部降水偏多外，新疆其余地方降水均偏少(王前 等，2017)。此次南亚高压分布形态与上述结论均不同，主要表现在昆仑山北坡暴雨发生在南亚高压双体型转为青藏高压型之后，暴雨发生前，南亚高压持续双体型形态，当双体型转为青藏高压后，昆仑山北坡强降水开始，青藏高压强度减弱过程中，昆仑山北坡降雨并未立即停止，而是至少持续数个小时。

5.3.2.2　500 hPa“两高夹一低”形势下多个天气系统共存与相互作用

青藏高原低涡和切变线早在 1981 年就给出了定义(青藏高原气象科学研究拉萨会战组，1981)，青藏高原低涡是指 500 hPa 内(27°—40°N，70°—110°E)，出现闭合等值线的低压或者 3 站风向呈气旋性环流的涡旋系统；高原切变线是指 500 hPa 存在 3 站以上风向对吹的辐合线，且长度大于 5 个经/纬度，青藏高原低涡、切变线对青藏高原天气有重要影响，青藏高原低涡是青藏高原特殊的天气系统(赵平 等，2001)。夏季青藏高原暴雨与青藏高原切变线活动密切相关(徐建芬 等，2000)，夏季高原的非绝热加热作用对切变线强度起到加强作用(陶诗言 等，1984)，高原感热加强也会导致新疆降水增多(姚秀萍，2019)，青藏高原边坡的竖切变线与横切变线相比，更容易产生强对流天气，且诊断物理量增幅大于横切变线对应的物理量(刘新伟 等，2020)。上述研究说明青藏高原切变线对新疆降水有影响，但青藏高原切变线和低涡对昆仑山北坡暴雨如何作用和影响并不清楚。

中低纬度形成“两高夹一低”经向环流形势。500 hPa 上，6 月 16—20 日欧亚范围环流形势发展为南北两支锋区，北支锋区位于 40°N 以北的中高纬度地区，乌拉尔山至西西伯利亚为宽广长波槽区，欧洲沿岸脊和贝加尔湖脊发展。南支40°N以南锋区呈两脊一槽形势，环流经向度增大，伊朗高压脊稳定，西太平洋副热带高压(简称西太副高，下同)西伸过程中加强，青藏高原西部—印度半岛为低值系统区，形成“两高夹一低”的经向环流。21日北支锋区上，新地岛附近极涡逆转南下，南端冷空气补充至乌拉尔山至西西伯利亚长波槽内，欧洲脊发展北挺。22—23日欧洲脊东移，与伊朗高压脊同位相叠加，伊朗高压中心稳定于50°—55°E，中心强度588 dagpm，23日长波槽东移至巴尔喀什湖附近形成巴尔喀什湖低槽，该槽分裂为南北两段，北段移速较快，南段槽底南伸至40°N附近，得到伊朗至里海脊前南下冷空气补充后，南疆西边界线出现西北—西风冷式切变线，此切变线在(32°—40°N，65°—70°E)，跨越6～7个经距(图5.22a)。20日前稳定的伊朗脊、西伸时不断加强的西太副高和高原西部—印度的低值系统区在中低纬度形成“两高夹一低”经向环流，21—23日南疆境外切变线生成。

高原切变线和高原低涡生成维持，与印度低值系统共存和作用。维持24日08时，伊朗高压东移时向东北发展加强，20时中心增至594 dagpm，南疆境外切变线移至帕米尔高原上空，高原切变线形成，位于30°—38°N、70°—72°E，跨越6～7个经距；23日08时，印度出现584 dagpm闭合低压，其北部有切变线配合(图5.22a)，24日20时，青藏高原切变线东移与印度低压北部切变线结合、打通(图5.22b)；25日08时，青藏高原切变线北部出现气旋式风场和580 dagpm闭合圈，高原低涡形成，中心位于(38°—40°N，76°—80°E)(图5.22c)；25日20时，

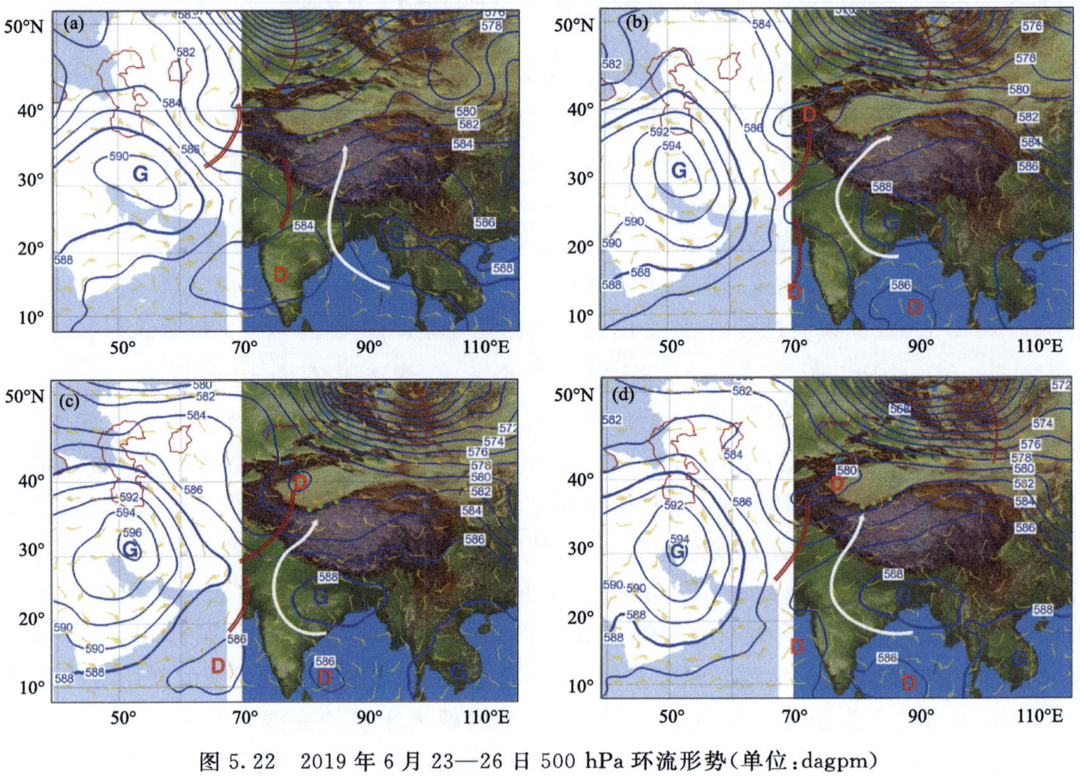

图5.22　2019年6月23—26日500 hPa环流形势(单位：dagpm)
(红色双实线为切变线，白色带箭头实线为偏南气流，“D”和“G”(“低中心”和“高中心”)表示位势高度，绿色点为暴雨点)
(a. 23日08时；b. 24日20时；c. 25日08时；d. 25日20时)

青藏高原切变线和低涡维持，切变线位于(27°—37°N，78°—82°E)，跨越 10 个经距左右，高原低涡 580 dagpm 闭合圈范围扩大，与印度低压和切变线共同存在(图 5.22d)。可见，24 日起青藏高原切变线和青藏高原低涡先后形成，与印度低值系统同位相配置(24 日 20 时至 25 日 20 时较强)，3 个低值系统构成相互配合又相互作用的低值系统，并维持至 26 日 08 时。24—26 日青藏高原切变线维持约 36 h，而青藏高原低涡持续约 24 h，较切变线短 12 h 左右。

西太副高不断西伸，外围偏南风盛行。16 日起西伸，19—20 日与蒙古—贝加尔湖高压脊叠加、强度增强，21—22 日 588 dagpm 等值线西边界伸至 94°E 附近；从图 5.22 和表 5.2 可以看出，23 日 08 时至 24 日 20 时，随青藏高原东部小槽东移，冷空气切断西太副高和蒙古高压同位相高压脊，西太副高西端从高压主体抽离并与青藏高原切变线前暖平流叠加；24 日 20 时抽离后的西太副高在青藏高原南侧形成中心 588 dagpm 闭合高压中心(位于(22°N，95°E))且面积扩大，西太副高外围和青藏高原切变线前沿盛行偏南风，588 dagpm 等值线西边界由 92°E 伸至 81°E 附近(西伸约 11 个经距)，586 dagpm 等值线西边界由 86°E 伸至 79°E 附近(西伸约 7 个经距)(图 5.22a、b)；25 日 08—20 时，西太副高 588 dagpm 闭合高压继续西进(西边界西进约 8 个经距)(图 5.22c、d)，高压脊外围偏南风带自印度半岛东部西进至印度半岛—青藏高原西部，在暴雨过程中对动力抬升和水汽输送发挥了重要作用。

表 5.2　2020 年 6 月 23—25 日 500 hPa 西太副高和伊朗高压特征量值

特征量		位置和强度	23 日 08 时	24 日 20 时	25 日 08 时	25 日 20 时
西太副高	588 dagpm 等值线	西边界/°E	92	81	78	69
	闭合高压	中心位置/(°N，°E)	22，95	22，86	24，82	23，88
	586 dagpm 等值线	西边界/°E	86	79		69
伊朗高压	中心	强度/dagpm	590	594	596	594
		位置/(°N，°E)	31，53	31，52	30，52	30，51
	588 dagpm 等值线	东边界/°E	63	63	68	62

伊朗高压东进并加强。23 日 08 时至 24 日 20 时，伊朗高压位置稳定(表 5.2)，高压中心由 590 dagpm(位于(31°N，53°E))增至 594 dagpm(位于(31°N，52°E))，588 dagpm 等值线内面积不断扩大(图 5.22a、b)；25 日 08 时，伊朗高压进一步东进，强度加强，588 dagpm 等值线东边界由 63°E 伸至 68°E 附近，东进 5 个经距，高压中心增强为 596 dagpm(位于(30°N，52°E))(图 5.22c)，25 日 20 时，伊朗高压西退、强度开始减弱，中心强度 594 dagpm(图 5.22d)。

200～300 hPa 西南急流北抬至暴雨区至塔里木盆地上空并加强。15 日起，200～300 hPa 副热带大槽建立并维持，槽前西南气流加强为急流，300 hPa 上，19—23 日≥35 m/s 西南急流在青藏高原上空，24 日急流北抬至南疆盆地，最大风速 40 m/s；200 hPa 上，23 日≥40 m/s 西南急流自青藏高原延续至南疆盆地，24 日急流轴中心东北上至南疆盆地中部，最大风速增大为 56 m/s。高空西南急流北抬至暴雨区至盆地上空，增强后的高空西南急流与 500 hPa 间的耦合作用形成了 200～500 hPa 耦合层内暴雨区及其西侧上升运动支并维持，通过此上升气流，增强了水汽在暴雨区中层的汇聚和辐合。

此次暴雨过程在西太副高不断西伸、外围偏南风盛行、伊朗高压东进并加强、高原切变线和低涡维持的“两高夹一低”经向环流下产生，受西太副高下游脊阻挡，青藏高原低涡和切变线、印度低压及北部切变线、西太副高外围偏南气流等多个天气系统共存与相互作用触发暴雨，200～300 hPa 暴雨区辐散抽气作用明显，暴雨出现在高空西南急流入口区右后侧。

5.3.3 偏西和偏南气流先后将水汽输送至昆仑山北坡并辐合

5.3.3.1 偏西和偏南路径的水汽输送

暴雨须依托一定的动力条件输送水汽至暴雨区才能产生，此次暴雨 500 hPa 出现了偏西和偏南两条水汽输送通道，降水发生前(21 日 08 时至 23 日 08 时)为偏西水汽输送，降水发生前和发生后(23 日 08 时至 25 日 20 时)为偏南水汽输送。偏西路径的水汽输送，水汽来源于里海和咸海一带，巴尔喀什湖低槽南段的偏西风将水汽输送至南疆，22 日 08—20 时，偏西风将里海、咸海水汽输送至帕米尔高原西侧，23 日 08 时，帕米尔高原西侧水汽翻越青藏高原进入南疆西部，水汽通量中心为 3 g/(cm·hPa·s)，盆地西部配合出现了 -10×10^{-6} g/(cm^2·hPa·s)的水汽辐合中心，其上空出现明显的水汽输送和辐合。

偏南路径的水汽输送，水汽来源于孟加拉湾地区，23 日 08 时至 26 日 08 时，青藏高原切变线前沿和西太副高外围偏南气流带随西太副高西伸西移至青藏高原西部，将源自孟加拉湾的水汽接力输送至青藏高原和昆仑山脉，并在昆仑山北坡辐合和汇聚，这支偏南气流是输送水汽的重要动力条件。23 日 08 时，西太副高外围偏南气流自孟加拉湾 20°N 以南经过印度半岛再向东南方转向延伸至青藏高原 35°N 附近，将孟加拉湾水汽输送至青藏高原和昆仑山脉，青藏高原中部出现 7 g/(cm·hPa·s)水汽输送中心和 -8×10^{-6} g/(cm^2·hPa·s) 水汽辐合中心(图 5.23a)；25 日 20 时，随西太副高西伸，偏南气流西伸北抬，藏北高原和昆仑山北坡的偏南风分别为 12～16 m/s 和 8～12 m/s，昆仑山北坡上空偏南风速辐合明显，水汽输送和水汽辐合达最强，最大水汽输送强度区藏北高原为 4～6 g/(cm·hPa·s)、昆仑山北坡 2～3 g/(cm·hPa·s)，昆仑山北坡水汽辐合达 $-8\times10^{-6}\sim-12\times10^{-6}$ g/(cm^2·hPa·s)(图 5.23b)，偏南路径的水汽输送至少较偏西路径偏长约 12 h。

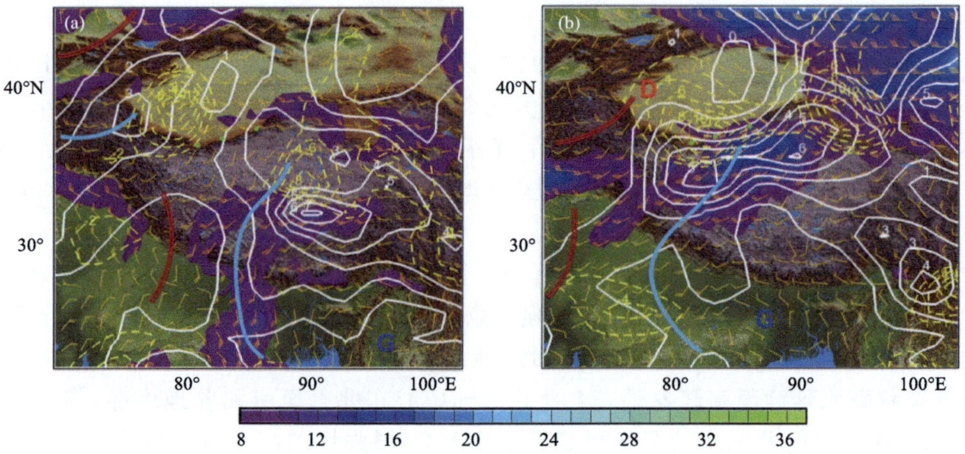

图 5.23 500 hPa 水汽通量(白实线，单位：g/(cm·hPa·s)、水汽通量散度(黄虚线，单位：10^{-6}g/(cm^2·hPa·s)叠加风场(风矢量+填充，单位：m/s)(a. 23 日 08 时，b. 25 日 08 时)(绿色点为暴雨点)

5.3.3.2　暴雨区高层和低层的水汽输送和辐合垂直结构

应用 NCEP 1°×1°再分析资料，沿暴雨点——民丰县若克雅乡塔勒坎勒克作水汽输送和辐合垂直剖面(图略)，分析高层和低层水汽输送及水汽辐合状况。

23 日 08 时至 26 日 08 时，暴雨点上空 500 hPa 附近的偏南路径水汽输送中，450 hPa 水汽输送较强，24 日 14 时至 26 日 08 时 450 hPa 水汽输送强度 4 g/(cm・hPa・s)，水汽辐合强度 0～-5×10^{-6} g/(cm^2・hPa・s)，25 日 20 时达-10×10^{-6} g/(cm^2・hPa・s)，450 hPa 水汽输送和辐合持续了约 42 h。此次暴雨的水汽输送和辐合主要在 450 hPa 附近，偏南气流西伸东北移至藏北高原—昆仑山北坡的动力过程中，将孟加拉湾水汽自南向北输送，藏北高原至昆仑山北坡水汽输送较强并有明显水汽辐合。

低层(600 hPa)以下出现了东风路径的水汽输送，23 日 20 时至 24 日 20 时，600 hPa 水汽辐合强度$\leqslant-10\times10^{-6}$ g/(cm^2・hPa・s)，24 日 20 时至 25 日 08 时，650 hPa 水汽输送强度 8 g/(cm・hPa・s)。600 hPa 以下水汽辐合与水汽输送交错出现，24 日 20 时之前和之后，550 hPa 以下先后出现水汽辐合和水汽输送，说明低层有东风水汽输送但无明显辐合，只是提升低层湿度。

5.3.4　低层东风“冷垫”作用

5.3.4.1　使高层偏南风沿“冷垫”爬升而产生动力抬升

通常中层无冷空气活动时，偏南气流越过藏北高原后会产生下沉运动，但此次暴雨过程中低层盛行东风并携带冷空气，在昆仑山北部形成低层东风契入，阻止中高层偏南暖湿气流下沉。沿暴雨点民丰县若克雅乡塔勒坎勒克作温度平流叠加风场垂直剖面(图略)，23 日 14 时后 650 hPa 以下出现东风并配有冷平流(低层东风“冷垫”)，低层东风“冷垫”顶高达 600 hPa，高空偏南暖湿气流沿低层“冷垫”爬升，加剧动力抬升作用，到达一定高度后水汽凝结产生降水。

5.3.4.2　东风“冷垫”增厚加强和增湿使垂直方向冷暖交绥加剧

23 日 14 时后，650 hPa 以下出现东风“冷垫”，“冷垫”厚度逐渐升高，24 日 20 时“冷垫”顶升至 600 hPa 附近；“冷垫”强度加强，25 日 08 时“冷垫”最强，表现为东风加大和冷平流增强，700～750 hPa 最大东风 6～10 m/s、冷平流$\leqslant-8\times10^{-5}$℃/s，$\leqslant-2\times10^{-5}$℃/s 冷平流的东风“冷垫”厚度 80～100 hPa。从 25 日 14 时和 20 时 700 hPa 温度平流叠加风场变化可以看出，昆仑山北坡冷平流区逐渐西扩，高中心值由-12×10^{-5}～-8×10^{-5}℃/s 降至-26×10^{-5}～-20×10^{-5}℃/s，印证冷垫强度增强、范围扩大(图略)。

低层东风携带湿空气在昆仑山北坡产生水汽输送，使东风“冷垫”近地层形成“湿冷垫”，暖湿空气沿其爬升过程中空气增湿、冷却达到饱和，使降水持续并出现增幅；中高层偏南暖湿气流与低层东风“冷垫”在昆仑山北坡交汇，垂直方向加剧了冷暖交绥，增强了大气的斜压性，有利于强降水产生，以上结果与内陆分析强降水、暴雪以及雨雪相态转换得出的结论(刘勇 等，2016；张芹 等，2015；赵桂香 等，2011；周晋红 等，2014；赵宇 等，2018)基本一致。

5.3.5　环流形势及天气系统的空间配置

此次暴雨过程是在有利的大尺度环流背景下、不同层次多个天气系统相互配合、共同作用产生的，图 5.24 给出了昆仑山北坡暴雨环流形势及多个天气系统空间配置结构。一是在高层，暴雨出现在 100 hPa 南亚高压双体型转为青藏高压型之后，200～300 hPa，昆仑山至南疆盆地的西南急流加强，暴雨区高空辐散抽气作用明显，暴雨出现在高空西南急流入口区右后侧；二是在中层(500 hPa)上，暴雨在中低纬度呈“两高夹一低”经向环流，西太副高不断西伸，外围偏南风盛行，伊朗高压东进并加强，青藏高原切变线和低涡维持。受西太副高下游脊阻挡，青藏高原低涡和切变线、印度低压及北部切变线、西太副高外围偏南气流等多个天气系统共存与相互作用触发暴雨。西太副高西侧和高原切变线前沿的偏南气流带随西太副高西伸西移至青藏高原西部，将源自孟加拉湾的水汽接力输送至青藏高原和昆仑山脉，并在昆仑山北坡辐合和汇聚，这支偏南气流是输送水汽的重要动力条件；三是暴雨发生期间，偏南气流上的正涡度平流和暖平流有利于暴雨区上空大尺度抬升运动，200～300 hPa 西南急流与 500 hPa 的高中层耦合作用形成了暴雨区上空上升运动支，使中层水汽辐合以及水汽垂直输送增强，加剧水汽在中层暴雨区的汇聚。

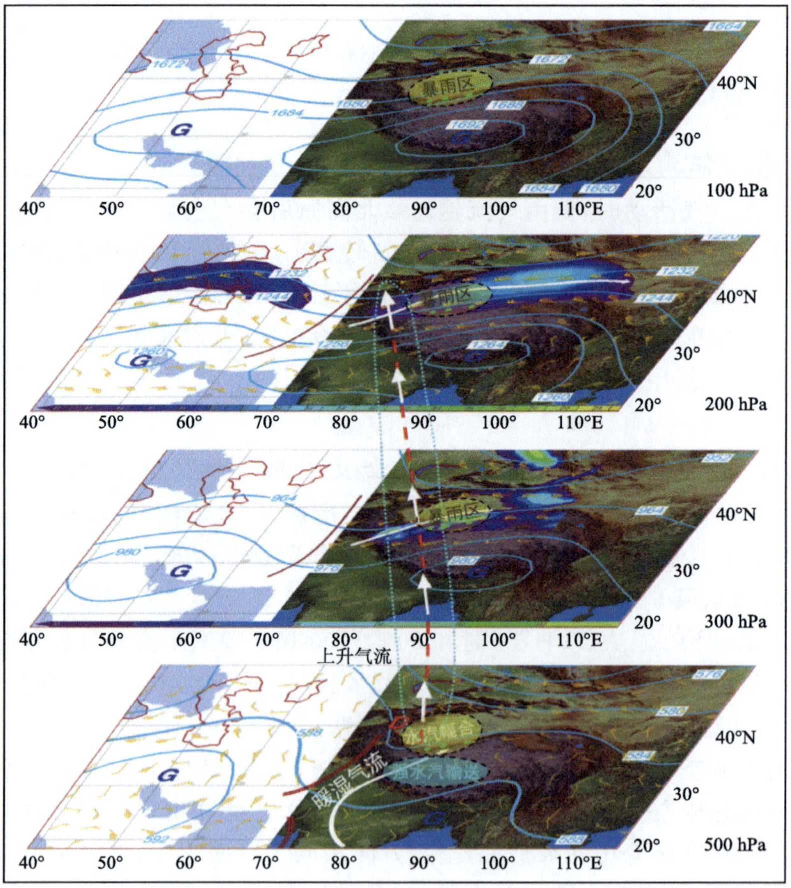

图 5.24　2019 年 6 月 24 日 20 时昆仑山北坡暴雨天气学概念模型

（蓝色实线为位势高度，棕色双实线为切变线，棕色单实线为槽线，白色带箭头实线为偏南气流，“D”和“G”表示位势高度“低中心”和“高中心”，填充区为≥40 m/s 急流区，绿色点为暴雨点）

5.3.6　小结

针对昆仑山北坡罕见暴雨过程中环流形势、天气系统及高低空配置展开讨论，重点分析了南亚高压、青藏高原低涡和切变线、西太副高外围偏南气流等天气系统对暴雨的影响，得出以下结论：

(1)此次暴雨是在有利的大尺度环流背景下、高低空多个天气系统配置和相互作用产生的，一是暴雨出现在 100 hPa 南亚高压双体型转青藏高压型后，200～300 hPa 高空昆仑山至南疆盆地的西南急流加强，辐散抽气作用明显，暴雨出现在高空西南急流入口区右后侧；二是暴雨在 500 hPa 中低纬度“西太副高不断西伸，外围偏南风盛行，伊朗高压东进并加强，青藏高原切变线和低涡维持”的“两高夹一低”经向环流下产生，受西太副高下游脊阻挡，高原低涡和切变线、印度低压及北部切变线、西太副高外围偏南气流等多个天气系统共存与相互作用下触发暴雨；三是高空西南急流与 500 hPa 偏南气流在暴雨区上空的耦合作用，形成了 200～500 hPa 耦合层内暴雨区及其西侧上升运动支并维持。

(2)此次暴雨过程中，500 hPa 有两条水汽输送路径，降水发生前有偏西和偏南两条水汽输送路径，降水发生后仅有一条偏南路径的水汽输送，西太副高外围和青藏高原切变线前沿的偏南气流形成自南向北的水汽通道，将孟加拉湾水汽输送至青藏高原和昆仑山脉，水汽辐合明显，暴雨主要出现在中层水汽输送和辐合的叠加区。偏南水汽输送持续时间更长，水汽主要来自于孟加拉湾、里海和咸海两个水汽源地，孟加拉湾水汽贡献更大。

(3)低层 600 hPa 以下东风“冷垫”作用显著，高空偏南暖湿气流沿低层“冷垫”爬升，有利于动力抬升作用增强；随东风“冷垫”增厚、加强和增湿，中高层偏南暖湿气流与低层东风“冷垫”在昆仑山北坡交汇，加剧了垂直方向冷暖交绥和大气的斜压性，有利于强降水产生。

5.4　2021 年“7・19”阿克苏地区大暴雨过程

5.4.1　暴雨实况

2021 年 7 月 18 日夜间至 22 日白天，塔里木盆地的喀什地区、克州、和田地区、阿克苏地区均出现暴雨，19 日夜间最强。此次暴雨过程有以下特征：①累计雨量大，强降雨集中在塔里木盆地，北疆和东疆降雨较弱。盆地累计降雨量 155 站 12.1～23.5 mm、67 站 24.1～47.8 mm、9 站 51.2～92.2 mm、2 站 101.1～107.3 mm，最大中心在阿克苏地区拜城县康其乡黄山羊沟站(图略)。②暴雨站次数多。共 40 站暴雨(阿克苏地区 3 县、喀什地区 4 县、克州 2 县、和田地区 3 县)、6 站大暴雨(喀什地区疏附县、克州阿图什市、阿克苏地区拜城县)。③最大和次大日雨量超过新疆 24 h 大暴雨标准，最大日雨量为 78.5 mm(克州阿图什市上阿图什乡铁提尔村站，19 日夜间 6 h 降雨量 77.1 mm)，次大日雨量为 74.6 mm(喀什地区疏附县明尧勒村站，19 日 20 时至 20 日 20 时)。④小时雨强强。共 57 站次出现短时强降水，11 站次小时雨强≥20.0 mm/h。

暴雨点选取以能代表塔里木盆地西(喀什地区和克州)、北(阿克苏地区)、南(和田地区)3 个方位，并以累计降雨量居前三位为标准，由于盆地西部的喀什地区疏附县和克州阿图什市很近，阿图什市上阿图什乡铁提尔村站虽日雨量最大，但累计雨量 86.6 mm 排在第五位，因此盆地西部选疏附县的站。综合考虑后，选取阿克苏地区、喀什地区、和田地区所辖境内最大累计雨量站作为三个暴雨点，依次为阿克苏地区拜城县康其乡黄山羊沟站（站号 Y8608，累计雨量 107.3 mm）、喀什地区疏附县明尧勒村站（Y6130，累计雨量 98.3 mm）、和田地区于田县皮什盖村（Y6252，累计雨量 69.6 mm）；从图 5.25 可以看出，最大小时雨强 Y6130 为 48.4 mm（20 日 01—02 时）、Y8608 为 23.6 mm（21 日 13—14 时）、Y6252 为 15.6 mm（19 日 18—19 时）。

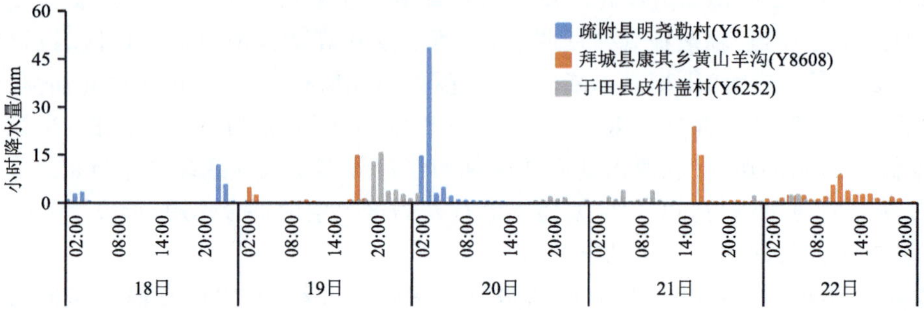

图 5.25　2021 年 7 月 18 日 20 时至 22 日 20 时三个暴雨点逐时雨量（单位：mm）随时间的变化

本次暴雨引发局地山洪，喀什地区喀什市、疏附县和巴楚县玉米等农作物和房屋不同程度损毁；阿克苏地区阿瓦提县英艾日克镇 8 个村 503 户 2442 人受灾；拜城县克孜尔乡四村黑孜河河段（黑孜水文站）水势明显上涨，7 月 22 日 20 时流量 337 m^3/s，超过 320 m^3/s 的蓝色预警流量。

5.4.2　大尺度环流形势

5.4.2.1　100 hPa 南亚高压“西高东低”转“匀双体”分布

南疆多雨时段，100 hPa 南亚高压呈双体型，且存在东西振荡，两个高压中心在伊朗高原和青藏高原东部上空（张学文 等，2006；杨莲梅 等，2020）。本节首次提出南亚高压“匀双体”概念，指 100 hPa 伊朗高原和青藏高原两个高压中心基本位于同一纬度，且最强高压等值线闭合圈面积大体一致的均匀双体型分布形态。此次暴雨过程南亚高压也呈双体型，但两个高中心变化与以往不同，由“东高西低”转“匀双体”分布，青藏高压明显发展、北抬。7 月 15 日前，南亚高压呈带状分布，15 日 08 时两个高压中心（均 1680 dagpm）分别在伊朗高原西部和青藏高原东部上空；18 日 08 时至 20 日 08 时，伊朗高压加强北抬，呈“西高东低”双体分布，其中，19 日 20 时两个高中心均为 1688 dagpm，伊朗高压明显偏强，且高中心偏北（图略）；20 日 20 时两个高压中心分别为 1696 dagpm、1688 dagpm，中心压差最大。21 日 02 时青藏高压继续加强北扩，“西高东低”转“匀双体”，22 日 08 时，两个高压中心均为 1688 dagpm 且等值线闭合区面积相当，“匀双体”分布持续至 22 日 14 时，20 时“匀双体”有所减弱，塔里木盆地始终处于中亚低压底部西南气流中。

5.4.2.2　500 hPa“两高夹一低”环流下中亚低压与印度低压共存并影响

图 5.26 为主要天气系统变化轨迹，500 hPa 上 GRAPES_GFS 模式位势高度场叠加风场中，点绘 7 月 15 日 08 时至 22 日 20 时主要高压和低压天气系统逐 6 h 所在位置，连接这些天气系统随时间变化的位置点，得出主要天气系统变化轨迹，每个天气系统移速不同，造成变化

轨迹线长短不一。主要天气系统变化轨迹为，低值系统中，中亚低压南下、印度低压西移北上、青藏高原低涡缓慢东北移；高压系统中，伊朗高压西退北上、西太副高西移过程中逐渐北上、高原反气旋北上东移。

500 hPa上，7月17日前中高纬度为"两脊一槽"（欧洲和贝加尔湖为脊区、西西伯利亚为槽区），新疆40°N以南为带状高压。17日后，高中低纬度槽脊位相逐渐同步，18—19日"两高夹一低"环流形势下，副高南侧台风"烟花"和华南台风"查帕卡"生成后长时间维持。结合图5.26，主要环流形势和天气系统演变如下：①伊朗高压（"西高"）的变化。变化轨迹呈先西退、后加强北上、再西退态势。15—17日伊朗高压西退，18—20日加强北上、面积扩大，其南部维持东风，其中，18日08时，伊朗高压与黑海、里海高压叠加发展，明显发展北挺，脊前冷空气南下，促使中亚低压维持并加深。19日20时，588 dagpm等值线继续北抬、范围增大，出现592 dagpm中心，阿拉伯海北部东风12～16 m/s。21—22日伊朗高压减弱西退。②青藏高原反气旋高压环流和西太副高（"东高"）的变化。青藏高原东部的反气旋高压环流12—23日长时间维持，反气旋西部为偏南风，变化轨迹先北上、后东移、再南下。西太副高变化轨迹总体呈西进北上态势，15日08时，西太副高中心由14日20时的（34°N，144°E）西北进至（34°N，145°E）附近，中心强度588～592 dagpm。15日08时至21日02时，波动西进过程中逐渐北上，其中，19日20时移至（38°N，137°E）附近，与15日相比，北上3个纬距、西进8个经距，中心强度592 dagpm，588 dagpm等值线西界、北界伸至125°E和48°N左右；20日02时至21日02时，西太副高继续西进北上，588 dagpm等值线西界、北界伸至119°E和53°N左右。22日02时西太副高开始东退减弱。15—22日，青藏高原反气旋环流与西太副高共同形成东部高压脊，有阻挡作用。③中亚低压、印度低压、青藏高原低涡（"一低"）变化。中亚低压南下、印度低压西退北上、青藏高原低涡缓慢东北上，三者共存与相互影响形成"一低"。12—18日，西西伯利亚维持低槽，随伊朗高压北挺和脊线顺时针旋转，脊前冷平流南下，巴尔喀什湖西北部形成气旋性环流——中亚低压，19—21日中亚低压南压。印度低压15日起由青藏高原气旋性环流南下至印度半岛形成，19日20时，印度低压西退至阿拉伯海东部出现584 dagpm闭合线，中亚低压、印度低压呈阶梯槽分布。20—21日印度低压北上，22日08时，中亚低压底部580 dagpm等值线南界压至29°N，印度低压中心北上至恒河南部。

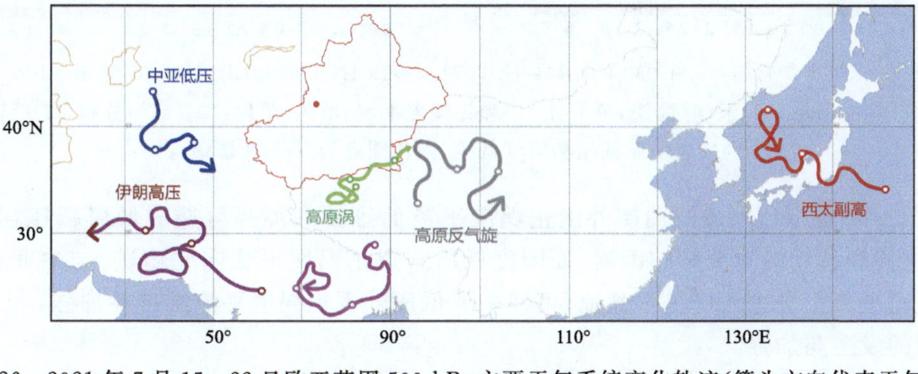

图5.26　2021年7月15—22日欧亚范围500 hPa主要天气系统变化轨迹（箭头方向代表天气系统移动方向，箭头位置为系统最终位置，轨迹线中空心圆圈依次代表15日08时、19日20时和21日20时，红色点为阿克苏地区Y8608暴雨点）

中亚低压、印度低压和青藏高原低涡共同构成“一低”，中亚低压、印度低压前沿维持西南风，此西南风带上正涡度平流和暖湿气流是形成动力抬升、水汽输送和热力条件的重要机制。图 5.27 中，500 hPa 正涡度平流主要分布在低值系统前西南或偏南气流中，中亚低压和印度低压附近均有正涡度平流。印度低压在青藏高原上空时，低压附近向西北方输送至盆地的正涡度平流为 $0.5\times10^{-8}s^{-2}$，最大中心 $1.2\times10^{-8}s^{-2}$ 位于低压北部；印度低压南下过程中，低压附近及北部正涡度平流区向高原输送，随印度低压东侧偏南风加强，$0.5\times10^{-8}s^{-2}$ 向北移动的正涡度平流范围扩大，受盆地东部高压脊阻挡，正涡度平流经过青藏高原进入塔里木盆地，与中亚低压外围部分正涡度平流在塔里木盆地汇合；随中亚低压南下和印度低压北上，印度低压周边北上的正涡度平流与中亚低压外围南压的正涡度平流部分汇合进入盆地，进入盆地的正涡度平流不低于 $0.5\times10^{-8}s^{-2}$，最强 $1.2\times10^{-8}s^{-2}$。

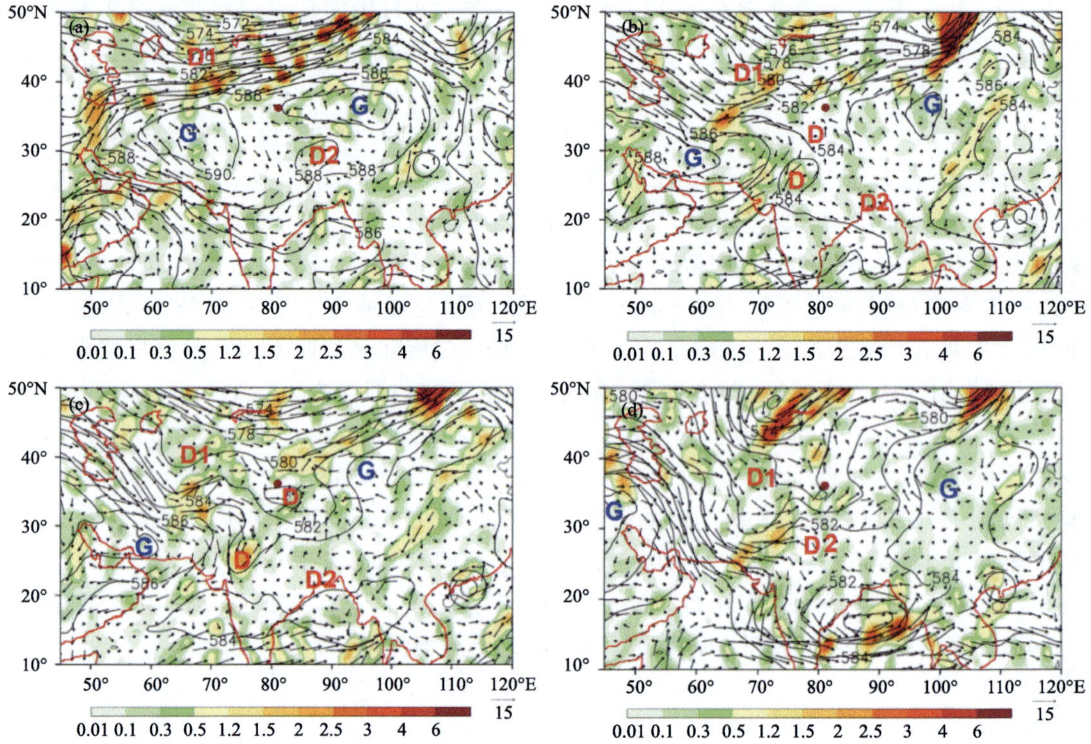

图 5.27　2021 年 7 月(a)17 日 08 时、(b)19 日 08 时、(c)19 日 20 时和(d)21 日 20 时 500 hPa 高度场(等值线，单位：dagpm)、风场(箭头，单位：m/s)和正涡度平流(填色，单位：$10^{-8}s^{-2}$)分布(“D1”和“D2”分别代表中亚低压和印度低压，褐色圆点为 Y8608 暴雨点)

500 hPa 中亚低压气旋式曲率外围正涡度平流的维持和加强可造成低层减压，是中亚低压发展、维持和移动的重要影响因素，而印度低压附近正涡度平流向北输送、与中亚低压外围部分正涡度平流汇合进入塔里木盆地，可使中亚低压外围正涡度平流维持并加强，利于塔里木盆地暴雨的发生与加强。

印度低压南下和北上有两个作用，其一是印度低压附近的正涡度平流不断向北输送，虽强度弱于中亚低压外围正涡度平流，但会使中亚低压外围正涡度平流区强度和位置发生变化，致使中亚低压外围和塔里木盆地内气旋性涡度增强，有利于中亚低压发展、移动和塔里木盆地上升运动的维持；其二在印度低压东侧偏南风携带水汽部分流向塔里木盆地上空，增加降水强度。青藏高原低涡在暴雨过程中沿藏北高原缓慢东北移，主要作用为：一是使西南风在盆地南部折转为南风，将水汽输送至塔里木盆地；二是有利于中亚低压维持与发展。普查近几年塔里木盆地暴雨过程资料，中亚低压、印度低压和青藏高原低涡的协同作用与共同影响除在本次暴雨中出现外，还出现在 2019 年 6 月 24—26 日、2020 年 4 月 18—21 日和 5 月 6—8 日、2021 年 6 月 14—17 日 4 场暴雨过程中，塔里木盆地暴雨的研究思路除要关注上下游高压系统和中亚低压天气系统外，还要重视低纬度地区印度低压、青藏高原低涡与中亚低压的共存和协同作用。

5.4.3　高低空天气系统空间配置

此次暴雨过程的环流形势及高低空主要天气系统的三维空间结构分布所示（图 5.28），100 hPa 南亚高压双体型由“西高东低”转“匀双体”分布，500 hPa 为“两高夹一低”形势，伊朗高压西退北挺（“西高”），青藏高原反气旋环流东北上、西太副高偏北偏强长时间维持（“东高”），南下的中亚低压、北上的印度低压和青藏高原低涡共同存在并相互影响（“一低”）。

500 hPa 水汽输送路径与 100 hPa 南亚高压双体型的位置、强度变化密切相关，当 100 hPa 南亚高压“西高东低”时，500 hPa 阿拉伯海水汽沿伊朗高压底部东风先折向北上、后东移进入塔里木盆地；当南亚高压“匀双体”时，500 hPa 青藏高原反气旋环流先北上后东南下过程中，其后部偏南风维持，使青藏高原水汽沿偏南风部分进入塔里木盆地，青藏高原低涡的存在决定了青藏高原南风在藏北高原折向塔里木盆地。低层（650～850 hPa）偏东风为高层西南风维持起冷垫作用，并通过东风携带水汽进入塔里木盆地。

5.4.4　水汽特征

5.4.4.1　整层水汽输送

地面至 300 hPa 整层水汽通量叠加 500 hPa 风场分布所示（图 5.29），整层水汽通量大值区集中分布在阿拉伯海、孟加拉湾、地中海以及中亚地区，这些区域水汽输送较强，其中，阿拉伯海最强、孟加拉湾次之、地中海和中亚地区较弱。图 5.29 中配有西方（图 5.29a）、东转西Ⅰ（图 5.29b）、东转西Ⅱ（图 5.29c）和西南＋南方（图 5.29d）3 条路径的水汽输送。

5.4.4.2　水汽输送路径

300～650 hPa 不同层次中，除有地中海及以西、中亚地区的水汽沿西风向盆地输送外，还有来自阿拉伯海和孟加拉湾的水汽输送，主要有以下三条路径。

（1）西方路径。以自地中海及以西、中亚地区沿西风向塔里木盆地输送水汽的强弱划分为两个阶段，第 1 阶段为 7 月 12 日 08 时至 16 日 08 时，第 2 阶段为 18 日 20 时至 19 日 14 时，共持续约 214 h。两个阶段 350～650 hPa 均有西方水汽输送，水汽输送厚度 300 hPa 左右，进入塔里木盆地水汽通量均达 90×10^{-1} g/(cm · hPa · s)左右。西方路径在两个阶段 500～600 hPa 水汽输送均较强，选取西方路径水汽输送的最强层次，图 5.30a 为第 1 阶段最强层（600 hPa），图 5.30b 为第 2 阶段最强层——500 hPa。

（2）东转西路径。伊朗高压反气旋环流在西退北抬中，其南部东风强弱和源头均有变化，依据东风源头位置，分为第 1 阶段（16 日 14 时至 17 日 02 时）和第 2 阶段（17 日 08 时至 18 日

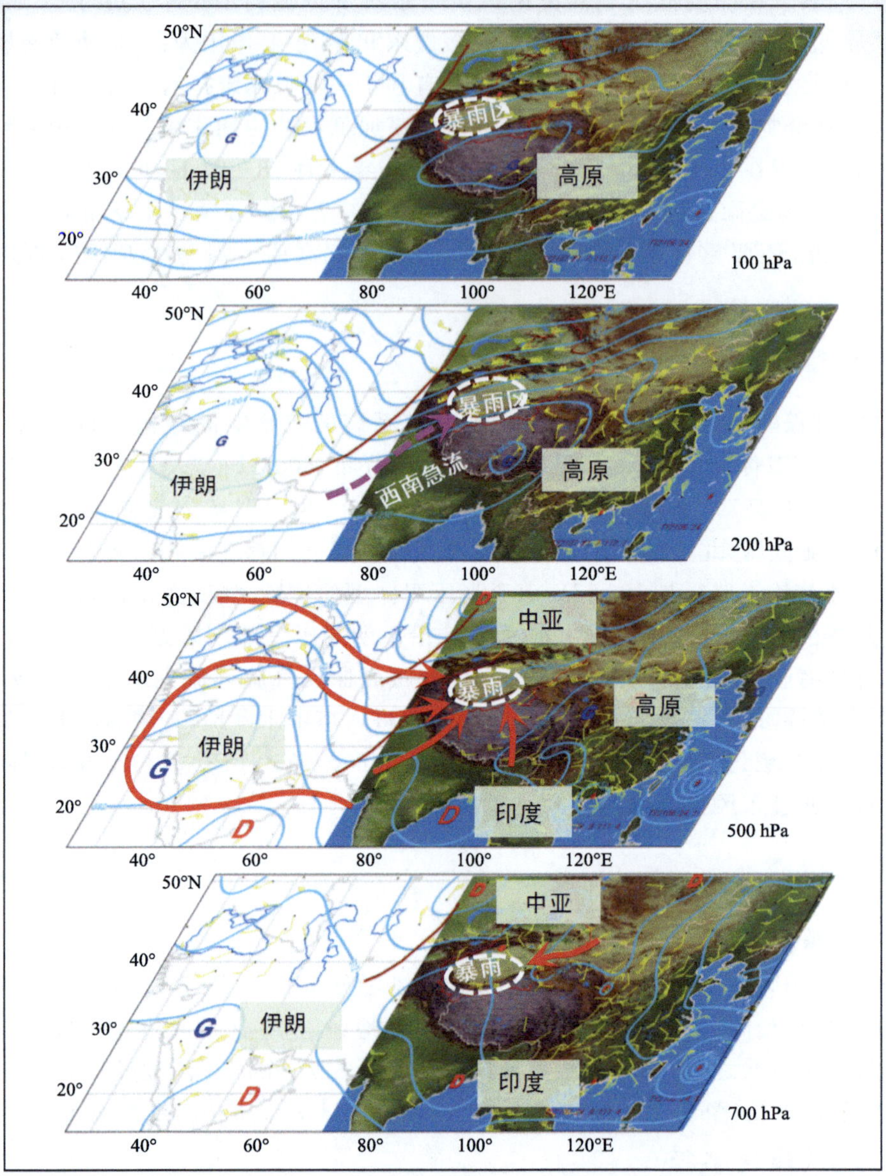

图 5.28　2021 年新疆塔里木盆地“7·19”暴雨高低空天气系统三维空间结构（蓝色实线为位势高度，棕色实线为槽线，“D”和“G”分别表示位势高度“低中心”和“高中心”，红色带箭头实线为水汽输送路径，玫红色带箭头虚线为西南急流，白色虚线圆圈为暴雨区）

14 时），持续约 42 h。两个阶段中 350～650 hPa 均有水汽输送，水汽输送厚度 300 hPa 左右。第 1 阶段中，水汽主要源于阿拉伯海北部洋面，伊朗高压反气旋式环流发展，高压底部偏东风将阿拉伯海北部洋面水汽向西输送，部分孟加拉湾水汽沿东风并入，后北折至中亚地区，再随西风进入塔里木盆地，其中，600 hPa 水汽输送最强，进入塔里木盆地最强水汽通量 110×10^{-1} g/(cm·hPa·s)（图 5.30c）；第 2 阶段中，源于孟加拉湾的水汽输送明显增强，500 hPa 最强，进入盆地最强水汽通量 90×10^{-1}g/(cm·hPa·s)（图 5.30d），输送路径同第 1 阶段。

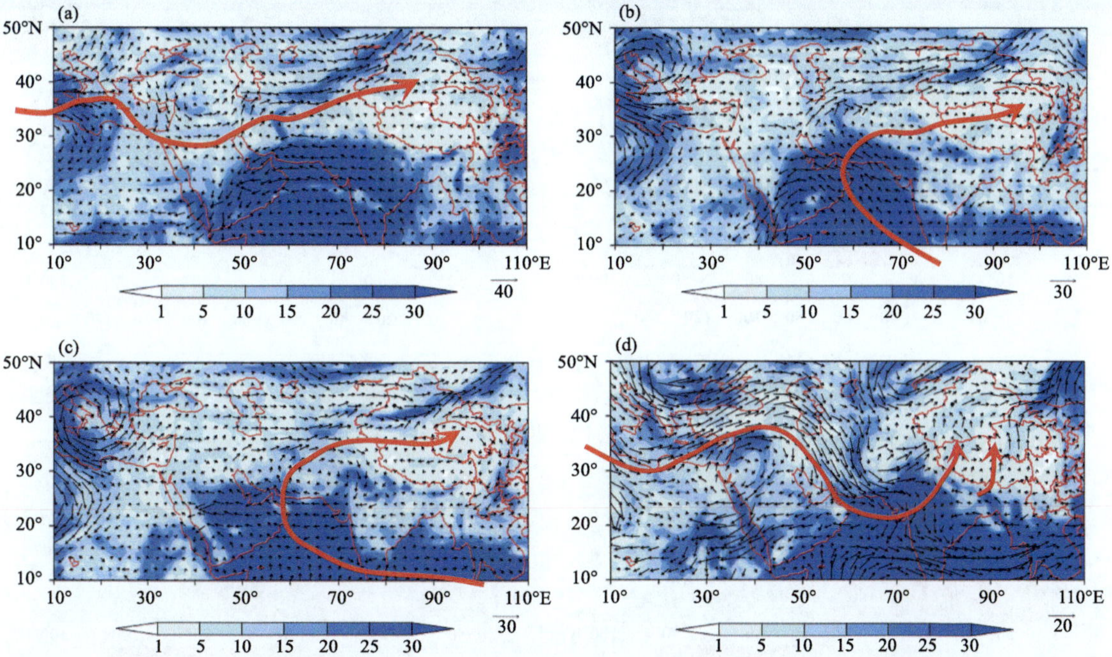

图 5.29 2021 年 7 月(a)16 日 08 时、(b)17 日 14 时、(c)18 日 14 时和(d)21 日 08 时整层(地面至 300 hPa)水汽通量的垂直积分(填色,单位:10^{-5} g/(cm·s))叠加 500 hPa 风场(带箭头短线,单位:m/s)分布(红色带箭头实线为水汽输送路径)

(3)西南+南方路径。中亚低压南下至国境外高原西部时,低压底部出现西北风与西南风气旋式曲率,以此判定西南路径。20 日 02 时至 21 日 20 时为该路径水汽输送,水汽输送层更高,300～500 hPa 均有、且 500 hPa 最强,水汽输送厚度 200 hPa 左右,持续约 42 h。随中亚低压南下,印度半岛北部水汽沿西南风进入盆地,最强水汽通量 $40\times10^{-1}\sim70\times10^{-1}$ g/(cm·hPa·s);同时出现南方路径水汽输送,因青藏高原偏南风加强,在青藏高原低涡作用下,高原部分水汽北上、西折转向进入塔里木盆地(图 5.30e、f),最强水汽通量 $30\times10^{-1}\sim50\times10^{-1}$ g/(cm·hPa·s)。

本章首次提出"东转西"水汽输送路径。此次暴雨过程中除有西方、西南方和南方的水汽输送路径外,还有"东转西"路径,这是与以往研究最大的不同。该路径水汽源于阿拉伯海和孟加拉湾北部洋面,水汽在伊朗持续性高压的特定环流下进入塔里木盆地,伊朗高压南部东风形成的东路水汽输送带北上后,与中亚低压环流底部偏西风在南疆西部境外汇合,形成较强的水汽输送进入塔里木盆地。西方、西南方路径的水汽源于地中海及以西和中亚地区,与西方路径的不同在于,西南路径在中亚低压南下过程中,风场在中亚地区形成明显的气旋式曲率,西风转西北风后再转为西南风,由西南风携水汽进入塔里木盆地。南方路径的水汽主要源于青藏高原,在青藏高原低涡风场作用下,偏南风折向进入塔里木盆地。

5.4.4.3 水汽输送垂直结构

沿 3 个暴雨点 Y8608、Y6130 和 Y6252,作 7 月 18—23 日水汽通量、水汽通量散度叠加风场的时间—高度剖面图(图 5.31)。可看出,3 个点 925～300 hPa 均有水汽输送,其中,Y8608 上空水汽输送时间较长,600 hPa 最强,21 日 02 时至 22 日 08 时达 8 g/(cm·hPa·s)(图 5.31a),21 日 13—15 时,2 h 雨量 38.3 mm;Y6130 水汽输送 450 hPa 最强,18 日 20 时至

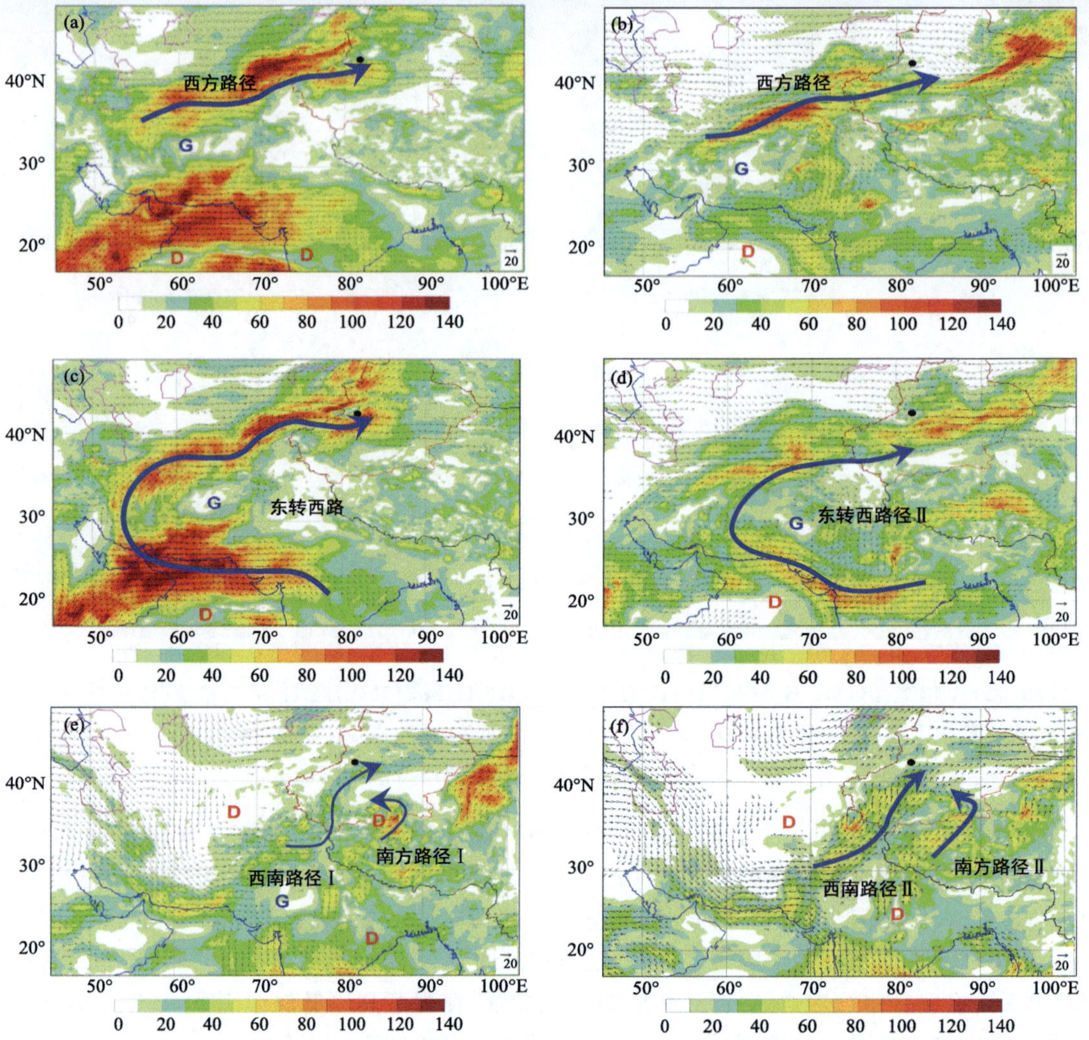

图 5.30　2021 年 7 月 16—21 日(a、c)600 hPa 和(b、d、e、f)500 hPa 水汽通量(填色,单位:10^{-1} g/(cm・hPa・s))叠加风场(风矢量,单位:m/s)分布(a. 17 日 08 时;b. 18 日 20 时;c. 16 日 14 时;d. 18 日 08 时;e. 21 日 08 时;f. 21 日 14 时)(蓝色带箭头实线为水汽输送路径,“D”为气旋低中心,“G”为反气旋高中心,黑色圆点为阿克苏地区 Y8608 暴雨点)

19 日 14 时为 4 g/(cm・hPa・s)(图 5.31b),20 日 00—02 时,2 h 雨量 62.8 mm;Y6252 水汽输送 400 hPa 和 800 hPa 附近较强,400 hPa 为 4 g/(cm・hPa・s)(19 日 14 时至 22 日 08 时),800 hPa 达 7 g/(cm・hPa・s)(18 日 14 时至 19 日 14 时)(图 5.31c),19 日 17—19 时,2 h 雨量 28.1 mm。3 个暴雨点的较强水汽输送均早于强降水出现,水汽输送强度越强、厚度越厚,降水越强(Y8608 代表性最好)。

5.4.4.4　水汽辐合

此次盆地暴雨过程中 550~850 hPa 上空均有水汽辐合,暴雨区位于最大负值中心边缘的梯度密集带上(图略)。分析 Y8608、Y6130 和 Y6252 3 个暴雨点上空的水汽辐合剖面发现,水汽辐合发生在 500 hPa 以下,Y8608 强辐合中心位于 650 hPa,最强达-60×10^{-6} g/(cm^2・hPa・s),

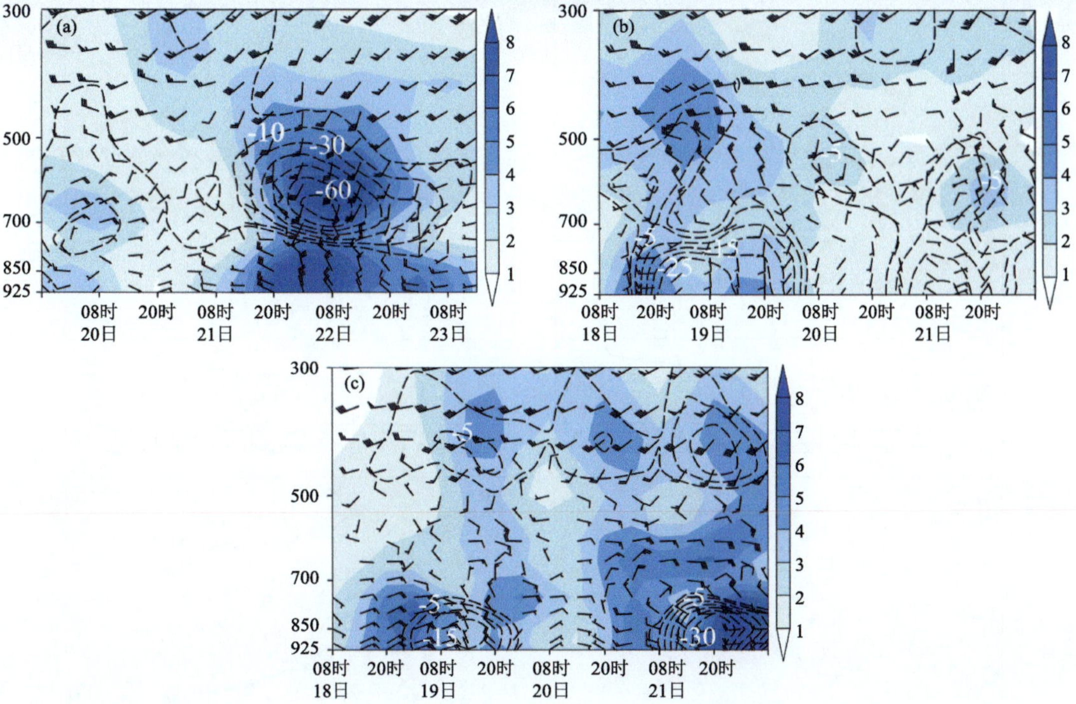

图 5.31　2021 年 7 月 18—23 日沿(a)Y8608 站、(b)Y6130 站和(c)Y6252 站水汽通量(填色，单位：g/(cm・hPa・s))和水汽通量散度(虚线，单位：10^{-6} g/(cm^2・hPa・s))叠加风场(单位：m/s)时间—高度剖面

辐合高度 750～500 hPa(21 日 14 时至 22 日 20 时)；Y6130 强辐合中心位于 700 hPa 以下，最强 -15×10^{-6} g/(cm^2・hPa・s)(18 日 14 时至 20 日 02 时)；Y6252 强辐合中心位于 700 hPa 以下，最强 -15×10^{-6}～-30×10^{-6} g/(cm^2・hPa・s)，出现在 19 日 02 时至 20 日 02 时和 21 日 08 时至 22 日 08 时。可见，650 hPa 以下水汽辐合较强，且辐合越强、辐合层越厚、降水强度越大。

5.4.4.5　水汽追踪轨迹

运用 HYSPLIT 模式作水汽后向轨迹追踪，依据 3 个暴雨点位置 Y8608、Y6130 和 Y6252，以及 3 个暴雨点纬度各偏西、偏东 1 个纬距并保持经度不变，得到 9 个点；选取 1500 m、2500 m、3300 m 和 3000 m、5500 m、7000 m 以及 4100 m、4900 m、5700 m 三组高度作为气团后向轨迹模拟的最终高度，向后推出 9 个点 240 h 水汽追踪轨迹，通过轨迹聚类分析方法，由于聚类过程中的空间方差增长率在聚类结果小于 3 条后迅速增长，因此轨迹最终聚类为 3 条，筛选代表性较好的水汽追踪轨迹(图 5.32)。盆地上空水汽轨迹有西方、东转西和西南 3 条(无南方轨迹，可能与高原海拔高和水汽输入量少有关)，西方轨迹水汽主要来自地中海及以西、中亚地区(图 5.32a)；东转西轨迹Ⅰ的水汽起源于阿拉伯海北部洋面，西退北上至中亚地区向东输送至盆地(图 5.32b)；东转西轨迹Ⅱ的水汽源地为孟加拉湾北部洋面，在东风输送下先北折再向东输送至盆地(图 5.32c)；东转西轨迹Ⅲ的水汽源地为阿拉伯海和孟加拉湾北部洋面，分别在东风转西风路径下将水汽输送至盆地(图 5.32d)；西南轨迹中，水汽轨迹起源于地中海及以西洋面，先沿西方路径传输，在中亚南部转为西南路径进入盆地(图 5.32e)。

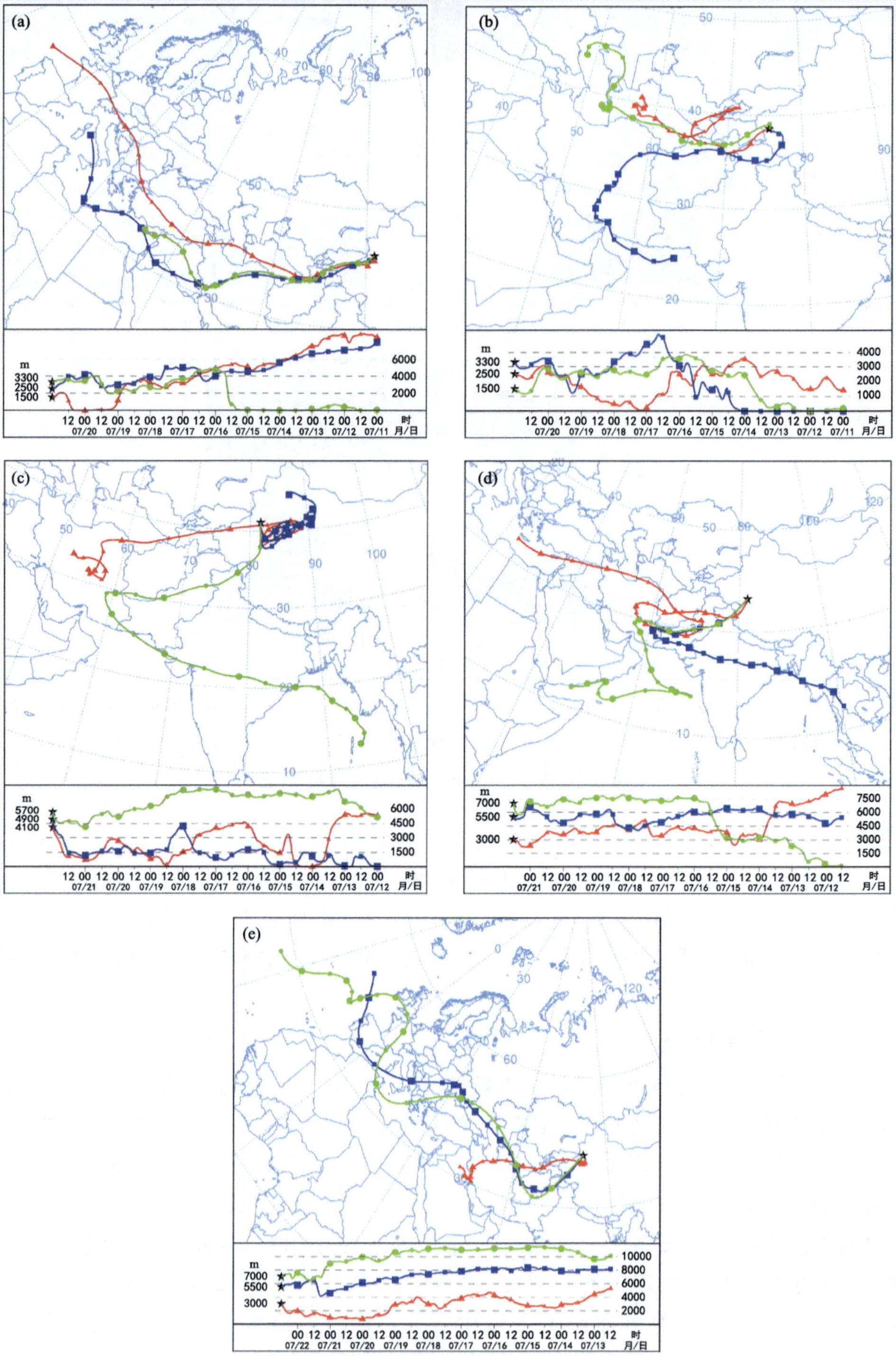

图 5.32　HYSPLIT 后向轨迹模式后推暴雨点附近 240 h 的水汽输送轨迹(a. 西方轨迹(源于地中海及以西),沿(42°N,81°E);b. 东转西轨迹Ⅰ(蓝线,源于阿拉伯海),沿(39°N,76°E);c. 东转西轨迹Ⅱ(绿线,源于孟加拉湾),沿(41°N,83°E);d. 东转西轨迹Ⅲ(绿线和蓝线,源于阿拉伯海和孟加拉湾),沿(37°N,82°E);e. 西南轨迹(蓝线和绿线,源于地中海及以西),沿(42°N,82°E))

水汽追踪轨迹与输送路径基本吻合，西方和西南轨迹的水汽源于地中海以西及中亚地区，东转西轨迹的水汽源自阿拉伯海、孟加拉湾或两者兼有。其中，东转西轨迹的水汽依托伊朗高压环流风场进入塔里木盆地，西南轨迹的水汽途经黑海和中亚，在中亚南部转西南方向进入塔里木盆地。

5.4.4.6　水汽收支

某一边界水汽收支多少由不同路径水汽输送强弱决定，分析东、西、南、北 4 个边界的水汽收支可阐明 3 条路径水汽输送的强弱。与前文水汽输送路径的输送层次相对应，选取整层（地面至 300 hPa）、地面至 650 hPa、650～350 hPa、500～300 hPa 四个层次，计算 7 月 16 日 08 时至 22 日 20 时（34°—42°N，73°—90°E）长方形范围内西、北、东、南 4 个边界逐 6 h 的水汽收支（图 5.33），规定当西边界、南边界为正值时和北边界和东边界为负值时为水汽输入，反之则为输出。

分析图 5.33 得出：①整层中，4 个边界中仅西边界为正值，说明西边界均为水汽输入，输入峰值 23.57×10^8 t（16 日 20 时），19 日前水汽输入多于 19 日后，总体呈减少趋势；南边界 19 日 08 时前有 3 个时次为负值，14 时起转为正值，说明 19 日午后转为输入，输入峰值 20.09×10^8 t（21 日 20 时），19 日后水汽输入量较西边界大。②地面至 650 hPa，西边界和南边界水汽收支大都为正，有水汽输入但量不多；东边界大都为负，有水汽输入，最大输入峰值 82.80×10^8 t（16 日 14 时），这是由于 850～650 hPa 低层 15—21 日盆地中东部出现东风，800 hPa 东风最强（≥12 m/s 急流核面积最大），随高度上升东风减弱、持续时间缩短。盆地低层东风不仅携带水汽，还为高层偏南风维持起垫高作用。③650～350 hPa，变化趋势与整层类似，北边界和东边界基本为水汽输出；西边界为一致正值即水汽输入，输入峰值 16.39×10^8 t（16 日 20 时）；南边界 19 日 14 时前大都为水汽输出，19 日 14 时起为水汽输入，最大输入峰值 16.32×10^8 t（21 日 20 时），与 5.1 节中西方路径的水汽输送时间最相吻合。④500～300 hPa，变化与 650～350 hPa 相似，西、北、东 3 个边界均为正，说明北边界和东边界为水汽输出，西边界为输入，输入峰值 11.36×10^8 t（18 日 20 时）。仅南边界 16—18 日个别时段为负，19 日 14 时转为正，说明南边界 19 日 14 时起转为输入，且呈上升趋势，输入峰值 16.58×10^8 t（21 日 20 时）；19 日 08 时后西边界输入量减少，为 2×10^8～8×10^8 t，与“西南＋南方路径”水汽输送时间基本吻合，说明南边界水汽输入大于西边界，进一步印证 19 日午后“西南＋南方路径”水汽输送使南边界水汽输入贡献明显大于西边界。

此次暴雨过程的水汽输入主要为西、南、东 3 个边界。650～350 hPa 和 500～300 hPa 变化相同，东边界水汽输送在 650 hPa 以下低层，西、南 2 个边界的水汽输送主要发生在中高层，西边界均为水汽输入，且持续时间长，19 日 08 时后减少。南边界 19 日午后转为水汽输入，且呈增多趋势，水汽输入量明显多于西边界。650 hPa 以下，西边界和南边界水汽输入较少，主要由低层东风带来东边界的水汽输入。

5.4.5　FY-2G 红外云图特征

气象卫星资料能有效地监测盆地暴雨区周边云系生消、发展和移动等，图 5.34 为东转西、西方、西南＋南方 3 条水汽输送路径时的 FY-2G 红外云图云系演变。①“东转西”水汽输送路径下，16 日 14 时至 18 日 14 时，伊朗高压反气旋中心在阿拉伯海北部上空，17 日 08 时，其洋面有云团生成和发展，20 时阿拉伯海北部局地云顶亮温降至 200 K 左右，云团北上后在中亚

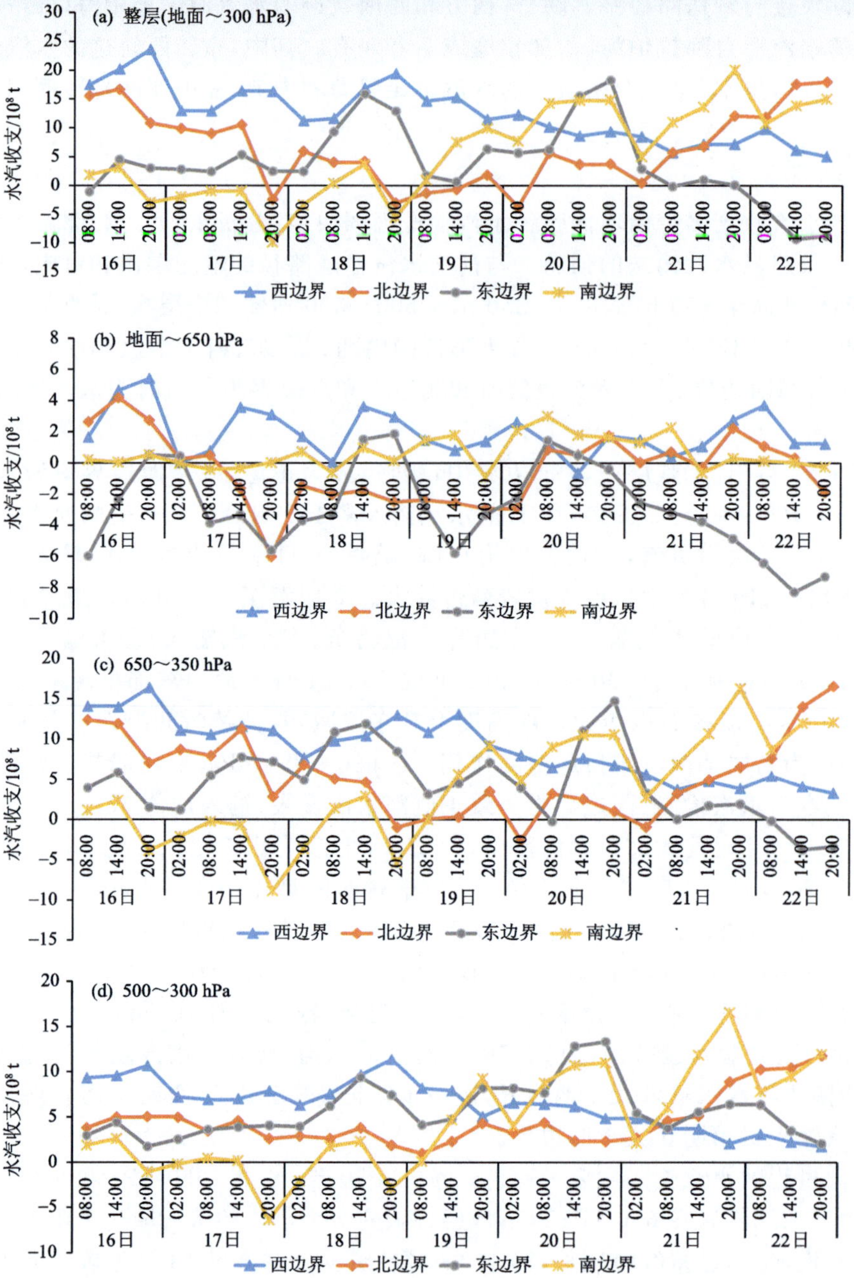

图 5.33　2021 年 7 月 16 日 08 时至 22 日 20 时在(34°—42°N,73°—90°E)长方形内塔里木盆地 4 个边界水汽收支变化(单位:10^8 t)

转向移入塔里木盆地(图 5.34a);②西方水汽输送路径下,12 日 08 时至 16 日 08 时和 18 日 20 时至 19 日 14 时,中亚地区中高云系移至青藏高原西部后,生成一盾状中尺度云团,云团发展旺盛,西边缘轮廓清晰,19 日发展为盾状,14 时盾状云团最低亮温降至 180 K 左右,逐渐移入盆地。印度低压移至阿拉伯海东部,其东侧偏南风与中亚低压底部的偏北风形成冷式切变线(图 5.34b),由于地中海位置偏西,云图中无法监测;③西南＋南方水汽输送路径下,20 日 08

时至 21 日 20 时，中亚低压、印度低压、青藏高原低涡形成的“一低”维持，降水云系沿西南路径移入南疆。21 日 14 时，中亚低压前的西南风与高原南风的暖式切变维持，东南移和北上云系覆盖塔里木盆地大部分区域，最低亮温 250 K 左右(图 5.34c)。可看出，在大尺度环流形势与水汽输送路径下，中亚地区云系随西风、西南风进入塔里木盆地，阿拉伯海北部上空云系在“东转西”流场下，可接力移入塔里木盆地上空。

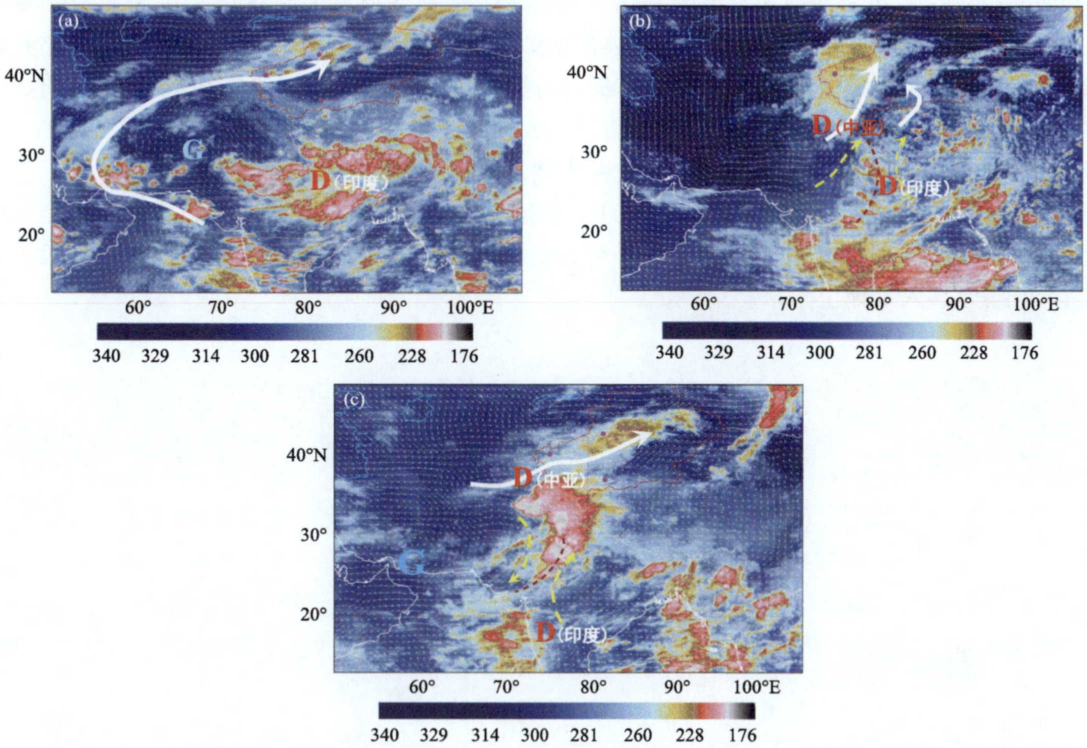

图 5.34　2021 年 7 月(a)17 日 20 时、(b)19 日 14 时和(c)21 日 14 时 FY-2G 红外云图云顶亮温(填色，单位:K)叠加 500 hPa 风场(白色带箭头实线为云系路径，“G”为伊朗高压中心，“D”为中亚和印度低压中心，带箭头黄虚线为风矢方向，棕色虚线为切变线)

5.4.6　小结

(1)首次提出南亚高压“匀双体”概念。此次暴雨过程发生在 100 hPa 南亚高压“西高东低”转“匀双体”大尺度环流背景下，500 hPa 为“两高夹一低”环流形势，伊朗高压西退北上且稳定(“西高”)，西太副高北上南下再西移、青藏高原反气旋北上东移(“东高”)，中亚低压南下、印度低压西移北上、青藏高原低涡缓慢东北移，三者共同存在、相互作用与影响，构成“一低”。100 hPa 南亚高压“西高东低”转“匀双体”过程中，500 hPa 阿拉伯海和孟加拉湾水汽在伊朗高压稳定反气旋环流下，先西退、再北上、后东移进入塔里木盆地，青藏高原水汽在青藏高原低涡和青藏高原反气旋风场下，沿偏南风北折进入塔里木盆地。塔里木盆地暴雨分析及预报除需关注上下游高压系统和中亚低压天气系统外，还要重视低纬度地区印度低压以及青藏高原低涡等的变化和发展，如果共存并相互作用，对塔里木盆地暴雨形成和发展更为有利。

(2)首次提出“东转西”水汽输送路径。此次暴雨的水汽主源地为地中海及以西洋面、中亚地区、阿拉伯海和孟加拉湾，水汽输送路径和轨迹有西方、东转西、西南＋南方3条。“东转西”路径水汽输送过程中，阿拉伯海和孟加拉湾水汽在伊朗高压稳定的环流形势下进入塔里木盆地，伊朗高压南侧东风和中亚地区西风在“东转西”水汽输送中具有关键作用，阿拉伯海和孟加拉湾的东风北上后与西风带汇合形成的水汽输送带是此次暴雨发生的重要条件。

（3）此次暴雨过程的水汽主要由西、南、东3个边界输入，东边界水汽收入由低层东风带入（650 hPa以下，西边界和南边界水汽输入较少），西、南两个边界的水汽收入由中高层3条水汽路径带入。在中高层，西方和东转西路径的水汽输送在650～350 hPa、西南＋南方路径在500～300 hPa，西方路径水汽输送时间最长，输送高度、厚度与东转西路径基本相同，西南＋南方路径水汽输送的高度较高，但厚度较薄。19日前西边界水汽输入多于南边界，19日午后由于“西南＋南方路径”的水汽输送后，致使南边界水汽输入贡献明显大于西边界。

（4）水汽较强辐合发生在650 hPa以下，暴雨区位于水汽辐合大值中心边缘的梯度密集带上。同时，FY-2G云图云系变化也印证了阿拉伯海和孟加拉湾北部云系在“东转西”大尺度流场下，可接力移入盆地上空。

参考文献

程善俊,梁苏洁,2018.基于3种指数的全球干湿变化年代际特征[J].干旱气象,36(2):176-184.

崔彩霞,李扬,杨青,2008.新疆夜雨和昼雨的空间分布和长期变化[J].中国沙漠,28(5):903-907.

邓子风,王扣兰,王政宇,1982.塔里木东风低空急流与南疆降水[J].气象,8(2):7-10.

董旭光,顾伟宗,曹洁,等,2017.山东省汛期小时极端强降水分布和变化特征[J].气象,43(8):953-961.

杜倩,覃丹宇,张鹏,2013.一次西南低涡造成华南暴雨过程的FY-2卫星观测分析[J].气象,39(7):821-831.

高守亭,孙淑清,1984.次天气尺度低空急流的形成[J].大气科学,8(2):178-188.

韩萍,薛燕,苏宏超,2003.新疆降水在气候转型中的信号反映[J].冰川冻土,25(2):179-182.

蓝永超,沈永平,苏宏超,等,2008.全球变暖情景下新疆降水的变化[J].干旱区资源与环境,22(10):66-71.

刘洪波,何明洋,王斌,等,2014.低空急流的研究进展与展望[J].气象学报,72(2): 191-206.

刘新伟,叶培龙,伏晶,等,2020.高原切变线形态演变对高原边坡一次降水过程的影响分析[J].高原气象,39(2):245-253.

刘勇,袁媛,潘留杰,等,2016.大气层结对流稳定条件下一次区域性暴雨的成因[J].高原气象,35(5):1317-1326.

马淑红,席元伟,1997.新疆暴雨的若干规律性[J].气象学报,55(2):239-248.

苗爱梅,武捷,赵海英,等,2010.低空急流与山西大暴雨的统计关系及流型配置[J].高原气象,29(4):939-946.

钱永甫,张琼,2002.南亚高压与我国盛夏气候异常[J].南京大学学报:自然科学版,38(3):295-307.

青藏高原气象科学研究拉萨会战组,1981.夏半年500 hPa青藏高原低涡切变线的研究[M].北京:科学出版社.

施雅风,沈永平,李栋梁,等,2003.中国西北气候由暖干向暖湿转型的特征和趋势探讨[J].第四纪研究,23(2):152-164.

史玉光,孙照渤,2008.新疆大气可降水量的气候特征及其变化[J].中国沙漠,28(3):519-525.

孙淑清,马廷标,孙纪改,1979.低空急流与暴雨相互关系的对比分析[J].气象学报,37(4):36-44.

孙淑清,翟国庆,1980.低空急流的不稳定性及其对暴雨的触发作用[J].大气科学,4(4):327-337.

孙颖姝,周玉淑,王咏青,2019.一次双高空急流背景下南疆强降水事件的动力过程和水汽源分析[J].大气科学,43(5):1041-1054.

陶诗言,等,1980.中国之暴雨[M].北京:科学出版社.

陶诗言,罗四维,张鸿材,1984.1979年5—8月青藏高原气象科学实验及其观测系统[J].气象,10(7):2-5.

王前,赵勇,陈飞,等,2017.南亚高压的多模态特征及其与新疆夏季降水的联系[J].高原气象,36(5):1209-1220.

王天竺,赵勇,2021.青藏高原和热带印度洋5月热力异常与新疆夏季降水的关系[J].高原气象,40(1):1-14.

谢泽明,周玉淑,杨莲梅,2018.新疆降水研究进展综述[J].暴雨灾害,37(3):204-212.

徐建芬,陶健红,夏建平,2000.青藏高原切变线暴雪中尺度分析及其涡源研究[J].高原气象(2):187-197.

杨莲梅,2003.新疆极端降水的气候变化[J].地理学报,58(4):577-583.

杨霞,周鸿奎,许婷婷,等,2021.南疆夏季不同类型暴雨的精细化特征对比分析[J].干旱区研究,38(3):747-756.

姚秀萍，张硕，闫丽朱，2019. 青藏高原大气热源及其影响的研究进展[J]. 大气科学学报，42(5)：641-651.
喻谦花，郑士林，吴蓁，等，2016. 局部大暴雨形成的机理与中尺度分析[J]. 气象，42(6)：686-695.
宇如聪，李建，陈昊明，等，2014. 中国大陆降水日变化研究进展[J]. 气象学报，72(5)：948-968.
张丙午，1979. 暖湿东风过程及其与新疆暴雨的关系[J]. 新疆气象，3(2)：1-6.
张家宝，苏启元，孙沈清，等，1986. 新疆短期天气预报指导手册[M]. 乌鲁木齐：新疆人民出版社.
张家宝，邓子风，1987. 新疆降水概论[M]. 北京：气象出版社.
张芹，丁治英，杨成芳，等，2015. 山东一次历史极端降雪过程的诊断分析[J]. 高原气象，34(4)：1131-1138.
赵桂香，杜莉，范卫东，等，2011. 山西省大雪天气的分析预报[J]. 高原气象，30(3)：727-738.
赵平，陈隆勋，2001. 35 年来青藏高原大气热源气候特征及其与中国降水的关系[J]. 中国科学，31(4)：327-332.
赵宇，蓝欣，杨成芳，2018. 一次江淮气旋极端雨雪过程的云系特征和成因分析[J]. 高原气象，37(5)：1325-1340.
周晋红，马鸿青，孙少雄，等，2014. 山西一次低空偏东风暴雪天气结构特征分析[J]. 高原气象，33(5)：1305-1314.
朱乾根，林锦瑞，寿绍文，等. 2000. 天气学原理和方法(第三版)[M]. 北京：气象出版社.
BAO X H，ZHANG F Q，SUN J H，2011. Diurnal variations of warm-season precipitation east of the Tibetan Plateau over China[J]. Monthly Weather Review (139)：2790-2810.
CHEN X，ZHAO K，XUE M，et al，2015. Radar-observed diurnal cycle and propagation of convection over the Pearl River Delta during Mer-Yu season[J]. Journal of Geoghysical Research：Atmospheres，120(24)：12557-75.
YU R C，ZHOU T J，XIONG A Y，et al，2007. Diurnal variations of summer precipitation over contiguous China [J]. Geophysical Research Letters，34(1)：L01704，doi：10. 1029/2006GL028129.